施工现场十大员技术管理手册

施 工 员

（第三版）

上海市建筑施工行业协会工程质量安全专业委员会
主 编 范 波
副主编 邱锡宏
主 审 潘延平 潘 平

U0353147

中国建筑工业出版社

图书在版编目（CIP）数据

施工员/范波主编. —3 版. —北京：中国建筑工业
出版社，2016.1
（施工现场十大员技术管理手册）
ISBN 978-7-112-18836-9

Ⅰ.①施… Ⅱ.①范… Ⅲ.①建筑工程-工程施工-
技术手册 Ⅳ.①TU7-62

中国版本图书馆 CIP 数据核字（2015）第 297671 号

施工现场十大员技术管理手册
施 工 员
（第三版）
上海市建筑施工行业协会工程质量安全专业委员会
主 编 范 波
副主编 邱锡宏
主 审 潘延平 潘 平

＊
中国建筑工业出版社出版、发行（北京西郊百万庄）
各地新华书店、建筑书店经销
霸州市顺浩图文科技发展有限公司制版
北京云浩印刷有限责任公司印刷
＊
开本：850×1168 毫米 1/32 印张：10⅝ 字数：283 千字
2016 年 5 月第三版 2016 年 5 月第三十一次印刷
定价：**28.00** 元
ISBN 978-7-112-18836-9
（28121）

　　本书为《施工现场十大员技术管理手册》之一，按照《建筑工程施工质量验收统一标准》GB 50300—2013 及相应专业施工质量验收规范的要求，对第二版的内容作了全面修订。本书主要介绍施工现场施工员最基本、最实用的专业知识和施工现场的一些实施细则，主要内容包括：基础工程、结构工程、屋面及其他防水工程、装饰装修工程、建筑工程施工技术、绿色施工。

　　本书通俗易懂，操作性、实用性强，可供施工技术人员、现场管理人员及相关专业师生学习参考。

＊　　　＊　　　＊

责任编辑：郦锁林　王　治

责任校对：陈晶晶　张　颖

《施工现场十大员技术管理手册》（第三版）
编 委 会

主　　任：黄忠辉

副 主 任：姜　敏　潘延平　薛　强

编　　委：张国琮　张常庆　辛达帆　金磊铭
　　　　　邱　震　叶佰铭　陈　兆　韩佳燕

本书编委会

主编单位：上海市建筑施工行业协会工程质量安
　　　　　全专业委员会

主　　编：范　波

副 主 编：邱锡宏

主　　审：潘延平　潘　平

编写人员：沈　骏　范　波　王　雄　邱锡宏
　　　　　李　松　李晓青　管际明　金放明
　　　　　邱志伟　张巳梁　陈家伟　沈　洁
　　　　　俞天雷　尹晓洁

第三版前言

《施工现场十大员技术管理手册》（第三版）是在中国建筑工业出版社2001年发行的第二版的基础上修订而成，覆盖了施工现场项目第一线的技术管理关键岗位人员的技术、业务与管理基本理论知识与实践适用技巧。本套丛书在保留原丛书内容贴近施工现场实际，简洁、朴实、易学、易掌握需求的同时，融入了近年来建筑与市政工程规模日益高、大、深、新、重发展的趋势，充实了近段时期涌现的新结构、新材料、新工艺、新设备及绿色施工的精华，并力求与国际建设工程现代化管理实务接轨。因此，本套丛书具有新时代技术管理知识升级创新的特点，更适合新一代知识型专业管理人员的使用，其出版将促进我国建设项目有序、高效和高质量的实施，全面提升我国建筑与市政工程现场管理的水平。

本套丛书中的十大员，包括：施工员、质量员、造价员、材料员、安全员、试验员、测量员、机械员、资料员、现场电工。系统介绍了施工现场各类专业管理人员的职责范围，必须遵循的国家新颁发的相关法律法规、标准规范及政府管理性文件，专业管理的基本内容分类及基础理论，工作运作程序、方法与要点，专业管理涉及的新技术、新管理、新要求及重要常用表式。各大员专业丛书表述通俗简明易懂，实现了现场技术的实际操作性与管理系统性的融合及专业人员应知应会与能用善用的要求。

本套丛书为建筑与市政工程施工现场技术专业管理人员提供了操作性指导文本，并可用于施工现场一线各类技术工种操作人员的业务培训教材；既可作为高等专业学校及建筑施工技术管理职业培训机构的教材，也可作为建筑施工科研单位、政府建筑业管理部门与监督机构及相关技术管理咨询中介机构专业技术管理人员的参考书。

本套丛书在修订过程中得到了上海市住房和城乡建设管理委员会、上海市建设工程安全质量监督总站、上海市建筑施工行业协会与其他相关协会的指导，上海地区一批高水平且具有丰富实际经验的专家与行家参与丛书的编写活动。丛书各分册的作者耗费了大量的心血与精力，在此谨向本套丛书修订过程的指导者和参与者表示衷心感谢。

由于我国建筑与市政工程建设创新趋势迅猛，各类技术管理知识日新月异，因此本套丛书难免有不妥与不当之处，敬请广大读者批评指正，以便在今后修订中更趋完善。

愿《施工现场十大员技术管理手册》（第三版）为建筑业工程质量整治历年行动的实施，建筑与市政工程施工现场技术管理的全方位提升作出贡献。

编者

2005 年 10 月

第二版前言

　　建筑业在国民经济中是一个重要的物质生产部门，是国民经济的三大支柱之一。随着建筑业的不断发展，原有的各种技术人员的技术素质，管理水平，数量都不能满足施工的需要。为了提高建筑业的经营管理水平，适应改革形势的需要，提高建筑企业专业管理人员的业务素质，特编写了这本《施工员》。

　　由于国家新的施工验收规范、技术规程、建筑工程质量检验标准的颁布执行，使第一版《施工员》的内容不能满足当前施工的需要，因此我们对书中各章节内容进行了修订。本书主要讲施工现场技术员的专业技术知识。介绍的都是有关施工员的最基本、最实用的专业知识和施工现场的一些实施细则，在编写中力求实事求是，理论联系实际，既注重基础知识的阐述，也注重实际能力的培养。是一本既便于自学又很实用的技术丛书。

　　限于编者的水平，书中不完善甚至不妥之处在所难免，欢迎读者批评指正。

编者

2004 年 6 月

第一版前言

建筑业在国民经济中是一个重要的物质生产部门，是国民经济的三大支柱之一。随着建筑业的不断发展，原有的各种技术人员的技术素质，管理水平，数量都不能满足施工的需要。为了提高建筑业的经营管理水平，适应改革形势的需要，提高建筑企业专业管理人员的业务素质，特编写了这本《施工员》。

本书主要讲施工现场技术员的专业技术知识。介绍的都是有关施工员的最基本、最实用的专业知识和施工现场的一些实施细则，在编写中力求实事求是，理论联系实际，既注重基础知识的阐述，也注重实际能力的培养。是一本既便于自学又很实用的技术丛书。

限于编者的水平，书中不完善甚至不妥之处在所难免，欢迎读者批评指正。

编者

1998 年 1 月

目　　录

1 基 础 工 程

1.1 土 方 工 程

土方工程是基础施工的重要施工过程，其工程质量和组织管理水平，直接影响基础工程乃至主体结构工程施工的正常进行。土方工程的特点是工程量大，施工条件复杂，因此，在土方工程施工前，应根据工程及水文地质条件，以及施工所处的季节与气候条件，确定合理的施工方案。建筑工程的土方工程包括场地平整、坑（槽）沟的开挖、基础土方的回填与夯实等施工过程。还有土方施工过程中的排水和土的边坡处理问题，都应按照国家规范施工。

1.1.1 土的工程分类及性质

1. 土的工程分类

土的工程分类见表 1-1。

2. 土的工程性质

（1）土的天然密度和干密度

与土方施工有关的是土的天然密度和土的干密度。天然密度是指土在天然状态下单位体积土的质量，它与土的密实程度和含水量有关。

土的干密度，即单位体积土中固体颗粒的质量，即土体孔隙内无水时的土的重度。因此，常用干密度作为填土压实质量的控制指标。土的最大干密度值可参考表 1-2。

（2）土的含水量

土的含水量是土中所含的水与土的固体颗粒间的质量比，以百分数表示。当土的含水量超过 25％～30％时，采用机械施工就很困难，一般土的含水量超过 20％就会使运土汽车打滑或陷车。回填土夯实时含水量过大则会产生橡皮土现象，使土无法夯实。回填土时，应使土的含水量处于最佳含水量的变化范围之内，见表 1-2。此外，土的含水量对土方边坡稳定性也有影响。

（3）土的可松性

自然状态下的土经挖掘后，其体积因松散而增加，以后虽经回填压实，仍不能恢复到原来的体积，这种性质称为土的可松性。

（4）土的渗透性

土的渗透性也称透水性，是指土体透过水的性能。不同的土透水性不同。

一般用渗透系数 K 作为衡量土的透水性指标。K 值表示水在土中的渗透速度，其单位是 m/s、m/h 或 m/d。K 值应经试验确定。表 1-3 的数值可供参考。

土的工程分类 表 1-1

土的分类	土的级别	土的名称	坚实系数 f	密度（t/m³）	开挖方法及工具
一类土（松软土）	I	砂土、粉土、冲积砂土层、疏松的种植土、淤泥（泥炭）	0.5～0.6	0.6～1.5	用锹、锄头挖掘，少许用脚蹬
二类土（普通土）	II	粉质黏土；潮湿的黄土；夹有碎石、卵石的砂；粉土混卵（碎）石；种植土、填土	0.6～0.8	1.1～1.6	用锹、锄头挖掘，少许用镐翻松
三类土（坚土）	III	软及中等密实黏土；重粉质黏土、砾石土；干黄土、含有碎石卵石的黄土、粉质黏土，压实的填土	0.8～1.0	1.75～1.9	主要用镐，少许用锹、锄头挖掘，部分用撬棍
四类土（砂砾坚土）	IV	坚硬密实的黏性土或黄土；含碎石卵石的中等密实的黏性土或黄土；粗卵石；天然级配砂石；软泥灰岩	1.0～1.5	1.9	整个先用镐、撬棍，后用锹挖掘，部分用楔子及大锤

2

土的分类	土的级别	土的名称	坚实系数 f	密度 (t/m³)	开挖方法及工具
五类土（软石）	V～VI	硬质黏土；中密的页岩、泥灰岩、白垩土；胶结不紧的砾岩；软石灰及贝壳石灰石	1.5～4.0	1.1～2.7	用镐或撬棍、大锤挖掘，部分使用爆破方法
六类土（次坚石）	VII～IX	泥岩、砂岩、砾岩；坚实的页岩、泥灰岩，密实的石灰岩；风化花岗岩、片麻岩及正长岩	4.0～10.0	2.2～2.9	用爆破方法开挖，部分用风镐
七类土（坚石）	X～XIII	大理石；辉绿岩；粉岩；粗、中粒花岗岩；坚实的白云岩、砂岩、砾岩、片麻岩、石灰岩；微风化安山岩；玄武岩	10.0～18.0	2.5～3.1	用爆破方法开挖
八类土（特坚石）	XIV～XVI	安山岩；玄武岩；花岗片麻岩；坚实的细粒花岗岩、闪长岩、石英岩、辉长岩、辉绿岩、粉岩、角闪岩	18.0～25.0以上	2.7～3.3	用爆破方法开挖

注：1. 土的级别为相当于一般16级土石分类级别；
2. 坚实系数 f 为相当于普氏岩石强度系数。

土的最佳含水量和干密度参考值 表 1-2

土的种类	变动范围	
	最佳含水量（%）（重量比）	最大干密度（g/cm³）
砂土	8～12	1.80～1.88
粉土	16～22	1.61～1.80
砂质粉土	9～15	1.85～2.08
粉质黏土	12～15	1.85～1.95
重粉质黏土	16～20	1.67～1.79
黏土	19～23	1.58～1.70

（5）松土的压缩性

松散土经压实后体积减小的性质，影响填土土方量。在核实填土工程量时，一般应按填方实际体积增加10%～20%的方数考虑。土的压缩率参考值见表1-4。

土 的 类 别	$K(m/d)$	土 的 类 别	$K(m/d)$
黏　土	<0.005	中　砂	5.0~20.0
粉质黏土	0.005~0.1	均质中砂	25~50
粉　土	0.1~0.5	粗　砂	20~50
黄　土	0.25~0.5	砾　石	50~100
粉　砂	0.5~1.0	卵　石	100~500
细　砂	1.0~1.5	漂石(无砂质充填)	500~1000

土 的 类 别		土的压缩率	每立方米松散土压实后的体积(m³)
一~二类土	种植土	20%	0.80
	一般土	10%	0.90
	砂　土	5%	0.95
三 类 土	天然湿度黄土	2%~17%	0.85
	一般土	15%	0.95
	干燥坚实土	5%~7%	0.94

1.1.2 土方施工的准备

1. 土方施工的准备工作

（1）学习和审查图纸。

（2）查勘施工现场，摸清工程场地情况，收集施工需要的各项资料为施工规划和准备提供可靠的资料和数据。

（3）编制施工方案，研究制定现场场地整平、基坑开挖施工方案；绘制施工总平面布置图和基坑土方开挖图；提出需用施工机具、劳动力计划。

（4）平整施工场地，清除现场障碍物。

（5）作好排水降水设施。

（6）设置测量控制网，将国家永久性控制坐标和水准点引测到现场。在工程施工区域设置测量控制网，做好轴线控制的测量和校核。

（7）根据工程特点，修建进场道路、生产和生活设施，敷设现场供水、供电线路。

（8）做好设备调配和维修工作，准备工程用料，配备工程施工技术、管理和作业人员；制定技术岗位责任制和技术、质量、安全、管理网络；对拟采用的土方工程新机具、新工艺、新技术，组织力量进行研制和试验。

2. 土方开挖的一般要求

（1）场地开挖

在山坡整体稳定的情况下，如地质条件良好，土质较均匀，高度在 10m 内的边坡坡度可按表 1-5 确定。

土质边坡坡度允许值　　　　　　　表 1-5

土的类别	密实度或状态	坡度允许值(高宽比)	
		坡高在 5m 以内	坡高为 5～10m
碎石土	密实	1：0.35～1：0.50	1：0.50～1：0.75
	中密	1：0.50～1：0.75	1：0.75～1：1.00
	稍密	1：0.75～1：1.00	1：1.00～1：1.25
黏性土	坚硬	1：0.75～1：1.00	1：1.00～1：1.25
	硬塑	1：1.00～1：1.25	1：1.25～1：1.50

（2）放坡开挖

1）当深度不大、周围环境又允许时，经验算能确保土坡的稳定性时，均可采用放坡开挖。

2）开挖深度较大的基坑，当采用放坡挖土时，宜设置多级平台分层开挖，每级平台的宽度不宜小于 1.5m。

3）对土质较差且施工工期较长的基坑，对边坡宜采用钢丝网水泥喷浆或用高分子聚合材料覆盖等措施进行护坡。

4）坑顶不宜堆土或存在堆载（材料或设备），遇有不可避免的附加荷载，在进行边坡稳定性验算时，应计入附加荷载的影响。

5）在地下水位较高的软土地区，应在降水达到要求后再进行土方开挖，宜采用分层开挖的方式进行开挖。分层挖土厚度不宜超过 2.5m。挖土时要注意保护工程桩，防止碰撞或因挖土过快、高差过大使工程桩受侧压力而倾斜。

6）如有地下水，放坡开挖应采取有效措施降低坑内水位和排除地表水，严防地表水或坑内排出的水倒流渗入基坑。

7）基坑采用机械挖土，坑底应保留 200～300mm 厚基土，用人工清理整平，防止坑底土扰动。待挖至设计标高后，应清除浮土，经验槽合格后，及时进行垫层施工。

1.1.3 基坑（槽）土方施工

1. 浅基坑、槽和管沟开挖

（1）浅基坑（槽）开挖，应先进行测量定位，抄平放线，定出开挖长度，按放线分块（段）分层挖土（深基坑开挖见 1.3.4 节）。

（2）根据土质和水文情况，采取在四侧或两侧直立开挖或放坡，以保证施工操作安全。当土质为天然湿度、构造均匀、水文地质条件良好（即不会发生坍滑、移动、松散或不均匀下沉），且无地下水时，开挖基坑亦可不必放坡，采取直立开挖不加支护，但挖方深度应按表 1-6、表 1-7 中数值进行施工操作。

（3）雨期施工时，基坑槽应分段开挖，挖好一段浇筑一段垫层，并在基槽两侧围以土堤或挖排水沟，以防地面雨水流入基坑槽，同时应经常检查边坡和支撑情况，以防止坑壁受水浸泡造成塌方。

（4）基坑开挖时，应对平面控制桩、水准点、基坑平面位置、水平标高、边坡坡度等经常复测检查。

（5）基坑开挖完成后，应及时清底、验槽，减少暴露时间，防止暴晒和雨水浸刷破坏地基的原状结构。

基坑（槽）和管沟不加支撑时的容许深度　　　表 1-6

项次	土的种类	容许深度（m）
1	密实、中密的砂子和碎石类土（充填物为砂土）	1.00
2	硬塑、可塑的粉质黏土及粉土	1.25
3	硬塑、可塑的黏土和碎石类土（充填物为黏性土）	1.50
4	坚硬的黏土	2.00

土的类别		边坡值（高：宽）
砂土（不包括细砂、粉砂）		1：1.25～1：1.50
一般性黏土	硬	1：0.75～1：1.00
	硬塑	1：1～1：1.25
	软	1：1.5 或更缓
碎石类土	充填坚硬、硬塑黏性土	1：0.5～1：1.0
	充填砂土	1：1～1：1.5

2. 浅基坑、槽和管沟的支撑方法

基坑槽和管沟的支撑方法见表 1-8，一般浅基坑的支撑方法见表 1-9。

基坑槽、管沟的支撑方法　　　　　　　表 1-8

支撑方式	断续式水平支撑	连续式水平支撑
简图		
使用条件	适于能保持直立壁的干土或天然湿度的黏土类土，地下水很少、深度在 3m 以内	适于较松散的干土或天然湿度的黏土类土，地下水很少、深度为 3～5m

3. 基坑（槽）边坡防护

当基坑放坡高度较大，施工期和暴露时间较长，应保护基坑边坡的稳定。

（1）薄膜覆盖或砂浆覆盖法

支撑方式	斜柱支撑	短桩横隔板支撑	临时挡土墙支撑
简图	柱桩 斜撑 回填土 短桩 挡板	横隔板 短桩 填土	扁丝编织袋或草袋装土、砂；或干砌、浆砌毛石
适用条件	适于较大型、深度不大的基坑	适于开挖宽度大的基坑，当部分地段下部放坡不够时使用	

在边坡上铺塑料薄膜，在坡顶及坡脚用草袋或编织袋装土压住或用砖压住；或在边坡上抹水泥砂浆 2～2.5cm 厚保护，同时在土中插适当锚筋连接，在坡脚设排水沟（图 1-1a）。

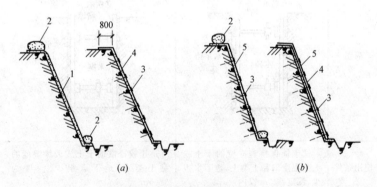

(a)   (b)

图 1-1　基坑边坡护面方法

(a) 薄膜或砂浆覆盖；(b) 挂网或挂网抹面

1—塑料薄膜；2—草袋或编织袋装土；3—插筋；4—水泥砂浆；5—钢丝网

（2）挂网或挂网抹面法

对基础施工工期短，土质较差的临时性基坑边坡，可在垂直坡面楔入直径 10～12mm、长 40～60cm 插筋，纵横间距 1m，上铺 20 号铁丝网，上下用草袋或聚丙烯扁丝编织袋装土或砂压住，或再在铁丝网上抹 2.5～3.5cm 厚的 M5 水泥砂浆。在坡顶坡脚设排水沟（图 1-1b）。

（3）喷射混凝土或混凝土护面法

对邻近有建筑物的深基坑边坡，可在坡面垂直楔入直径10～12mm、长 40～50cm 插筋，纵横间距 1m，上铺 20 号铁丝网，在表面喷射 40～60mm 厚的 C15 细石混凝土直到坡顶和坡脚。

（4）土袋或砌石压坡法

对深度在 5m 以内的临时基坑边坡，在边坡下部用草袋或聚丙烯扁丝编织袋装土堆砌或砌石压住坡脚。边坡高 3m 以内可采用单排顶砌法，5m 以内，水位较高，用二排顶砌或一排一顶构筑法，保持坡脚稳定。在坡顶设挡水土堤或排水沟，防止冲刷坡面，在底部作排水沟，防止冲坏坡脚。

4．土方开挖施工中的质量控制要点

（1）对定位放线的控制

控制内容主要为复核建筑物的定位桩、轴线、方位和几何尺寸。

（2）对土方开挖的控制

检查挖土标高、截面尺寸、放坡和排水，地下水位应保持低于开挖面 500mm 以下。

（3）基坑（槽）验收

基坑开挖完毕应由施工单位、设计单位、监理单位或建设单位等有关人员共同到现场进行验槽，一般用表面检查验槽法，必要时采用钎探检查或洛阳铲铲探检查，经检查合格，填写基坑槽验收单、隐蔽工程记录，及时办理交接手续。

（4）土方开挖工程质量检验标准（表 1-10）。

1.1.4 土方回填与压实

1．填料要求与含水量控制

填方土料应符合设计要求，保证填方的强度和稳定性，如设

土方开挖工程质量检验标准（mm）　　　表 1-10

项	序	项目	允许偏差或允许值					检验方法
			柱基、基坑、基槽	挖方场地平整		管沟	地（路）面基层	
				人工	机械			
主控项目	1	标高	−50	±30	±50	−50	−50	水准仪
	2	长度、宽度（由设计中心线向两边量）	+200 −50	+300 −100	+500 −150	+100	—	经纬仪、用钢尺量
	3	边坡	设计要求					观察或用坡度尺检查
一般项目	1	表面平整度	20	20	50	20	20	用 2m 靠尺和楔形塞尺检查
	2	基底土性	设计要求					观察或土样分析

注：地（路）面基层的偏差只适用于直接在挖、填方做地（路）面的基层。

计无要求时，应符合以下规定：

（1）碎石类土、砂土和爆破石渣（粒径不大于每层铺土厚的 2/3），可用于表层下的填料；

（2）含水量符合压实要求的黏性土，可作各层填料；

（3）淤泥和淤泥质土，一般不能用作填料，但在软土地区，经过处理含水量符合压实要求的，可用于填方中的次要部位。

（4）填土土料含水量的大小，直接影响到夯实（碾压）质量，在夯实（碾压）前应先试验，以得到符合密实度要求条件下的最优含水量和最少夯实（或碾压）遍数。含水量过小，夯压（碾压）不实；含水量过大，则易成橡皮土。各种土的最佳含水量和最大密实度参考数值见表 1-2。黏性土料施工含水量与最佳含水量之差可控制在 ±2% 范围内。

（5）土料含水量一般以手握成团，落地开花为适宜。当含水量过大，应采取翻松、晾干、风干、换土回填、掺入干土或其他吸水性材料等措施；如土料过干，则应预先洒水润湿。

（6）当含水量小时，亦可采取增加压实遍数或使用大功率压实机械等措施。在气候干燥时，须采取加速挖土、运土、平土和碾压过程，以减少土的水分散失。

2. 基底处理

（1）场地回填应先清除基底上垃圾、草皮、树根，排除坑穴中积水、淤泥和杂物，并应采取措施防止地表滞水流入填方区，浸泡地基，造成基土下陷。

（2）当填方基底为耕植土或松土时，应将基底充分夯实和碾压密实。

（3）当填方位于水田、沟渠、池塘或含水量很大的松散土地段，应排水疏干，或作换填处理。

（4）当填土场地地面陡于 1/5 时，应先将斜坡挖成阶梯形，阶高 0.2～0.3m，阶宽大于 1m，然后分层填土。

3. 填土放坡

（1）填方的边坡坡度按设计规定施工，当设计无规定时，可按表 1-11 和表 1-12 采用。

（2）对使用时间较长的临时性填方边坡坡度，当填方高度小于 10m 时，可采用 1∶1.5；超过 10m，可做成折线形，上部采用 1∶1.5，下部采用 1∶1.75。

永久性填方边坡的高度限值 表 1-11

项次	土的种类	填方高度（m）	边坡坡度
1	黏土类土、黄土、类黄土	6	1∶1.50
2	粉质黏土、泥灰岩土	6～7	1∶1.50
3	中砂或粗砂	10	1∶1.50
4	砾石和碎石土	10～12	1∶1.50
5	易风化的岩土	12	1∶1.50
6	轻微风化、尺寸 25cm 内的石料	6 以内 6～12	1∶1.33 1∶1.50
7	轻微风化、尺寸大于 25cm 的石料，边坡用最大石块、分排整齐铺砌	12 以内	1∶1.50～1∶0.75
8	轻微风化、尺寸大于 40cm 的石料，其边坡分排整齐	5 以内 5～10 ＞10	1∶0.50 1∶0.65 1∶1.00

4. 人工填土

（1）填土应从场地最低部分开始，由一端向另一端自下而上分层铺填。每层虚铺厚度，用人工木夯夯实时不大于20cm，用打夯机械夯实时不大于25cm。采取分段填筑，交接处应填成阶梯形。

（2）墙基及管道回填应在两侧用细土同时均匀回填、夯实，防止墙基及管道中心线位移。

（3）回填用打夯机夯实。两机平行时其间距不得小于3m，在同一夯打路线上，前后间距不得小于10m。

压实填土的边坡允许值 表 1-12

填料类别	压实系数 λ_c	边坡允许值（高宽比）			
		填料厚度 H(m)			
		$H \leqslant 5$	$5 < H \leqslant 10$	$10 < H \leqslant 15$	$15 < H \leqslant 20$
碎石、卵石	0.94～0.97	1：1.25	1：1.50	1：1.75	1：2.00
砂夹石(其中碎石、卵石占全重30%～50%)		1：1.25	1：1.50	1：1.75	1：2.00
土夹石(其中碎石、卵石占全重30%～50%)	0.94～0.97	1：1.25	1：1.50	1：1.75	1：2.00
粉质黏土、黏粒含量 $\rho_c \geqslant 10\%$ 的粉土		1：1.50	1：1.75	1：2.00	1：2.25

5. 机械填土

（1）推土机填土

自下而上分层铺填，每层虚铺厚度不宜大于30cm。推土机运土回填，可采用分堆集中，一次运送方法，分段距离约为10～15m，以减少运土漏失量。用推土机来回行驶进行碾压，履带应重叠宽度的一半，填土程序宜采用纵向铺填顺序，从挖土区段至填土区段，以40～60m距离为宜。

（2）铲运机填土

铺填土区段长度不宜小于20m，宽度不宜小于8m。铺土应分层进行，每次铺土厚度不大于 30～50cm，铺土后，空车返回时将地表面刮平。填土尽量采取横向或纵向分层卸土。

（3）汽车填土

自卸汽车为成堆卸土，配以推土机推土、摊平。每层的铺土厚度不大于 30～50cm，汽车不能在虚土上行驶，卸土推平和压实工作须采取分段交叉进行。

6. 填土压实方法

（1）一般要求

1）填土应尽量采用同类土填筑，并宜控制土的含水率在最优含水量范围内。当采用不同的土填筑时，应按土类有规则地分层铺填，不得混杂使用，边坡不得用透水性较小的土封闭，避免在填方内形成水囊和产生滑动现象。

2）填土应从最低处开始，由下向上整个宽度分层铺填碾压或夯实。

3）在地形起伏之处，应做好接槎，修筑 1：2 阶梯形边坡，每台阶高可取 50cm、宽 100cm。分段填筑时每层接缝处应作成大于 1：1.5 的斜坡，碾迹重叠 0.5～1.0m，上下层错缝距离不应小于 1m。接缝部位不得在基础、墙角、柱墩等重要部位。

4）应预留一定的下沉高度，以备在行车、堆重或干湿交替等自然因素作用下，土体逐渐沉落密实。预留沉降量根据工程性质、填方高度、填料种类、压实系数和地基情况等因素确定。当土方用机械分层夯实时，其预留下沉高度（以填方高度的百分数计）：对砂土为 1.5％；对粉质黏土为 3％～3.5％。

（2）人工夯实方法

1）人力打夯前应将填土初步整平，打夯要按一定方向进行，一夯压半夯，夯夯相接，行行相连，两遍纵横交叉，分层夯打。夯实基槽及地坪时，行夯路线应由四边开始，然后再夯向中间。

2）用柴油打夯机等小型机具夯实时，一般填土厚度不宜大于 25cm，均匀分布，不留间隙。

3）基坑（槽）回填应在相对两侧或四周同时进行回填与

夯实。

4）回填管沟时，应用人工先在管子周围填土夯实，并应从管道两边同时进行，直至管顶 0.5m 以上，方可采用机械填土回填夯实。

（3）机械压实方法

1）压机械碾压之前，宜先用轻型推土机、拖拉机推平，低速预压，使表面平实；采用振动平碾压实，爆破石渣或碎石类土，应先静压，而后振压。

2）碾压机械压实填方时，应控制行驶速度，一般平碾、振动碾不超过 2km/h；并要控制压实遍数。碾压机械与基础或管道应保持一定的距离，防止将基础或管道压坏或使位移。

3）用压路机进行填方压实，填土厚度不应超过 25～30cm；碾压方向应从两边逐渐压向中间，碾轮每次重叠宽度约 15～25cm，避免漏压。运行中碾轮边距填方边缘应大于 500mm，边坡边缘压实不到之处，应辅以人力夯或小型夯实机具夯实。

（4）压实排水要求

1）填土层如有地下水或滞水时，应在四周设置排水沟和集水井，将水位降低。

2）填土区应保持一定横坡，或中间稍高两边稍低，以利排水。当天填土，应在当天压实。

7. 质量控制与检验

（1）填土施工过程中应检查排水措施，每层填筑厚度、含水量控制和压实程序。

（2）对每层回填土的质量进行检验，一般采用环刀法（或灌砂法）取样测定土的干密度，求出土的密实度，或用小轻便触探仪直接通过锤击数来检验干密度和密实度。

（3）基坑和室内填土，每层按 100～500m² 取样 1 组；场地平整填方，每层按 400～900m² 取样 1 组；基坑和管沟回填每 20～50m 取样 1 组，但每层均不少于 1 组，取样部位在每层压实后的下半部。用灌砂法取样应为每层压实后的全部深度。

（4）填土压实后的干密度应有 90％以上符合设计要求，其余 10％的最低值与设计值之差，不得大于 0.08t/m³，且不应集中。

（5）填方施工结束后应检查标高、边坡坡度、压实程度等，检验标准见表 1-13。

填土工程质量检验标准 表 1-13

项	序	检查项目	允许偏差或允许值（mm）					检验方法
			柱基、基坑、基槽	场地平整		管沟	地（路）面基础层	
				人工	机械			
主控项目	1	标高	－50	±30	±50	－50	－50	水准仪
	2	分层压实系数	设计要求					按规定方法
一般项目	1	回填土料	设计要求					取样检查或直观鉴别
	2	分层厚度及含水量	设计要求					水准仪及抽样检查
	3	表面平整度	20	20	30	20	20	用靠尺或水准仪

1.1.5 土方的季节性施工

1. 土方工程雨期施工

土方工程施工应尽可能避开雨期，或安排在雨期之前，也可安排在雨期之后进行。对于无法避开雨期的土方工程，应做好如下主要的措施。

（1）大型基坑或施工周期长的地下工程，应先在基础边坡四周做好截水沟、挡水堤，防止场内雨水灌槽。

（2）一般挖槽要根据土的种类、性质、湿度和挖槽深度，按照安全规程放坡，挖土过程中加强对边坡和支撑的检查。必要时放缓边坡或加设支撑，以保证边坡的稳定。

雨期施工，土方开挖面不宜过大，应逐段、逐片分期完成。

（3）挖出的土方应集中运至场外，以避免场内积水或造成塌方。留作回填土的应集中堆置于槽边 3m 以外。机械在槽外侧行驶应距槽边 5m 以外，手推车运输应距槽 1m 以外。

（4）回填土时，应先排除槽内积水，然后方可填土夯实。雨期进行灰土基础垫层施工时，应做到"四随"（即随筛、随拌、随运、随打），如未经夯实而淋雨时，应挖出重做。在雨期施工期间，当天所下的灰土必须当日打完，槽内不准留有虚土。应尽快完成基础垫层。

2. 土方工程冬期施工

土方工程不宜在冬期施工，以免增加工程造价。如必须在冬期施工，其施工方法应经过技术经济比较后确定。施工前应周密计划、充分准备，做到连续施工。

（1）凡冬期施工期间新开工程，可根据地下水位、地质情况，尽先采用预制混凝土桩或钻孔灌注桩，并及早落实施工条件，进行变更设计洽商，以减少大量的土方开挖工程。

（2）冬期施工期间，原则上尽量不开挖冻土。如必须在冬期开挖基础土方，应预先采取防冻措施，即沿槽两侧各加宽 30～40cm 的范围内，于冻结前，用保温材料覆盖或将表面不小于 30cm 厚的土层翻松。此外，也可以采用机械开冻土法或白灰（石灰）开冻法。

（3）开挖基坑（槽）或管沟时，必须防止基土遭受冻结。如基坑（槽）开挖完毕至垫层和基础施工之间有间歇时间，应在基底的标高之上留适当厚度的松土或保温材料覆盖。

冬期开挖土方时，如可能引起邻近建筑物（或构筑物）的地基或地下设施产生冻结破坏时，应预先采取防冻措施。

（4）冬期施工基础应及时回填，并用土覆盖表面免遭冻结。用于房心回填的土应采取保温防冻措施。不允许在冻土层上做地面垫层，防止地面的下沉或裂缝。

为保证回填土的密实度，规范规定：室外的基坑（槽）或管沟，允许用含有冻土块的土回填，但冻土块的体积不得超过填土总体积的 15%；管沟底至管顶 50cm 范围内，不得用含有冻土块的土回填；室内的基坑（槽）或管沟不得用含有冻块的土回填，以防常温后发生沉陷。

（5）灰土应尽量错开严冬季节施工，灰土不准许受冻，如必须在严冬期打灰土时，要做到随拌、随打、随盖。一般当气温低于－10℃时，灰土不宜施工。

1.1.6 土方特殊问题的处理

1. 滑坡与塌方的处理

（1）滑坡与塌方原因分析

1）斜坡土（岩）体本身存在倾向相近、层理发达、破碎严重的裂隙，或内部夹有易滑动的软弱带，如软泥、黏土质岩层，受水浸后滑动或塌落。

2）土层下有倾斜度较大的岩层，或软弱土夹层；或土层下的岩层虽近于水平，但距边坡过近，边坡倾度过大，在堆土或堆置材料、建筑物荷重和地表水作用下，增加了土体的负担，降低了土与土、土体与岩面之间的抗剪强度，而引起滑坡或塌方。

3）边坡坡度不够，倾角过大，土体因雨水或地下水浸入，剪切应力增大，黏聚力减弱，使土体失稳而滑动。

4）开堑挖方，不合理的切割坡脚；或坡脚被地表、地下水掏空；或斜坡地段下部被冲沟所切，地表、地下水浸入坡体；或开坡放炮坡脚松动等原因，使坡体坡度加大，破坏了土（岩）体的内力平衡，使上部土（岩）体失去稳定而滑动。

5）在坡体上不适当的堆土或填土，设置建筑物；或土工构筑物（如路堤、土坝）设置在尚未稳定的古（老）滑坡上，或设置在易滑动的坡积土层上，填方或建筑物增荷后，重心改变，在外力（堆载振动、地震等）和地表、地下水双重作用下，坡体失去平衡或触发古（老）滑坡复活，而产生滑坡。

（2）处理的措施和方法

1）加强工程地质勘察，对拟建场地（包括边坡）的稳定性进行认真分析和评价；工程和线路一定要选在边坡稳定的地段，对具备滑坡形成条件的或存在有古老滑坡的地段，一般不应选作建筑场地，或采取必要的措施加以预防。

2）在滑坡范围外设置多道环形截水沟，以拦截附近的地表水，在滑坡区域内，修设或疏通原排水系统，疏导地表水及地下水，阻止其渗入滑坡体内。

3）处理好滑坡区域附近的生活及生产用水，防止浸入滑坡地段。

4）如因地下水活动有可能形成山坡浅层滑坡时，可设置支撑盲沟、渗水沟，排除地下水。盲沟应布置在平行于滑坡滑动方向有地下水露头处。做好植被工程。

5）避免随意切割坡脚。土体尽量削成较平缓的坡度，或做成台阶形，使中间有1～2个平台，以增加稳定（表1-14）；土质不同时，视情况削成2～3种坡度（表1-14）。在坡脚处有弃土条件时，将土石方填至坡脚，使其起反压作用，筑挡土堆或修筑台地，避免在滑坡地段切去坡脚或深挖方。如整平场地必须切割坡脚，且不设挡土墙时，应按切割深度，将坡脚随原自然坡度由上而下削坡，逐渐挖至要求的坡脚深度（表1-14）。

6）尽量避免在坡脚处取土，在坡肩上设置弃土或建筑物。在斜坡地段挖方时，应遵守由上而下分层的开挖程序。在斜坡上填方时，由下往上分层填压的施工程序，同时避免对滑坡体的各种振动作用。

7）对可能出现的浅层滑坡，如滑坡土方量不大时，将滑坡体全部挖除；如土方量较大，难于挖除，且表层破碎含有滑坡夹层时，可对滑坡体采取深翻、推压、打乱滑坡夹层、表面压实等措施，减少滑坡因素。

8）对于滑坡体的主滑地段可采取挖方卸荷，拆除已有建筑物等减重辅助措施，对抗滑地段可采取堆方加重等辅助措施。

9）滑坡面土质松散或具有大量裂缝时，应进行填平、夯填，防止地表水下渗。

10）对已滑坡工程，稳定后采取设置混凝土锚固排桩、挡土墙、抗滑明洞、抗滑锚杆或混凝土墩与挡土墙相结合的方法加固坡脚（表1-14），并在下段作截水沟、排水沟，陡坝部分采取去土减重，保持适当坡度。

滑坡与塌方处理措施   表 1-14

处理方法	简图	说明
边坡处理		(a)作台阶或边坡； (b)不同土层留设不同坡度（$a = 1500 \sim 2000$mm）
切割坡脚措施		1—滑动面；2—应削去的不稳定部分；3—实际挖去部分
用钢筋混凝土锚固桩（抗滑桩）整治滑坡		1—基岩滑坡面；2—滑动土体；3—原地面线；4—钢筋混凝土锚固排桩；5—排水盲沟

处理方法	简图	说明
用挡土墙与卸荷结合整治滑坡		1—基岩滑坡面；2—滑动土体；3—钢筋混凝土或块石挡土墙；4—卸去土体
用钢筋混凝土明洞（涵洞）和恢复土体平衡整治滑坡		1—基岩滑坡面；2—土体滑动面；3—滑动土体；4—卸去土体；5—混凝土或钢筋混凝土明洞（涵洞）；6—恢复土体
挡土墙与岩石锚杆结合整治滑坡	(a)	1—滑动土体；2—挡土墙；3—岩石锚杆；4—锚桩；5—挡土板、柱；6—土层锚杆
挡土板、柱与土层锚杆结合整治滑坡	(b)	

处理方法	简图	说明
用混凝土墩与挡土墙结合整治滑坡	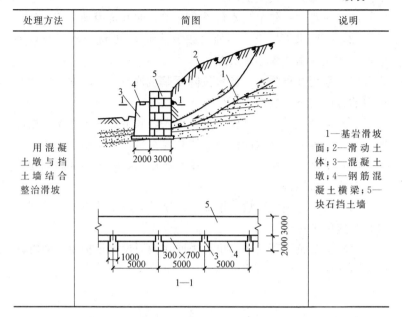	1—基岩滑坡面；2—滑动土体；3—混凝土墩；4—钢筋混凝土横梁；5—块石挡土墙

2. 橡皮土的处理

（1）暂停一段时间施工，避免再直接拍打，使"橡皮土"含水量逐渐降低，或将土层翻起进行晾槽；

（2）如地基已成"橡皮土"，可采取在上面铺一层碎石或碎砖后进行夯击，将表土层挤紧；

（3）橡皮土较严重的，可将土层翻起并粉碎均匀，掺加石灰粉以吸收水分水化，同时改变原土结构成为灰土，使之具有一定强度和水稳性；

（4）当为荷载大的房屋地基，采取打石桩，将毛石（块度为20～30cm）依次打入土中；

（5）挖去"橡皮土"，重新填好土或级配砂石夯实。

3. 流砂的处理

发生流砂时，土完全失去承载力，不但使施工条件恶化，而且流砂严重时，会引起基础边坡塌方，附近建筑物会因地基被掏空而下沉、倾斜，甚至倒塌。

（1）安排在全年最低水位季节施工，使基坑内动水压减小；

（2）采取水下挖土（不抽水或少抽水），使坑内水压与坑外地下水压相平衡或缩小水头差；

（3）采用井点降水，使水位降至基坑底 0.5m 以下，使动水压力的方向朝下，坑底土面保持无水状态；

（4）沿基坑外围四周打板桩，深入坑底下面一定深度，增加地下水从坑外流入坑内的渗流路线和渗水量，减小动水压力；

（5）采用化学压力注浆或高压水泥注浆，固结基坑周围粉砂层使形成防渗帷幕；

（6）往坑底抛大石块，增加土的压重和减小动水压力，同时组织快速施工；

（7）当基坑面积较小，也可采取在四周设钢板护筒，随着挖土不断加深，直到穿过流砂层。

1.2 桩基工程

桩基础通常可分为沉入桩基础和灌注桩基础。

常用的沉入桩有钢筋混凝土桩、预应力混凝土桩和钢管桩。

灌注桩依据成桩方式可分为泥浆护壁成孔、干作业成孔、护筒（沉管）灌注桩及爆破成孔等。

1.2.1 桩基施工准备

桩基施工前应做好室内外的必要准备，虽然桩的施工方法不同，但准备工作却基本一致。

1. 图纸资料的准备

需准备的图纸主要包括：

（1）基础工程施工图（包括桩基和其他形式的基础）。

（2）建筑物基础的工程地质资料。

（3）建筑施工现场和邻近区域内的情况调查资料。

（4）桩基施工机械及配套设备的技术性能资料；有关桩的荷

载试验资料。

（5）桩基工程施工技术措施。

2. 桩基工程施工技术措施的内容

（1）编制桩基工程的施工组织设计（或施工方案）。

（2）打桩施工平面图，其中要标明桩位、编号、施工顺序、水电线路及临时设施。

（3）确定打桩或成孔机械、配套设备，以及施工工艺的有关资料。

（4）施工作业计划和劳动组织计划，机械设备、备（配）件、工具和材料供应计划。

（5）主要机械的试运转、试打或试钻、试灌注的计划。

（6）保证工程质量、安全生产和季节性施工的技术措施。

（7）做好钢筋等原材料及其制品的质检工作。

（8）应进行试桩或有桩试验的参数资料。

3. 桩施工现场的准备

（1）做好场地平整工作，对于不利于施工机械运行的松软场地进行处理。雨期施工时，应有排水措施。

（2）复核测量基线、水准基点及桩位。

（3）桩基正式施工前应作打桩或成孔试验，检查设备和工艺是否符合要求，数量不得少于 2 根。

（4）在建筑旧址或杂填土地区施工时，预先应进行钎探，并将探明在桩位处的旧基础、石块、废铁等障碍物挖除，或采取其他处理措施。

（5）基础施工用的临时设施，开工前必须就绪。

1.2.2　钢筋混凝土预制桩

1. 预制钢筋混凝土桩的制作

现场制作场地压实、整平→场地地坪作三七灰土或浇筑混凝土→支模→绑扎钢筋骨架、安设吊环→浇筑混凝土→养护至 30％强度拆模，再上层支模、刷隔离剂、绑钢筋→同法间隔重叠制作第二层桩→养护至 70％强度起吊→达 100％强度后运输、堆放。

2. 预制钢筋混凝土桩的起吊运输和堆放

当桩的混凝土达到设计强度标准值的 70% 后方可起吊，吊点应系于设计规定之处，如无吊环，可按图 1-2 所示位置设置吊点起吊。在吊索与桩间应加衬垫，起吊应平稳提升，采取措施保护桩身质量，防止撞击和受震动。

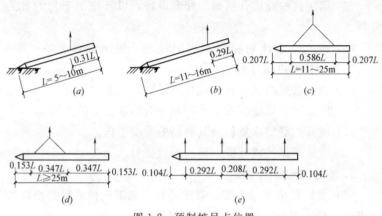

图 1-2　预制桩吊点位置

(a)、(b) 一点吊法；(c) 二点吊法；(d) 三点吊法；(e) 四点吊法

桩运输时的强度应达到设计强度标准值的 100%。运输前，应按验收规范要求，检查桩的混凝土质量、尺寸、预埋件、桩靴或桩帽的牢固性以打桩中使用的标志是否备全等。水平运输时，应做到桩身平稳放置，严禁在场地上直接拖拉桩体。运输至施工现场时应进行检查验收，严禁使用质量不合格及在运输过程产生裂缝的桩。

堆放场地应平整坚实，排水良好。堆放时应稳固，不得滚动，并应按不同规格、长度及施工流水顺序分别堆放。条件允许时，宜单层堆放；外径为 500～600mm 的桩不宜超过 4 层，外径 300～400mm 的桩不宜超过 5 层。叠层堆放时，应在垂直于桩长度方向的地面上设置两道垫木，垫木应分别位于距桩端 0.2 倍桩长处；底层最外缘的桩应在垫木处用木楔塞紧。

3. 预制钢筋混凝土桩的接桩

接头的构造分为焊接、法兰连接或机械快速连接（螺纹式、啮合式）三类形式。

4. 打桩方法的选择

打桩方法有锤击法、振动法及静力压桩法等。选用应根据地质条件、桩型、桩的密集程度、单桩竖向承载力及现场施工条件、环境保护要求等因素确定。

5. 打桩顺序的选择

（1）根据地基土质情况，桩基平面布置，桩的尺寸、密集程度、深度，桩移动方便以及施工现场实际情况等因素确定，当基坑不大时，打桩应逐排打设或从中间开始分头向周边或两边进行。

对于密集群桩，自中间向两个方向或向四周对称施打。当一侧毗邻建筑物时，由毗邻建筑物处向另一方向施打。当基坑较大时，应将基坑分为数段，而后在各段范围内分别进行（图1-3），但打桩应避免自外向内，或从周边向中间进行，以避免中间土体被挤密，桩难以打入，或虽勉强打入，但使邻桩侧移或上冒。

（2）对基础标高不一的桩，宜先深后浅，对不同规格的桩，宜先大后小，先长后短，可使土层挤密均匀，以防止位移或偏斜；在粉质黏土及黏土地区，应避免按着一个方向进行，使土体一边挤压，造成入土深度不一，土体挤密程度不均，导致不均匀

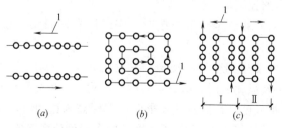

图1-3　打桩顺序和土体挤密情况

（*a*）逐排打设；（*b*）自中部向边沿打设；（*c*）分段打设

1—打桩方向

沉降。若桩距大于或等于 4 倍桩直径，则与打桩顺序无关。

6. 锤击法施工

（1）锤击桩的施工设备

打桩设备包括桩锤、桩架、动力装置、送桩器及衬垫。

工作机理是利用桩锤自由下落时的瞬时冲击力锤击桩头所产生的冲击机械能，克服土体对桩侧摩阻力和桩端阻力，其静力平衡状态遭受破坏，导致桩体下沉，达到新的静力平衡状态。

（2）锤桩施工

1）定锤吊桩：打桩机就位后，先将桩锤和桩帽吊升起来，其高度应超过桩顶，并固定在桩架上，以便开始吊立桩身，待桩吊至垂直状态后送入龙门导杆内。

2）沉桩：桩立正后即开始打桩，起始几锤应控制锤的落距（短距轻击），待桩入土一定深度稳定以后，再以全落距施打。这样可以保证桩位准确，桩身垂直。桩的施工原则应是"重锤低击"、"低提重打"，以尽量减小对桩头的冲击力，不损伤桩顶，加快桩的下沉。当桩下沉遇到孤石或硬夹层时，应减小锤的落距，待穿透夹层后再恢复正常落距。打桩系隐蔽工程，应做好打桩记录，作为验收鉴定质量的依据。

（3）桩终止锤击控制标准

在锤击法沉桩施工过程中，确定最后停打标准有两种控制指标，即设计预定的"桩尖标高控制"和"最后贯入度控制"。桩终止锤击的控制应符合下列规定：

1）当桩端位于一般土层时，应以控制桩端设计标高为主，贯入度为辅；

2）桩端达到坚硬、硬塑的黏性土、中密以上粉土、砂土、碎石类土及风化岩时，应以贯入度控制为主，桩端标高为辅。

3）贯入度已达到设计要求而桩端标高未达到时，应继续锤击 3 阵，并按每阵 10 击的贯入度不应大于设计规定的数值确认，必要时，施工控制贯入度通过实验确定；

4）当遇到贯入度巨变，桩身突然发生倾斜、位移或有严重回弹。桩顶或桩身出现严重裂缝、破碎等情况时，应暂停打桩，并分析原因，采取相应措施。

7. 静压法施工

（1）静压法沉桩机理

在桩压入过程中，以桩机本身的自重（包括配重）作为反作用力，克服压桩过程中的桩侧摩阻力和桩端阻力。

（2）压桩机具设备

静力压桩机分机械式和液压式两种。前者设备高大笨重，行走移动不便，压桩速度较慢，但装配费用较低；后者由压拔装置、行走机构及起吊装置等组成，采用液压操作，自动化程度高，结构紧凑，行走方便快速，施压部分不在桩顶面，而在桩身侧面，它是当前国内较广泛采用的一种新型压桩机械。

（3）施工工艺

1）静压预制桩的施工，一般都采取分段压入，逐段接长的方法。其施工程序为：测量定位→压桩机就位→吊桩、插桩→桩身对中调直→静压沉桩→接桩→再静压沉桩→送桩→终止压桩→切割桩头。

2）静压预制桩施工前的准备工作、桩的制作、起吊、运输、堆放、施工流水、测量放线、定位等均同锤击法打（沉）预制桩。

8. 质量控制

预制桩位置偏差允许值应符合表 1-15 的规定。

预制桩（PHC桩）桩位的允许偏差 表 1-15

项次	项目	允许偏差（mm）
1	盖有基础梁的桩： 1. 垂直基础梁的中心线 2. 沿基础梁的中心线	$100+0.01H$ $150+0.01H$
2	桩数为 1～3 根桩基中的桩	100
3	桩数为 4～16 根桩基中的桩	1/2 桩径或边长
4	桩数大于 16 根桩基中的桩： 1. 最外边的桩 2. 中间桩	1/3 桩径或边长 1/2 桩径或边长

注：H 为施工现场地面标高与桩顶设计标高的距离。

桩在现场预制时，应对原材料、钢筋骨架（表 1-16）、混凝土强度进行检查；采用工厂生产的成品桩时，桩进场后应进行外观及尺寸检查。

预制桩钢筋骨架质量检验标准 表 1-16

项	序	检查项目	允许偏差或允许值		检查方法
			单位	数值	
主控项目	1	主筋距桩顶距离	mm	±5	用钢尺量
	2	多节桩锚固钢筋位置	mm	5	用钢尺量
	3	多节桩预埋铁件	mm	±3	用钢尺量
	4	主筋保护层厚度	mm	±5	用钢尺量
一般项目	1	主筋间距	mm	±5	用钢尺量
	2	桩尖中心线	mm	10	用钢尺量
	3	箍筋间距	mm	±20	用钢尺量
	4	桩顶钢筋网片	mm	±10	用钢尺量
	5	多节桩锚固钢筋长度	mm	±10	用钢尺量

混凝土预制桩的质量检验标准应符合表 1-17 的规定。

钢筋混凝土预制桩的质量检验标准 表 1-17

项	序	检查项目	允许偏差或允许值		检查方法
			单位	数值	
主控项目	1	桩体质量检验	按基桩检测技术规范		按基桩检测技术规范
	2	桩位偏差	见表 1-19		用钢尺量
	3	承载力	按基桩检测技术规范		按基桩检测技术规范
一般项目	1	砂、石、水泥、钢筋等原材料（现场预制时）	符合设计要求		查出厂质保文件或抽样送检
	2	混凝土配合比及强度（现场预制时）	符合设计要求		检查称量及查试块记录
	3	成品桩外形	表面平整，颜色均匀，掉角深度<10mm，蜂窝面积小于总面积 0.5%		直观
	4	成品桩裂缝（收缩裂缝或起吊、装运、堆放引起的裂缝）	深度<20mm，宽度<0.25mm，横向裂缝不超过边长的一半		裂缝测定仪，该项在地下水有侵蚀地区及锤击数超过 500 击的长桩不适用

项	序	检查项目	允许偏差或允许值		检查方法
			单位	数值	
一般项目	5	成品桩尺寸:横截面边长 桩顶对角线差 桩尖中心线 桩身弯曲矢高 桩顶平整度	mm mm mm mm	±5 <10 <10 <1/1000l <2	用钢尺量 用钢尺量 用钢尺量 用钢尺量(l为桩长) 水平尺量
	6	电焊接桩:焊缝质量 电焊结束后停歇时间 上下节平面偏差 节点弯曲矢高	见表1-22 min mm	见表1-22 >1.0 <10 <1/1000l	见表1-22 秒表测定 用钢尺童 尺量(l为两桩节长)
	7	硫磺胶泥接桩: 胶泥浇筑时间 浇筑后停歇时间	min min	<2 >7	秒表测定 秒表测定
	8	桩顶标高	mm	±50	水准仪
	9	停锤标准	设计要求		现场实测或查沉桩记录

1.2.3 钢筋混凝土灌注桩

1. 常用机械设备

灌注桩施工机具类型及土质适用条件可参考表1-18。

2. 正反循环成孔灌注桩

正反循环成孔灌筑桩又称回转钻成孔灌筑桩,是用一般地质钻机在泥浆护壁条件下,慢速钻进,通过泥浆排渣成孔,灌筑混凝土成桩,为国内最为常用和应用范围较广的成桩方法(图1-4)。

(1)机具设备

主要机具设备为回转钻机。钻架多用龙门式,钻头常用三翼或四翼式钻头、牙轮合金钻头、或钢粒钻头,以前者使用较多;配套机具有钻杆、卷扬机、泥浆泵、空气压缩机、测量仪器以及混凝土配制、钢筋加工系统设备等。

灌注桩成桩方式与适用条件   表 1-18

序号	成桩方式与设备		土质适用条件
1	泥浆护壁成孔桩	正反循环钻	黏性土、粉土、砂土、填土、碎石土及风化岩层
		冲(抓)钻	
		旋挖钻	
		潜水钻	黏性土、淤泥、淤泥质土及砂土
2	干作业成孔桩	长螺旋钻孔	地下水位以上的黏性土、砂土及人工填土非密实的碎石类土、强风化岩
		钻孔扩底	地下水位以上的坚硬、硬塑的黏性土及中密以上的砂土风化岩层
		人工挖孔	地下水位以上的黏性土、黄土及人工填土
3	沉管灌注桩	夯扩	桩端持力层为埋深不超过 20m 的中、低压缩性黏性土、粉土、砂土和碎石类土
		振动	黏性土、粉土和砂土
4	爆破成孔		地下水位以上的黏性土、黄土碎石土及风化岩

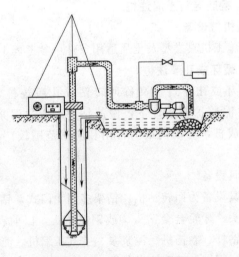

图 1-4　反循环钻进工艺原理图

（2）施工工艺

泥浆护壁成孔灌注桩施工工艺流程如图 1-5 所示。

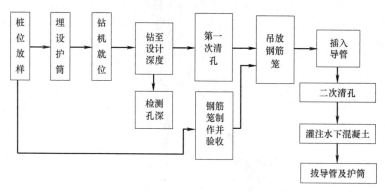

图 1-5　泥浆护壁成孔灌注桩工艺流程

3．冲（抓）成孔灌注桩

冲击成孔灌筑桩系用冲击式钻机或卷扬机悬吊冲击钻头（又称冲锤）上下往复冲击，将硬质土或岩层破碎成孔，部分碎渣和泥浆挤入孔壁中，大部分成为泥渣，用掏渣筒掏出成孔，然后再灌筑混凝土成桩。其特点是：设备构造简单，适用范围广，操作方便，所成孔壁较坚实、稳定，坍孔少，不受施工场地限制，无噪声和振动影响等，因此被广泛地采用。但存在掏泥渣较费工费时，不能连接作业，成孔速度较慢，泥渣污染环境，孔底泥渣难以掏尽，使桩承载力不够稳定等问题。适用于黄土、黏性土或粉质黏土和人工杂填土层中应用，特别适于有孤石的砂砾石层、漂石层、坚硬土层、岩层中使用，对流砂层亦可克服，但对淤泥及淤泥质土，则要十分慎重，对地下水大的土层，会使桩端承载力和摩阻力大幅度降低，不宜使用。

（1）机具设备

主要设备为冲击钻孔机，亦可用简易的冲击钻机（图 1-6）。它由简易钻架、冲锤、转向装置、护筒、掏渣筒以及 3～5t 双筒卷扬机（带离合器）等组成。

（2）施工工艺方法要点

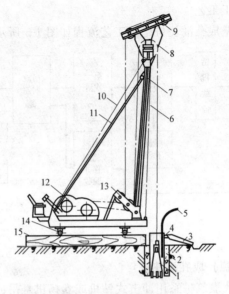

图 1-6　简易冲击钻机

1—钻头；2—护筒回填土；3—泥浆渡槽；4—溢流口；

5—供浆管；6—前拉索；7—主杆；8—主滑轮；

9—副滑轮；10—后拉索；11—斜撑；12—双筒

卷扬机；13—导向轮；14—钢管；15—垫木

　　冲击成孔灌筑桩施工工艺程序是：场地平整→桩位放线、开挖浆池、浆沟→护筒埋设→钻机就位、孔位校正→冲击造孔、泥浆循环、清除废浆、泥渣→清孔换浆→终孔验收→下钢筋笼和钢导管→灌筑水下混凝土→成桩养护。

4. 钻孔扩底灌注桩

　　钻孔扩底桩是利用钻孔机钻出带扩大头的桩孔，然后放入钢筋笼并灌注混凝土而成（图 1-7）。钻孔扩底桩为摩擦端承桩，以端承力为主。

　　钻孔扩底灌注桩的大头直径一般为桩身直径的 2.5～3.5 倍。扩孔使用钻扩机进行，钻扩桩施工程序分三部分，即钻直孔、扩孔和灌注混凝土。

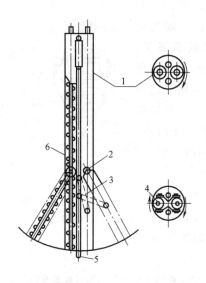

图 1-7 钻扩机钻杆构造示意图

1—外管；2—万向节；3—张开装置；

4—扩刀；5—定位尖点；6—输土螺旋

5. 套管成孔灌注桩

套管成孔是利用与桩的直径相等、略比设计桩长大些的无缝钢管，用桩锤贯入或用振动桩锤振动沉入土层内，将桩位的土冲挤成孔。到达桩的设计标高后，随着钢管上拔的同时，从钢管内灌注混凝土，直至钢管全部拔出，混凝土浇至桩顶后即完成桩的施工全过程。

为了钢套管容易沉入土层并防止土进入套管，钢管下端需要配备预制桩尖。目前，常采用预制钢筋混凝土桩尖，其混凝土强度等级不得低于C30。但是桩尖将留在桩的底部，从而增加了桩基的费用。预制混凝土桩尖和钢管之间要垫缓冲材料，防止冲碎桩尖而造成失效。桩尖的安装应保证桩尖中心线与钢管的中心线重合。另一种是钢板制作的活瓣式桩尖，它与冲孔的钢管连接为一体，可以随钢管拔出，属于冲孔钢管整体的一部分。但是由于反复插入土层，它必须具备足够的刚度，活瓣与钢管的连接要牢固而灵活，瓣与瓣之间要严密，避免碎石土进入或卡住。这种桩尖容易断裂，也容易途中撑开使套管下沉困难。常见桩尖形状如图1-8。

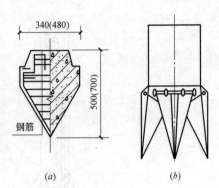

图1-8 桩尖示意图

(a) 预制钢筋混凝土桩尖；(b) 活瓣式桩尖

6. 质量控制

（1）灌注桩在沉桩后的桩位偏差应符合表1-19规定，桩顶标高至少要比设计标高高出0.5m；

灌注桩的平面位置和垂直度的允许偏差 表1-19

序号	成孔方法		桩径允许偏差（mm）	垂直度允许偏差（%）	桩位允许偏差（mm）	
					1～3根、单排桩基垂直于中心线方向和群桩基础的边桩	条形桩基沿中心线方向和群基础的中间桩
1	泥浆护壁钻孔桩	$D \leqslant 1000mm$	±50	<1	$D/6$ 且不大于100	$D/4$ 且不大于150
		$D > 1000mm$	±50		$100 + 0.01H$	$150 + 0.01H$
2	套管成孔灌注桩	$D \leqslant 500mm$	−20	<1	>0	150
		$D > 500mm$			100	150
3	干成孔灌注桩		−20	<1	70	150
4	人工挖孔桩	混凝土护壁	+50	<0.5	50	150
		钢套管护壁	+50	<1	100	200

注：1. 桩径允许偏差的负值是指个别断面。

2. 采用复打、反插法施工的桩径允许偏差不受上表限制。

3. H为施工现场地面标高与桩顶设计标高的距离，D为设计桩径。

（2）灌注桩的沉渣厚度：当以摩擦桩为主时，不得大于150mm；当以端承力为主时，不得大于50mm；套管成孔的灌注桩不得有沉渣。

（3）灌注桩每灌筑 $50m^3$ 应有一组试块，小于 $50m^3$ 的桩应每根桩有一组试块。

（4）桩的静载荷载试验根数应不少于总桩数的 1%，且不少于 3 根，当总桩数少于 50 根时，应不少于 2 根。

（5）桩身质量应进行检验，检验数不应少于总数的 20%，且每个柱子承台下不得少于 1 根。

（6）对砂子、石子、钢材、水泥等原材料的质量，检验项目、批量和检验方法，应符合国家现行有关标准的规定。

（7）施工中应对成孔、清渣、放置钢筋笼、浇筑混凝土等全过程检查；人工挖孔桩尚应复验孔底持力层土（岩）性。嵌岩桩必须有桩端持力层的岩性报告。

（8）施工结束后，应检查混凝土强度，并应做桩体质量及承载力检验。

（9）混凝土灌注桩的质量检验标准见表 1-20 和表 1-21。

混凝土灌注桩钢筋笼质量检验标准 表 1-20

| 项 | 序 | 检查项目 | 允许偏差或允许值 | | 检查方法 |
			单位	数值	
主控项目	1	主筋间距	mm	±10	用钢尺量
	2	长度	mm	±100	用钢尺量
一般项目	1	钢筋材质检验	设计要求		抽样送检
	2	箍筋间距	mm	±20	用钢尺量
	3	直径	mm	±10	用钢尺量

1.2.4 桩基工程验收

1. 桩基工程桩位验收应按下列规定进行

（1）当桩顶设计标高与施工场地标高相同时，或桩基施工结束后，有可能对桩位进行检查时，桩基工程的验收应在施工结束后进行。

（2）当桩顶设计标高低于施工场地标高时，可对护筒位置作中间验收，待承台或底板开挖到设计标高后，再作最终验收。

混凝土灌注桩质量检验标准　　　　　　　表 1-21

项	序	检查项目	允许偏差或允许值		检查方法
			单位	数值	
主控项目	1	桩位	见表 1-19		基坑开挖前量护筒，开挖后量桩中心
	2	孔深	mm	+300	只深不浅，用重锤测，或测钻杆、套管长度，嵌岩桩应确保进入设计要求的嵌岩深度
	3	桩体质量检验	按基桩检测技术规范。如岩芯取样，大直径嵌岩桩应钻至桩尖下 50cm		按基桩检测技术规范
	4	混凝土强度	设计要求		试块报告或钻芯取样送检
	5	承载力	按基桩检测技术规范		按基桩检测技术规范
一般项目	1	垂直度	见表 1-19		测套管或钻杆，或用超声波探测。干施工时吊垂球
	2	桩径	见表 1-19		井径仪或超声波检测，干施工时用尺量，人工挖孔桩不包括内衬厚度
	3	泥浆密度（黏土或砂性土中）	g/cm³	1.15～1.20	用比重计测，清孔后在距孔底 50cm 处取样
	4	泥浆面标高（高于地下水位）	m	0.5～1.0	目测
	5	混凝土坍落度（水下灌筑）（干施工）	mm mm	160～220 70～100	坍落度仪

项	序	检查项目	允许偏差或允许值		检查方法
			单位	数值	
一般项目	6	钢筋笼安装深度	mm	±100	尺量
	7	混凝土充盈系数		>1	检查每根桩的实际灌筑量
	8	桩顶标高	mm	+30 −50	水准仪,需扣除桩顶浮浆层及劣质桩体
	9	沉渣厚度:端承桩 摩擦桩	mm mm	≤50 ≤150	用沉渣仪或重锤测量

2. 桩基工程验收时应提交下列资料

（1）工程地质勘察报告、桩基施工图、图纸会审纪要、设计变更及材料代用单等。

（2）经审定的施工组织设计、施工方案及执行中的变更情况。

（3）桩位测量放线图,包括工程桩位线复核签证单。

（4）成桩质量检查报告。

（5）单桩承载力检测报告。

（6）基坑挖至设计标高的基桩竣工平面图及桩顶标高图。

1.2.5 承台工程

承台就是在桩顶浇筑的钢筋混凝土梁或板。它支承上部墙或柱传来的荷载并传给下面的桩基。承台施工必须在桩基施工中间验收合格后进行。灌注桩的桩顶处理必须在桩身混凝土达到设计强度后方可进行。

（1）绑扎钢筋前将灌注桩桩头浮浆部分和预制桩桩顶锤击面破碎部分去除,桩体及其主筋埋入承台的长度应符合设计要求,钢管桩尚应焊好桩顶连接件,并应按设计施作桩头和垫层防水。

（2）承台混凝土应一次浇筑完成,混凝土入槽宜采用平铺法。对大体积混凝土施工,应采取有效措施防止温度应力引起裂缝。

1.3 基坑支护工程

1.3.1 基坑支护工程类型

1. 围护结构类型

在我国应用的围护结构类型较多,总体可分为两大类:板式围护和非板式围护。不同类型围护结构的特点见表 1-22。

不同类型围护结构的特点 表 1-22

类 型	围护名称	特 点
板式围护	钢板桩围护墙(H 型钢桩板式墙)	1. 成品制作,可反复使用; 2. 施工简便,但施工有噪声; 3. 刚度小,变形大,与多道支撑结合,在软弱土层中也可采用; 4. 新的时候止水性尚好,如有漏水现象,要增加防水措施
板式围护	灌注桩排桩围护墙	1. 刚度大,可用在深大基坑; 2. 施工对周边地层、环境影响小; 3. 需降水或和止水措施配合使用,如搅拌桩、旋喷桩等
板式围护	地下连续墙	1. 刚度大,开挖深度大,可适用于所有地层; 2. 强度大,变位小,隔水性好,同时可兼作主体结构的一部分; 3. 可邻近建筑物、构筑物使用,环境影响小; 4. 造价高
板式围护	型钢水泥土搅拌墙(SMW 工法连续墙)	1. 强度大,止水性好; 2. 内插的型钢可拔出反复使用,经济性好; 具有较好发展前景,上海等城市已有较多工程实践
非板式围护	水泥土搅拌桩挡墙	1. 无支撑,墙体止水性好,造价低; 2. 墙体变位大
非板式围护	土钉墙/锚杆	1. 施工设备简单,施工效率高,占用周期短; 2. 土钉墙成本费较其他支护结构显著降低; 3. 施工噪声、振动小,不影响环境; 4. 在软土、松散砂性土中施工困难,变形控制能力低

2. 支撑体系类型

对于排桩、板墙式支护结构，当基坑深度较大时，为使围护墙受力合理和受力后变形控制在一定范围内，需沿围护墙竖向增设支承点，以减小跨度。如在坑内对围护墙加设支承称为内支撑；如在坑外对围护墙设拉支承，则称为拉锚（土锚）。

常用的支撑系统按其材料可分为现浇钢筋混凝土支撑体系和钢支撑体系两类，其形式和特点见表1-23。

现浇钢筋混凝土支撑体系由围檩（圈梁）、支撑及角撑、立柱和围檩托架或吊筋、立柱，托架锚固件等其他附属构件组成。

钢结构支撑（钢管、型钢支撑）体系通常为装配式的，由围檩、角撑、支撑、预应力设备（包括千斤顶自动调压或人工调压装置）、轴力传感器、支撑体系监测监控装置、立柱桩及其他附属装配式构件组成。

两类支撑体系的形式和特点   表1-23

材　料	截面形式	布置形式	特　点
现浇钢筋混凝土	可根据断面要求确定	有对撑、边桁架、环梁结合边桁架等，形式灵活多样	混凝土凝固后强度刚度大、变形小、可靠性强，施工方便；但支撑浇筑和养护时间长，且围护结构处于无支撑的暴露状态的时间长，软土中被动区土体位移大，如对控制变形有较高要求时需对被动区软土加固，施工工期长，拆除困难，爆破拆除对周围环境有影响
钢结构	单钢管，双钢管，单工字钢，双工字钢、H型钢，槽钢及以上钢材的组合	竖向布置有水平撑，斜撑；平面布置形式一般为对撑、井字撑、角撑，也有与钢筋混凝土支撑结合使用，但要谨慎处理变形协调问题	装、拆施工方便，可周转使用，支撑中可加预应力，可调整轴力而有利于控制围护墙变形；施工工艺要求较高，如节点和支撑结构处理不当，或施工支撑不及时、不准确，会造成失稳

1.3.2 基坑围护墙施工

1. 板式支护体系围护墙

（1）地下连续墙

1）施工机械与设施

地下连续墙的施工方法从结构形式上可分为柱列式、壁式两大类。柱列式地下连续墙施工机械设备一般采用长螺旋钻机和原位置土混合搅拌壁式地下连续墙施工设备；壁式地下连续墙施工机械设备一般采用抓斗式成槽机（包括悬吊式液压抓斗成槽机、导板式液压抓斗成槽机、导杆式液压抓斗成槽机）、回转式成槽机（包括垂直多轴式成槽机和水平多轴式回转成槽机即铣槽机两类）及冲击式三类。

2）施工工艺

地下连续墙施工工艺流程如图 1-9 所示。

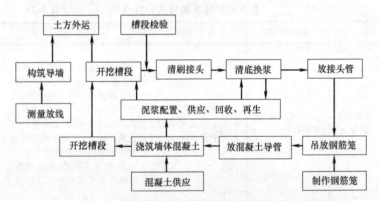

图 1-9　现浇钢筋混凝土壁板式地下连续墙的施工工艺过程

① 导墙。导墙通常为就地灌注的钢筋混凝土结构。主要作用是：保证地下连续墙设计的几何尺寸和形状；容蓄部分泥浆，保证成槽施工时液面稳定；承受挖槽机械的荷载，保护槽口土壁不破坏，并作为安装钢筋骨架的基准。导墙深度一般为 1.2～1.5m。墙顶高出地面 10～15cm，以防地表水流入而影响泥浆质量，如图 1-10 所示。

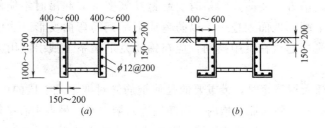

图 1-10　常用导墙结构示意图

② 泥浆护壁。泥浆材料通常由膨润土、水、化学处理剂和一些惰性物质组成。泥浆的作用是在槽壁上形成不透水的泥皮，从而使泥浆的静水压力有效地作用在槽壁上，防止地下水的渗水和槽壁的剥落，保持壁面的稳定，同时泥浆还有悬浮土渣和将土渣携带出地面的功能。灌注混凝土把泥浆置换出来。

③ 成槽施工。成槽机械应视地质条件和筑墙深度选用。一般土质较软，深度在 15m 左右时，可选用普通导板抓斗；对密实的砂层或含砾土层可选用多头钻或加重型液压导板抓斗；在含有大颗粒卵砾石或岩基中成槽，以选用冲击钻为宜。

槽段的单元长度一般为 6～8m，通常结合土质情况、钢筋骨架重量及结构尺寸、划分段落等决定。

成槽后需清基即清除以沉渣为主的槽底沉淀物。清基的方法有沉淀法和置换法两种。前者是在土渣基本都沉淀至槽底之后再进行清底，后者是在挖槽结束后，用洗泥浆把槽内的泥浆置换出来，使槽内泥浆密度小于 $1.15cm^3/kg$。

④ 钢筋笼制作与吊运：

a. 钢筋笼制作：钢筋笼根据地下连续墙墙体配筋图和单元槽段的划分来制作，最好按单元槽段做成一个整体。如果地下连续墙很深或受起重设备起重能力的限制，需要分段制作在吊放时再连接。钢筋笼应在型钢或钢筋制作的平台上成型，平台应有一定的尺寸（应大于最大钢筋笼尺寸）和平整度。

b. 钢筋笼吊运：钢筋笼的起吊应用横吊梁或吊架。吊点布置和起吊方式要防止起吊时引起钢筋笼变形。起吊时不能使钢筋笼下端在地面上拖引，以防造成下端钢筋弯曲变形。为防止钢筋笼吊起后在空中摆动，应在钢筋笼下端系上拽引绳用人力操纵。

插入钢筋笼时，最重要的是使钢筋笼对准单元槽段的中心、垂直而又准确的插入槽内。钢筋笼进入槽内时，吊点中心必须对准槽段中心，然后徐徐下降，此时必须注意不要因起重臂摆动或其他影响而使钢筋笼产生横向摆动，造成槽壁坍塌。

钢筋笼插入槽内后，检查其顶端高度是否符合设计要求，然后将其搁置在导墙上。如果钢筋笼是分段制作，吊放时需接长，下段钢筋笼要垂直悬挂在导墙上，然后将上段钢筋笼垂直吊起，上下两段钢筋笼成直线连接。

如果钢筋笼不能顺利插入槽内，应该重新吊出，查明原因加以解决，如果需要则在修槽之后再吊放。不能强行插放，否则会引起钢筋笼变形或使槽壁坍塌，产生大量沉渣。

⑤ 水下灌注混凝土。采用导管法按水下混凝土灌注法进行，但在用导管开始灌注混凝土前为防止泥浆混入混凝土，可在导管内吊放一管塞，依靠灌入的混凝土压力将管内泥浆挤出。混凝土要连续灌注并测量混凝土灌注量及上升高度。所溢出的泥浆送回泥浆沉淀池。

⑥ 常用墙段接头处理。地下连续墙是由许多墙段拼组而成，接头处是挡土挡水的薄弱部位。常用的施工接头有：

a. 接头管（又称锁扣管）接头：在灌注槽段混凝土前，在槽段的端部预插一根直径和槽宽相等的钢管，即锁口管，待混凝土初凝后将钢管徐徐拔出，使端部形成半凹榫状接状。

b. 隔板式接头：隔板式接头按隔板形式分为平隔板、十字钢板隔板、工字形钢板、榫形隔板和 V 形隔板。

3）质量检验及标准

地下连续墙质量控制标准见表 1-24，地下连续墙钢筋笼质量控制标准见表 1-25。

地下连续墙质量检验标准　　表1-24

项	序	检查项目		允许偏差或允许值		检查方法
				单位	数值	
主控项目	1	墙体强度			设计要求	查试块记录或取芯试压
	2	垂直度	永久结构 临时结构		1/300 1/150	声波测槽仪或成槽机上的监测系统
一般项目	1	导墙尺寸	宽度	mm	W+40	钢尺量,W为设计墙厚
			墙面平整度	mm	＜5	钢尺量
			导墙平面位置	mm	±10	钢尺量
	2	沉渣厚度	永久结构 临时结构	mm mm	≤100 ≤200	重锤测或沉积物测定仪测
	3	槽深		mm	+100	重锤测
	4	混凝土坍落度		mm	180～220	坍落度测定器
	5	钢筋笼尺寸			见表1-20	
	6	地下连续墙表面平整度	永久结构 临时结构 插入式结构	mm mm mm	＜100 ＜150 ＜20	此为均匀黏土层,松散及易坍土层由设计决定
	7	永久结构的预埋件位置	水平向 垂直向	mm mm	≤10 ≤20	钢尺量 水准仪

地下连续墙和灌筑桩钢筋笼质量检验标准（mm）　　表1-25

项	序	检查项目	允许偏差或允许值	检查方法
主控项目	1	主筋间距	±10	钢尺量
	2	长度	±100	钢尺量
一般项目	1	钢筋材质检验	设计要求	抽样送检
	2	箍筋间距	±20	钢尺量
	3	直径	±10	钢尺量

（2）型钢水泥土搅拌墙（SMW工法连续墙）

1）施工机械与设施

型钢水泥土搅拌墙通常称为SMW工法，是一种在连续套打的三轴水泥土搅拌桩内插入型钢（H型钢、钢管、拉森钢板桩等）形成复合挡土隔水结构。施工应根据地质条件和周围环境条件、成桩深度、桩径等选用不同形式和不同功率的三轴搅拌机。施工配置主要有：三轴水泥土搅拌机、全液压履带（步履式）桩架、水泥运输车、水泥筒仓、高压洗净机、电脑计量拌浆系统、空压机、履带吊、挖掘机。

2）施工工艺

型钢水泥土搅拌墙施工工艺流程如图1-11所示。

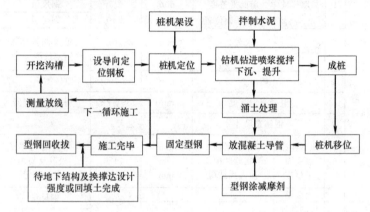

图1-11 型钢水泥土搅拌墙施工工艺流程图

3）质量检验及标准

水泥土搅拌桩成桩允许偏差见表1-26，型钢插入允许偏差见1-27。

水泥土搅拌桩成桩允许偏差 表 1-26

序号	检查项目	允许偏差或允许值	检查频率	检查方法
1	桩底标高（mm）	±200	每根	测钻杆长度
2	桩底标高（mm）	+100 −50	每根	测钻杆长度
3	桩位偏差（mm）	50	每根	用钢尺量
4	桩径（mm）	±10	每根	用钢尺量
	桩体垂直度	≤1/200	每根	经纬仪测量

型钢插入允许偏差　　　　表 1-27

序号	检查项目	允许偏差或允许值	检查频率	检查方法
1	型钢垂直度（mm）	≤1/200	每根	经纬仪测量
2	型钢长度（mm）	±10	每根	用钢尺量
3	型钢顶标高（mm）	±50	每根	水准仪测量
4	型钢平面位置（mm）	50（平行于基坑方向）	每根	用钢尺量
		10（垂直于基坑方向）	每根	用钢尺量
5	形心转角 ϕ（°）	3	每根	量角器测量

（3）灌注桩排桩围护墙工程施工

钻孔灌注排桩作为围护时，有如下几种常见结构形式（图1-12 所示）。

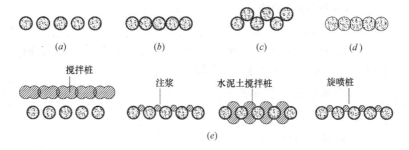

图 1-12　几种常见的排桩式围护结构形式
（a）间隔排列；（b）一字形相切排列；（c）交错相切排列
（d）一字形搭接排列；（e）间隔排列的防水措施

1）施工机械与设施

同桩基部分钻孔灌注桩。

2）施工工艺

钻孔灌注桩的施工工艺详见桩基部分。

灌注桩排桩围护墙施工要求：灌注桩排桩围护墙施工时要采取间隔跳打，隔桩施工，并应在灌注混凝土 24h 后进行相邻桩成孔施工，排桩施工顺序如图 1-13 所示。对于砂质土可以采用套打排桩的形式，如图 1-14 所示。

(a)   (b)

图 1-13　排桩施工顺序

(a) 隔一跳打；(b) 隔二跳打

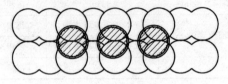

图 1-14　套打排桩

3）质量检验及标准

同桩基部分钻孔灌注桩。

（4）钢板桩围护墙

1）常用钢板桩类型

常用钢板桩截面形式有 U 形和 Z 形，其他还有热轧槽钢、直腹板式、H 形、箱形和组合钢板桩。

2）钢板桩施工前准备工作

① 钢板桩检验：外观检验、材质检验；

② 钢板桩的矫正；

③ 打桩机选择：打设钢板桩，自由落锤、汽动锤、柴油锤、振动锤等皆可，但使用较多的为振动锤。如使用柴油锤时，为保护桩顶因受冲击而损伤和控制打入方向，在桩锤和钢板桩之间需设置桩帽。

④ 导架安装。

3）钢板桩打设方法选择

① 单独打入法：这种方法是从板桩墙的一角开始，逐块（或两块为一组）打设，直至工程结束。只适用于板桩墙要求不高且板桩长度较小（如小于 10m）的情况。

② 屏风式打入法：这种方法是将 10～20 根钢板桩成排插入导架内，呈屏风状，然后再分批施打。施打时先将屏风墙两端的

钢板桩打至设计标高或一定深度，成为定位板桩，然后在中间按顺序分 1/3，1/2 板桩高度呈阶梯状打入（图 1-15）。

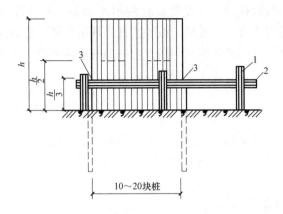

图 1-15　导架及屏风式打入法

1—导桩；2—导梁；3—两端先打入的定位钢板桩

4）钢板桩的打设

先用吊车将钢板桩吊至插桩点处进行插桩，插桩时锁口要对准，每插入一块即套上桩帽轻轻加以锤击。在打桩过程中，为保证钢板桩的垂直度，可在打桩进行方向的钢板桩锁口处设卡板，阻止板桩位移。开始打设的第一、二块钢板桩的打入位置和方向要确保精度，它可以起样板导向作用。

5）钢板桩的转角和封闭

钢板桩墙的转角和封闭合拢施工，可采用下述方法：

① 连接件法：此法是用特制的 "ω"（Omega）和 "δ"（Delta）形连接件来调整钢板桩的根数和方向，实现板桩墙的封闭合拢。钢板桩打设时，预先测定实际的板桩墙的有效宽度，并根据钢板桩和连接件的有效宽度确定板桩墙的合拢位置。

② 骑缝搭接法：利用选用的钢板桩或宽度较大的其他型号的钢板桩作闭合板桩，打设于板桩墙闭合处。闭合板桩应打设于挡土的一侧。此法用于板桩墙要求较低的工程。

③ 轴线调整法：此法是通过钢板桩墙闭合轴线设计长度和

位置的调整实现封闭合拢。封闭合拢处最好选在短边的角部。

6）钢板桩拔除

钢板桩的拔出，从克服板桩的阻力着眼，根据所用拔桩机械，拔桩方法有静力拔桩、振动拔桩和冲击拔桩。静力拔桩较少应用。振动拔桩法效率高，用大功率的振动拔桩机，可将多根板桩一起拔出，目前该法应用较多。

7）拔除后的注浆回填

板桩拔出会形成孔隙，必须及时填充，否则会造成邻近建筑和设施的位移及地面沉降。宜用膨润土浆液填充，也可跟踪注入水泥浆。对孔隙填充的情况及时检查，发现问题随时采取弥补措施。

8）质量控制要点

钢板桩围护墙施工质量检测应符合表 1-28 的要求。

钢板桩围护墙施工质量检测标准   表 1-28

序号	检查项目	运行偏差或允许值	
		单位	数值
1	成桩垂直度	—	$\leqslant 1/100$
2	桩身弯曲度	—	$<2\%L$（L 为桩长）
3	轴线位置	mm	± 100
4	桩顶标高	mm	± 100
5	桩长	mm	± 100
6	齿槽咬合程度	—	紧密

2. 非板式支护体系围护墙

（1）水泥土重力式围护墙施工

水泥土重力式围护墙结构是在基坑侧壁形成一个具有相当厚度和重量的刚性实体结构，以其重量抵抗基坑侧壁土压力，满足抗滑移和抗倾覆要求。这类结构一般采用水泥土搅拌桩，有时也采用旋喷桩，使桩体相互搭接形成块状或格栅状等形状的重力结构（图 1-16）。

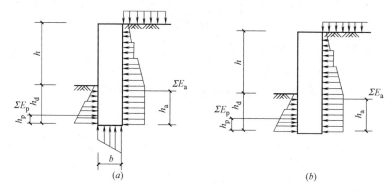

图 1-16　水泥土重力式围护墙

(a) 砂土及碎石土；(b) 黏性土及粉土

1) 施工机械与设施：水泥土重力式围护墙施工机械主要为搅拌桩机和旋喷桩机两大类，搅拌桩机可按搅拌轴数可分为单轴、双轴、三轴深层水泥土搅拌机。配套设备有灰浆搅拌机、灰浆泵、冷却水泵、输浆胶管等，规格、型号、性能等应与搅拌机匹配。

2) 施工准备工作：材料准备；场地准备；试桩。

3) 施工工艺：

重力式水泥土墙施工工艺可采用三种方法：喷浆式深层搅拌（湿法）、喷粉式深层搅拌发（干法）、高压喷射注浆法（也称高压旋喷法）。喷粉法喷粉量不易控制，桩身均匀性差，目前使用较少。

双轴水泥土墙工程施工工艺：可采用"二喷三搅"工艺，主要依据水泥掺入比及土质情况而定。

双轴水泥土墙工程施工流程：定位放线→预搅下沉→制备泥浆→提升喷浆搅拌→重复下沉、提升搅拌→第三次搅拌→移位→清洗。

三轴水泥土墙工程施工方式：跳槽式双孔全套打复搅式连接方式、单侧挤压式连接方式、先行钻孔套打方式。

三轴水泥土墙工程施工流程：定位放线→开挖导沟及定位型钢放置→三轴搅拌桩孔位及桩基定位→钻进搅拌下沉→搅拌提升重复搅拌→成墙→搅拌机移位。

4）质量检验标准

水泥土搅拌桩质量检验标应符合表 1-29 的规定。

水泥土搅拌桩质量检验标准 表 1-29

项	序	检查项目	允许偏差或允许值	检查方法
主控项目	1	水泥基外掺剂质量	设计要求	查产品合格证或抽样送检
	2	水泥用量	参数指标	查看流量计
	3	水灰比	设计及施工工艺要求	按规定办法
	4	桩体强度	设计要求	按规定办法
	5	桩基承载力	设计要求	按规定办法
一般项目	1	搅拌提升速度	≤0.5m/min	量机头上升距离及时间
	2	桩底标高	±100min	测机头深度
	3	桩顶标高	+100mm，−50mm	水准仪(上端500不计)
	4	桩位偏差	<50mm	钢尺测量
	5	桩径	<0.04D	钢尺测量，D 为桩径
	6	垂直度	≤1%	经纬仪
	7	搭接	≥200mm	钢尺测量
	8	搭接桩施工间歇时间	<16h	施工记录

（2）土钉墙工程施工

土钉墙是用于土体开挖时保持基坑侧壁或边坡稳定的一种挡土结构，主要由密布于原位土体的土钉、粘附于土体表面的钢筋混凝土面层、土钉之间的被加固土体和必要的防水系统组成，如图 1-17。在土钉墙的基础上，后来又发展了复合土钉墙，即隔水帷幕、土钉墙、预应力锚杆、微型桩进行组合的形式，如图 1-18。

1）施工机械与设施

土钉墙施工主要机械设备包括钻孔机具、注浆泵、混凝土喷射机、空压机、强制式搅拌机、输料管、供水设施等。其中空压机是提供钻机设备和注浆泵的动力设备。钻孔机具包括锚杆钻机、地质钻机、洛阳铲等。

2）施工准备

① 了解工程质量要求和施工监测内容与要求；

② 控制地下水、设置坑内外明排水系统；

③ 确定基坑开挖线、轴线定位点、水准基点、变形观测点等，并加以妥善保护；

④ 施工组织设计制定；

⑤ 材料准备：土钉钢筋、水泥、砂、外加剂等；

⑥ 施工机具选用。

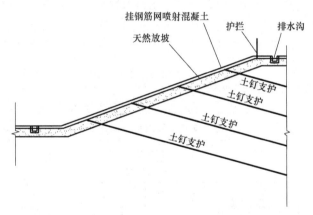

图 1-17　土钉墙

3）施工工艺

土钉墙施工流程：开挖工作面→施工第一层面层→土钉定位→钻孔→清孔检查→放置土钉→注浆→绑扎钢筋→安装泄水管→施工第二层面层→养护→开挖下一层工作面→重复上述步骤直至基坑设计深度。

土钉墙与止水帷幕结合的复合土钉墙：止水帷幕或微型桩施工→开挖工作面→修正坡面→施工第一层混凝土面层→土钉或锚

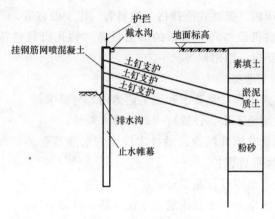

图 1-18 土钉墙与止水帷幕结合的复合土钉墙

杆定位→钻孔→清孔检查→防止土钉或锚杆→注浆→绑扎面层钢筋网及腰梁钢筋→安装泄水管→施工第二层混凝土面层及腰梁→养护→锚杆张拉→开挖下一层工作面→重复上述步骤直至基坑设计深度。

4）质量检验及标准

土钉墙支护工程质量检验标准应符合表 1-30 的规定。

土钉墙支护工程质量检验标准 表 1-30

项	序	检查项目	允许偏差或允许值		检查方法
			单位	数值	
主控项目		土钉长度	mm	±30	钢尺量
一般项目	1	土钉位置	mm	±100	钢尺量
	2	钻孔倾斜度	°	±1	测钻杆倾角
	3	浆体强度	设计要求		试样送检
	4	注浆量	大于理论计算浆量		检查计量数据
	5	土钉墙面厚度	mm	±10	钢尺量
	6	墙体强度	设计要求		试样送检

（3）土层锚杆工程施工

土层锚杆是一种承拉杆件（钢筋、钢管、钢丝束、钢绞线或其他抗力材料与水泥浆或化学浆液结合）它的一端和挡土桩、挡土墙或工程构筑物连接，另一端锚固在土层中，用以维持构筑物及所支护的土层的稳定。如图 1-19 所示。

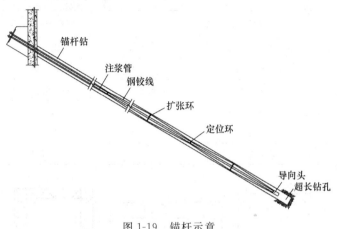

图 1-19　锚杆示意

1）施工机械与设施

土层锚杆施工主要机械设备包括锚杆钻孔机具、注浆机、张拉设备等。

2）施工工艺

施工准备（参考土钉墙施工准备工作）→孔位测量校正→成孔→杆体组装安放→灌浆→腰梁安装→张拉和锁定。

3）锚杆防腐

锚杆自由段、外露部分需进行防腐处理，一般采用涂刷油漆等措施来实现。

4）质量检验及标准

土层锚杆质量检验标准应符合表 1-31 的规定。

1.3.3　深基坑支撑系统施工

1. 支撑体系布置

支撑体系在平面上的布置形式（图 1-20），有角撑、对撑、

土层锚杆质量检验标准   表 1-31

项目	序	检查项目	允许偏差或允许值		检查方法
			单位	数值	
主控项目	1	锚杆长度	mm	±30	钢尺量
	2	锚杆锁定力	设计要求		现场实测
一般项目	1	锚杆或土钉位置	mm	±100	钢尺量
	2	钻孔倾斜度	°	±1	测钻杆倾角
	3	浆体强度	设计要求		试样送检
	4	注浆量	大于理论计算浆量		检查计量数据
	5	土钉墙面厚度	mm	±10	钢尺量
	6	墙体强度	设计要求		试样送检

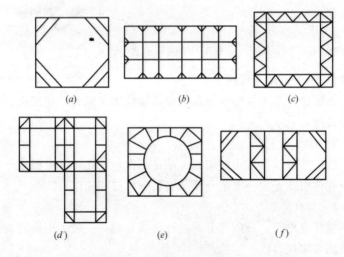

图 1-20 支撑的平面布置形式

（a）角撑；（b）对撑；（c）边桁架式；（d）框架式；

（e）环梁与边框架；（f）角撑加对撑

桁架式、框架式、环形等。有时在同一基坑中混合使用，如角撑
加对撑、环梁加边桁（框）架、环梁加角撑等。

钢支撑多为角撑、对撑等直线杆件的支撑。混凝土支撑由于为现浇,任何形式的支撑皆便于施工。

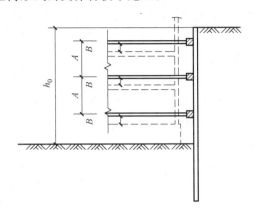

图 1-21　支撑竖向布置
h_0—基坑深度,A—支撑竖向间距;
B—道支撑与下方楼层板距离(各层 AB 值不一定相等)

支撑在竖向的布置及于地下结构的关系如图 1-21 所示,在支模浇筑地下结构时,在拆除上面一道支撑前,先设换撑,换撑位置都在底板上表面和楼板标高处。如靠近地下室外墙附近楼板有缺失时,为便于传力,在楼板缺失处要增设临时钢支撑。换撑时需要在换撑(多为混凝土板带或间断的条块)达到设计规定的强度、起支撑作用后才能拆除上面一道支撑。

2. 支撑材料

作为水平支撑的材料主要有木材、钢管和型钢、钢筋混凝土结构。

1)木材支撑:以原木为主,一般用于简单的小型基坑。采用木材作为支撑材料施工十分方便,还可以用于抢险辅助支撑。

2)钢支撑:钢支撑常用者为钢管支撑和型钢支撑两种。钢管支撑多用 ϕ609 钢管,有多种壁厚(10mm、12mm、14mm)可供选择,壁厚大者承载能力高。型钢支撑多用 H 型钢,有多种规格以适应不同的承载力。在纵、横向支撑的交叉部位,可用上下叠交固定；亦可用专门加工的"十"字形定型接头，以便连接纵、横向支撑构件。

3）混凝土支撑：一般是随着挖土的加深，现场支模浇筑而成。

3. 钢支撑施工

机械设备进场→测量放线→土方开挖→设置围檩托架→安装围檩→设置立柱托架→安装支撑→支撑与立柱抱箍固定→围檩与围护墙空隙填充→施加预应力。

4. 混凝土支撑施工

混凝土支撑体系宜在同一平面内整体浇筑，宜采用开槽浇筑的方法，底模板可用素混凝土、木模、小钢模等铺设，侧模多用木模或钢模板。挖土必须坚持先撑后挖的原则，上层土方开挖至围檩或支撑下沿位置时，应立即施工支撑系统，且需待支撑达到设计要求强度方可进入下道工序。

5. 支撑立柱施工

支撑立柱用于承受支撑自重等荷载，支撑立柱通常采用钢立柱插入立柱桩的形式。立柱一般采用角钢格构柱式钢柱、H型钢式立柱或者钢管式立柱。立柱采用灌注桩，该灌注桩可以利用工程桩，也可以新增立柱桩。

格构柱吊装施工应选用合适的吊装机械，吊点位于格构柱上部，格构柱固定采用钢筋笼部分主筋上部弯起，与格构柱缀板及角钢焊接固定，固定时格构柱应居于钢筋笼正中心，定位偏差小于20mm，垂直偏差要求≤1/200。焊接时吊装机械始终吊住格构柱，避免其受力，格构柱吊装后应采取固定措施，防止其沉降。格构柱四个面中的一个面应保证与支撑轴线平行，施工中应有防止立柱转向的技术措施，穿底板的范围应设止水片。

6. 支撑系统质量控制

支撑系统施工应符合《钢结构工程施工质量验收规范》（GB 50205）和《混凝土结构工程施工质量验收规范》（GB 50204）的有关规定，且符合表1-32规定。

支撑系统施工质量验收标准			表 1-32

序	检查项目	允许偏差或允许值	
		单位	数值
1	支撑标高	mm	±20
2	支撑轴线平面位置	mm	±30
3	混凝土支撑平面尺寸	mm	+20、-10
4	立柱桩成孔垂直度	—	1/150
5	立柱桩成渣厚度	mm	<100
6	立柱与立柱桩定位偏差	mm	<20
7	格构柱、型钢柱转向	°	<5
8	立柱垂直度	—	1/200

1.3.4 深基坑土方工程施工

1. 深基坑土方开挖的施工准备

见 1.1.2 节土方施工的准备。

2. 基坑土方开挖的方案选择

挖土通常针对基坑工程支护设计、周边环境和场地条件等情况进行组织，在控制基坑变形、保护周边环境的原则下，根据对称、均衡、限时等要求，确定开挖方法。基坑开挖在深度范围可分为分层开挖和不分层开挖，在平面上可分为分块和不分块开挖，盆式挖土和岛式挖土是分块开挖的典型形式。

3. 基坑土方开挖的施工机械

土方开挖施工中常用的机械有反铲挖掘机、抓铲机、土方运输车等。其中反铲挖掘机是土方开挖的主要机械，一般根据土质条件、斗容量大小和作业面高度、土方工程量以及与运输机械的匹配等条件进行选型。

4. 基坑土方开挖的基本原则

（1）放坡开挖

见 1.1.2 节土方施工的准备。

（2）无内支撑的基坑开挖

采用土钉墙、土层锚杆支护的基坑开挖施工应符合下列要求：

① 隔水帷幕的强度和龄期应达到设计要求后方可进行土方开挖；

② 基坑开挖应与土钉施工分层交替进行，应缩短无支撑暴露时间；

③ 面积较大的基坑可先挖除距基坑边 8～10m 的土方，再挖除基坑中部的土方；

④ 开挖应分层应分层分段进行，每层开挖深度宜为相应土钉、锚杆竖向间距，每层分段长度不宜大于 30m；

⑤ 每层每段开挖后应及时进行支护施工，尽量缩短无支护暴露时间。

重力式水泥土墙、板墙悬臂围护的基坑：开挖前围护结构的强度和龄期均匀满足设计要求。面积较大的基坑可采取平面分块、均匀对称的开挖方式，并及时浇筑垫层。

（3）有内支撑的基坑开挖

开挖的方法与顺序应遵循"先撑后挖、限时支撑、分层开挖、严禁超挖"的原则，尽量减少基坑无支撑暴露的时间和空间。应根据基坑工程的等级、支撑形式、场内条件等因素，确定整个基坑开挖的分区及其顺序，并及时设置支撑或基础底板。

5. 基坑土方开挖的常用施工方法

（1）盆式开挖

盆式挖土是先开挖基坑中间部分的土，周围四边留土坡，土坡最后挖除（图 1-22）。这种挖土方式的优点是周边的土坡对围护墙有支撑作用，有利于减少围护墙的变形。其缺点是大量的土方不能直接外运，需集中提升后装车外运。盆式挖土需设法提高土方上运的速度，对加速基坑开挖起很大作用。

盆式挖土周边留置的土坡，其宽度、高度和坡度大小均应根据地质、基坑变形、环境保护等因素确定。基坑中部盆状土体形成的边坡应满足相应的构造及设计要求，以保证开挖过程盆边土

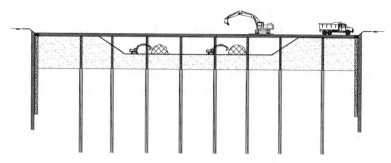

图 1-22　盆式挖土

体的稳定。盆边土体应按照对称的原则进行开挖，并应结合支撑系统的平面布置，先行开挖与对撑相应的盆边分块土体，以使支撑系统尽早形成。

（2）岛式开挖

岛式挖土是先开挖基坑周围的土方，过程中在基坑中部形成类似岛状的土体，再开挖基坑中部的土方。岛式土方开挖可以在较短时间内完成基坑周边土方开挖及支撑系统的施工，这种开挖方式对基坑变形控制有利。该方法土方开挖过程中，基坑中部大面积无支撑空间的土方开挖较为方便，可在支撑养护阶段进行开挖。

岛式开挖适用于支撑系统沿基坑周边布置且中部留有较大空间的基坑（图 1-23），边桁架与角撑相结合的支撑体系、圆环形桁

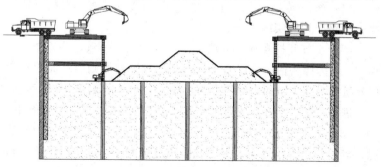

图 1-23　岛式挖土典型剖面图

架支撑体系、圆形围檩体系的基坑采用岛式土方开挖较为典型，土钉支护、土层锚杆支护的基坑也有采用岛式土方开挖的方式。

在开挖基坑中部岛状土方阶段，可先将土方挖出或驳运至基坑边，再由基坑边挖掘机取土外运；也可先将土方挖出或驳运至基坑中部，在基坑中部岛状土体顶面的挖掘机进行取土，再由基坑中部土方运输车通过内外相连的土坡或栈桥将土方外运。岛式挖土分层开挖时，多数是先全面挖去第一层，然后中间部分留置岛状土体，周围部分分层开挖。

采用岛式土方开挖时，基坑中部岛状土体的大小、岛状土体高度、边坡的坡度、挖土层次与高差应根据土质条件、支撑位置等因素确定，岛状土体大小不应影响整个支撑系统的形成。基坑中部岛状土体形成的边坡应满足相应的构造要求，以保证挖土过程中岛状土体的稳定。

挖掘机、土方运输车在岛状土体顶部进行挖运作业时，需在基坑中部与基坑边部之间设置栈桥或土坡用于土方运输。栈桥或土坡的坡度应严格控制，采用土坡作为内外联通道时，一般可采用先开挖土坡区域进行支撑系统施工，然后进行回填筑路再次形成土坡，作为后续土方外运行走通道。用于挖运作业的土坡，自身的稳定性有较高的要求，一般可采取护坡、土体加固等措施，土坡路面的承载力还应满足土方运输车辆、挖掘机作业的要求。

6. 基坑土方开挖注意事项

（1）深基坑土方开挖施工应安排 24h 专人巡视；对附近建筑物、道路、管线实施不断监测。

（2）土方开挖顺序、方法必须与设计工况一致，并遵循"开槽支撑，先撑后挖，分层开挖，严禁超挖"的原则。对面积较大的基坑，为减少空间效应的影响，基坑土方宜分层、分块、对称、限时进行开挖，土方开挖顺序要为尽可能早的安装支撑创造条件。

（3）防止深基坑挖土后土体回弹变形过大：根据水文地质情况，确定坑内降水方案，并在挖至设计标高后，尽快浇筑垫层和底板。

（4）应严格控制开挖过程中形成的临时边坡，尤其是边坡坡道、坡顶堆载、坡脚排水等，防止边坡失稳。挖土时，除支护结构设计允许外，挖土机和运土车辆不得直接在支撑上行走和操作。

（5）防止桩位移和倾斜：土方的开挖宜均匀、分层，尽量减少开挖时的土压力差，以保证桩位正确和边坡稳定。

（6）开挖施工前，应设置地表水排水设施，开挖过程中，在坑底边应设置排水沟槽和集水井，并保持对坑内外水位的控制，坑内水位应保持在坑底以下 0.5～1.0m 处。

（7）同一基坑内当深浅不同时，土方开挖宜先从浅基坑处开始，如条件允许可待浅基坑处底板浇筑后，再挖基坑较深处的土方；如两个深浅不同的基坑同时挖土时，土方开挖宜先从较深基坑开始，待较深基坑底板浇筑后，再开始开挖较浅基坑的土方；如基坑底部有局部加深的电梯井、水池等，如深度较大宜先对其边坡进行加固处理后再进行开挖。

7. 基坑土方开挖质量控制

土方开挖工程的质量检验标准应符合表 1-33 的规定。

土方开挖工程质量检验标准 表 1-33

项目	序	项目	允许偏差或允许值（mm）					检验方法
			柱基基坑基槽	挖方场地平整		管沟	地（路）面基层	
				人工	机械			
主控项目	1	标高	−50	±30	±50	−50	−50	水准仪
	2	长度、宽度（由设计中心线向两边量）	+200 −50	+300 −100	+500 −150	+100	—	经纬仪，用钢尺量
	3	边坡	设计要求					观察或用坡度尺检查
一般项目	1	表面平整度	20	20	50	20	20	用2m靠尺和楔形塞尺检查
	2	基底土性	设计要求					观察或土样分析

1.4 基坑的排水与降水

1.4.1 地下水控制的方法与原则

在软土地区基坑开挖深度超过 3m，一般就要用井点降水。开挖深度浅时，亦可边开挖边用排水沟和集水井进行集水明排。地下水控制方法有多种，其适用条件如表 1-34 所示。选择时根据土层情况、降水深度、周围环境、支护结构种类等综合考虑后优选。当因降水而危及基坑及周边环境安全时，宜采用截水或回灌方法。

地下水控制方法适用条件   表 1-34

方法名称		土类	渗透系数 （cm/s）	降水深度 （m）	水文地质特征
集水明排				<5	
降水	轻型井点	填土、粉土、黏土、砂土	$1 \times 10^{-7} \sim$ 20×10^{-4}	<6	上层滞水或水量不大的潜水
	多层轻型井点			<20	
	喷射井点			<20	
	真空井点	黏土、粉土、砂土、砾砂、卵石	$>10 \times 10^{-5}$	>5	含水丰富的潜水、承压水、裂隙水
	管井			>5	
截水		黏土、粉土、砂土、砾砂、卵石	不限	不限	
回灌		填土、粉土、砂土、砾砂、卵石	$1 \times 10^{-7} \sim$ 20×10^{-4}	不限	

1.4.2 集水明排

1. 基坑外侧集水明排

应在基坑外侧场地设置集水井、排水沟等组成的地表降水系统，避免坑外地表水流入基坑。集水井、排水沟宜布置在基坑外侧一定距离，有隔水帷幕时，排水系统宜布置在隔水帷幕外侧距离隔水帷幕的距离不宜小于 0.5m；无隔水帷幕时，基坑边从坡顶边缘计算。

2. 基坑内集水明排

在基坑四角或每隔 30～40m 设置集水井，使基坑渗出的地下水通过排水明沟汇集于集水井内，然后用水泵将其排出基坑外（图 1-24）。

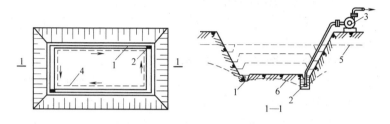

图 1-24　明沟、集水井排水方法

1—排水明沟；2—集水井；3—离心式水泵；

4—设备基础或建筑物基础边线；5—原地下水位线；6—降低后地下水位线

3. 基本构造

排水明沟宜布置在拟建建筑基础边 0.4m 以外，沟边缘离开边坡坡脚应不小于 0.3m。排水明沟的底面应比挖土面低 0.3～0.4m。集水井底面应比沟底面低 0.5m 以上，并随基坑的挖深而加深，以保持水流畅通。

明沟、集水井排水，视水量多少连续或间断抽水，直至基础施工完毕、回填土为止。

当基坑开挖的土层由多种土组成，中部夹有透水性能的砂类土，基坑侧壁出现分层渗水时，可在基坑边坡上按不同高程分层设置明沟和集水井构成明排水系统，分层阻截和排除上部土层中的地下水，避免上层地下水冲刷基坑下部边坡造成塌方。

4. 水泵选用

集水明排水是用水泵从集水井中排水，常用的水泵有潜水泵、离心式水泵和泥浆泵。排水所需水泵的功率按下式计算：

$$N = \frac{K_1 Q H}{75 \eta_1 \eta_2} \qquad (1\text{-}1)$$

式中 K_1——安全系数，一般取 2；

　　Q——基坑涌水量（m^3/d）；

　　H——包括扬水、吸水及各种阻力造成的水头损失在内的总高度（m）；

　　η_1——水泵效率，0.4～0.5；

　　η_2——动力机械效率，0.75～0.85。

一般所选用水泵的排水量为基坑涌水量的 1.5～2.0 倍。

1.4.3 基坑降水

1. 基坑降水井点的选型与布置

基坑降水应该根据场地的水文地质条件、基坑面积、开挖深度、各土层的渗透性等，选择合理的降水井类型、设备和方法。

应根据基坑开挖深度和面积、水文地质条件、设计要求等，制定和采用合理的降水方案，并宜参照表 1-35 中的规定施工。

降水井布置要求 表 1-35

水位降深（m）	适用井点	降水布置要求
≤6	轻型井点	井点管排距不宜大于 20m，滤管顶端宜位于坑底以下 1～2m。井管内真空度应小于 65kPa
	电渗井点	利用轻型井点，配合采用电渗法降水
6～10	多级轻型井点	井点管排距不宜大于 20m，滤管顶端宜位于坡底和坑底以下 1～2m。井管内真空度应小于 65kPa
8～20	喷射井点	井点管排距不宜大于 40m，井点深度与井点管排距有关，应比基坑设计开挖深度大 3～5m
>6	降水管井	井管轴心间距不宜大于 25m，井径不宜小于 600mm，基坑以下的滤管长度不宜小于 5m，井底沉淀管长度不宜小于 1m
	真空降水井点	利用降水管井采用真空降水，井管内真空度不应小于 65kPa
	电渗井点	利用喷射井点或轻型井点，配合采用电渗法降水

2. 轻型井点降水

轻型井点设备是由管路系统和抽水设备组成。管路系统见图

1-25，包括滤管、井点管、弯联管及总管等。

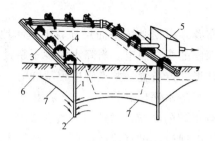

图 1-25　轻型井点布置示意图

1—井点管；2—滤管；3—总管；4—弯联管；5—水泵房；

6—原地下水位；7—降水后的水位线

（1）井点设备：滤管是井点设备的重要部分，构造合理与否对抽水效果影响很大。滤管与井点管直径相同宜为 38～50mm，其长度为 1～1.5m，管壁有直径为 13～19mm 的钻孔，外包两层滤网，以防土粒随地下水被抽掉。单井点管和滤管示意见图 1-26。

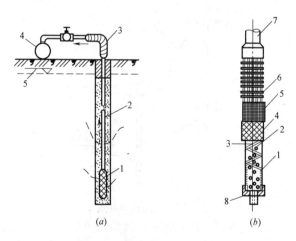

图 1-26　井点管及滤管示意图

（a）井点管路系统；（b）滤水管构造

1—滤管；2—井点管；3—弯联管；　　1—钢管；2—孔眼；3—钢丝；4—细滤网；

4—总管；5—地下水位　　　　　　5—粗滤网；6—保护网；7—井点管；8—封堵

井点管为 38～50mm 直径的钢管，总管用直径为 100～127mm 的钢管。

（2）井点布置：根据基坑平面尺寸、土质和地下水的流向，以及降低水位深度的要求而定。当降水深度不超过 5m 时，可采用单排线状或环形井点布置，井点管应距基坑壁 1～1.5m，以防井点系统漏气。当降水深度超过 5m，应采用二级井点排水，见图 1-27。井点管下端的滤管，必须埋入透水层内。

（3）井点管的埋设：可直接将井点管用高压水冲下沉，或用冲水管冲孔或钻孔后，再将井点管沉入孔中，也可用带套管的水冲法或振动水冲法下沉。埋设井管的孔径一般为 300mm，埋管时井点管与孔壁间、底部用粗砂填实以利滤水，孔的顶部用黏土填塞严密，以防漏气。

（4）井点涌水量计算：由于影响参数比较复杂，井点涌水量计算难以准确，多系近似值。计算后据此计算井点管数和间距。

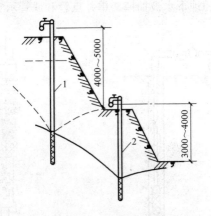

图 1-27　二级轻型井点

1—第一级井点管；2—第二级井点管

3. 喷射井点降水

当基坑开挖较深，在采用多级轻型井点不经济时，可采用喷射井点，其降水深度可达到 8～20m。

喷射井点设备由喷射井管、高压水泵及进水排水管路组成如图 1-28（a）。喷射井管由内管和外管组成，在内管下端设有扬水器与滤管相连如图 1-28（b）。高压水经外管与内管之间的环形空隙，通过扬水器侧孔流向喷嘴，因喷嘴处截面突然缩小，压力水经喷嘴高速喷入混合室该室压力下降形成一定的真空。这时地下水被吸入混合室与高压水汇合，经扩散管由内管排出。每套喷射井点宜控制在 30 根为好。

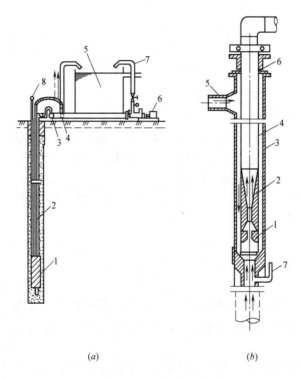

(a)   (b)

图 1-28　喷射井点示意图

（a）工作原理　　　　　　　　　（b）构造图

1—过滤器；2—喷射井点总管；3—给水总管；　　　1—喷嘴；2—混合室；3—外管；

4—排水总管；5—循环水箱；　　　　　　　　4—内管；5—进水管；6—封闭；

6—高压水泵；7—调压水管；8—测真空管　　　　　　7—测真空管

4. 电渗井点

电渗井点降水施工应符合以下规定：

（1）阴、阳极的数量宜相等，必要时阳极数量可多于阴极数量，阳极设置深度宜比阴极设置深度大 500mm，阳极露出地面的长度宜为 200～400mm，阴极利用轻型井点管或喷射井点管设置。

（2）电压梯度可采用 50V/m。工作电压不宜大于 60V，土中通电时的电流密度宜为 0.5～1.0A/m^2。

（3）采用轻型井点时阴阳极的距离宜为 0.8～1.0m；采用喷射井点时宜为 1.2～1.5m。阴极井点采用环圈布置时，阳极应布置在圈内侧，与阴极并列或交错。

（4）电渗降水宜采用间歇通电方式。

5. 降水管井

管井设备较为简单，排水量大，降水较深，水泵设在地面，易于维护。适于渗透系数较大，地下水丰富的土层、砂层。但管井属于重力排水范畴，吸程高度受到一定限制，要求渗透系数较大（1～200m/d）。管井由滤水井管、吸水管和抽水机械等组成（图 1-29）。

管井的布置：沿基坑外围四周呈环形布置或沿基坑（或沟槽）两侧或单侧呈直线形布置，井中心距基坑（槽）边缘的距离，依据所用钻机的钻孔方法而定，当用冲击钻时为 0.5～1.5m；当用钻孔法成孔时不小于 3m。管井埋设的深度和距离，根据需降水面积和深度及含水层的渗透系数等而定，最大埋深可达 10m，间距 10～15m。

管井使用时，应经试抽水，检查出水是否正常，有无淤塞等现象。抽水过程中应经常对抽水设备的电动机、传动机械、电流、电压等进行检查，并对井内水位下降和流量进行观测和记录。井管使用完毕，井管可用倒链、或卷扬机将井管徐徐拔出，将滤水井管洗去泥砂后储存备用，所留孔洞用砂砾填实，上部 50cm 深用黏性土填充夯实。

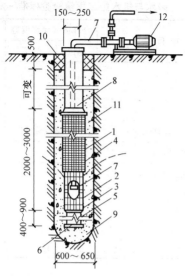

图 1-29　管井构造

1—滤水井管；2—φ14mm 钢筋焊接骨架；3—6mm×30mm 铁环@250mm；
4—10 号铁丝垫筋@250mm 焊于管骨架上，外包孔眼 1~2mm 铁丝网；5—沉砂管；
6—木塞；7—吸水管；8—φ100~200mm 钢管；9—钻孔；
10—夯填黏土；11—填充砂砾；12—抽水设备

6. 真空降水管井

真空降水管井施工除满足降水管井的要求之外，尚应符合以下规定：

（1）宜采用真空泵抽气集水，深井或潜水泵排水。井管应严密封闭，并与真空泵吸气管相连。

（2）单井出水口与排水总管的连接管路中应设置单向阀。

（3）对于分段设置过滤器的真空降水管井，应对开挖后暴露的井管、过滤器、填砾层等采取有效封闭措施。

（4）井管内真空度应满足表 1-35 的要求，宜在井管与真空泵吸气管的连接位置处安装高度灵敏的真空压力表监测。

1.4.4　质量控制

降水与排水施工质量检验标准如表 1-36 所示。

降水与排水施工质量检验标准 表 1-36

序	检查项目	允许值或允许偏差		检查方法
		单位	数值	
1	排水沟坡度	‰	1～2	目测：沟内不积水，沟内排水畅通
2	井管(点)垂直度	%	1	插管时目测
3	井管(点)间距(与设计相比)	mm	≤150	钢尺量
4	井管(点)插入深度(与设计相比)	mm	≤200	水准仪
5	过滤砂砾料填灌(与设计值相比)	%	≤5	检查回填料用量
6	井点真空度：真空井点	kPa	＞65	真空度表
	喷射井点	kPa	＞93	真空度表
7	电渗井点阴阳极距离：真空井点	mm	80～100	钢尺量
	喷射井点	mm	120～150	钢尺量

2　结构工程

2.1　砌体工程

2.1.1　砌体工程的施工过程

砖砌体在建筑工程结构中应用很广。砖砌体用作承重结构时，要求砖砌体具备足够的强度、刚度，而砌体的强度和刚度则取决于砌体原材料的质量和砌体的施工质量。当砌体用作围护或分隔墙时，则要求墙体要具有良好的密闭性和保温能力。为此，必须采用合格的砌体材料和砖砌体施工必须按照施工及验收规范的有关规定进行。

砌砖工程是一个综合的施工过程，它包括材料供应、脚手架搭设、砌筑和勾缝。材料和脚手架均以砌筑为中心进行。目前材料的垂直和水平运输，多采用垂直运输机械来完成，脚手架也逐步工具化，而砌筑仍为手工操作，劳动强度大，施工效率低。

2.1.2　砌筑砂浆

砌筑砂浆是砖砌体的胶结材料。它的质量直接影响操作和砌体的整体强度。砂浆的制备质量直接由原材料的质量和拌合质量共同保证。

1. 原材料

（1）砂：砂宜用中砂，其中毛石砌体宜用粗砂。砂的含泥量：强度等级不小于 M5 的砂浆不应超过 5%；强度等级小于 M5 的，不应超过 10%。

（2）水泥：水泥的强度等级应根据设计要求进行选择。水泥砂浆采用的水泥，其强度等级不宜大于 32.5 级；水泥混合砂浆采用的水泥，其强度等级不宜大于 42.5 级。水泥含量：水泥砂

浆不小于 $200kg/m^3$，水泥混合砂浆总量宜为 $300\sim350kg/m^3$。

（3）石灰膏：生石灰熟化成石灰膏时，应用孔径不大于 3mm×3mm 的网过滤，熟化时间不少于 7d；磨细生石灰粉的熟化时间不少于 2d。

（4）水：水质应符合现行行业标准《混凝土拌合用水标准》（JGJ 63）的规定。

2. 砂浆的拌制与使用

砌筑砂浆应采用砂浆搅拌机进行拌制。水泥（混合）砂浆的搅拌时间从投料完算起，不得小于 2min（3min）；

拌制水泥（混合）砂浆，应先将砂和水泥干拌均匀，再加水（石灰膏）搅拌均匀；

砂浆拌成后和使用时，均应盛入贮灰器中。如砂浆出现泌水现象，在砌筑前应再次拌合；

砂浆应随拌随用。水泥（混合）砂浆应在拌成后 3h（4h）内使用完毕；当施工期间最高气温超过 30℃时，必须在 2h（3h）内使用完毕。

3. 质量控制

（1）水泥

水泥进场使用前，应分批对其强度、安定性进行复验。检验批应以同一生产厂家、同一编号为一批。

当在使用中对水泥质量有怀疑或水泥出厂超过三个月（快硬硅酸盐水泥超过一个月）时，应复查试验，并按其结果使用。

不同品种的水泥，不得混合使用。

（2）砂浆

砌筑砂浆应通过试配确定配合比。当砌筑砂浆的组成材料有变更时，其配合比应重新确定。

砌筑砂浆试块强度验收时其强度合格标准必须符合以下规定：

同一验收批砂浆试块抗压强度平均值必须大于或等于设计强度等级所对应的立方体抗压强度；同一验收批砂浆试块抗压强度

的最小一组平均值必须大于或等于设计强度等级所对应的立方体抗压强度的 0.75 倍。

注：①砌筑砂浆的验收批，同一类型、强度等级的砂浆试块应不少于 3 组。当同一验收批只有一组试块时，该组试块抗压强度的平均值必须大于或等于设计强度等级所对应的立方体抗压强度。②砂浆强度应以标准养护，龄期为 28d 的试块抗压试验结果为准。

抽检数量：每一检验批且不超过 250m³ 砌体的各种类型及强度等级的砌筑砂浆，每台搅拌机应至少抽检一次。

检验方法：在砂浆搅拌机出料口随机取样制作砂浆试块（同盘砂浆只应制作一组试块），最后检查试块强度试验报告单。

当施工中或验收时出现下列情况，可采用现场检验方法对砂浆和砌体强度进行原位检测或取样检测，并判定其强度：

1）砂浆试块缺乏代表性或试块数量不足；

2）对砂浆试块的试验结果有怀疑或有争议；

3）砂浆试块的试验结果，不能满足设计要求。

2.1.3 实心砖砌体

1. 砌筑准备

（1）熟悉施工图纸和设计说明，按施工图纸和设计说明编制分项施工设计。

（2）选砖：用于清水墙、柱表面的砖，应边角整齐，色泽均匀。

（3）校核放线尺寸：砌筑基础前，应用钢尺校核放线尺寸。

（4）选择砌筑方法：宜采用"三一"砌筑法，即一铲灰、一块砖、一揉压的砌筑方法。当采用铺浆法砌筑时，铺浆长度不得超过 750mm，施工期间气温超过 30℃ 时，铺浆长度不得超过 500mm。

（5）设置皮数杆：在砖砌体转角处、交接处应设置皮数杆，皮数杆上标明砖皮数、灰缝厚度以及竖向构造的变化部位。皮数杆间距不应大于 15m。在相对两皮数杆上砖上边线处拉准线。

（6）清理：清除砌筑部位处所残存的砂浆、杂物等。

2. 砖基础

砖基础的下部为大放脚、上部为基础墙。

基础砌砖应在地基或垫层验收合格后进行，首先应用钢尺校核基础放线的尺寸，核对基础皮数杆（基础皮数杆是以±0.000为准向下划分砖行的）。

大放脚分为等高或和间隔式。等高式大放脚是每砌两皮砖，两边各收进 1/4 砖长（60mm）；间隔式大放脚是每砌两皮砖及一皮砖，轮流两边各收进 1/4 砖长（60mm），最下面应为两皮砖（图 2-1）。

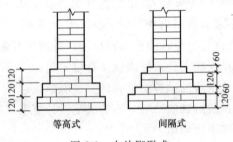

图 2-1　大放脚形式

砖基础大放脚一般采用一顺一丁砌筑形式，即一皮顺砖与一皮丁砖相间，上下皮垂直灰缝相互错开 60mm。砖基础的转角处、交接处，为错缝需要应加砌配砖（3/4 砖、半砖或 1/4 砖）。砖基础的水平灰缝厚度和垂直灰缝宽度宜为 10mm。水平灰缝的砂浆饱满度不得小于 80%。

砖基础底标高不同时，应从低处砌起，并应由高处向低处搭砌，当设计无要求时，搭砌长度不应小于砖基础大放脚的高度。砖基础的转角处和交接处应同时砌筑，当不能同时砌筑时，应留置斜槎。

基础的扩大部分砌筑应满铺满挤，不准用填心砌法，关键是砌体砂浆饱满密实，压缝合理。退台应对称、均匀一致，不应产生过大偏心，以免影响基础受力。当退台收到基础墙时，应挂中线检查墙的位置，不准超过允许误差值。

砌筑穿过基础墙的管洞，应按规定留出沉降的空间，以防止由于基础下沉挤压管道引起事故。基础墙的防潮层，当设计无具体要求，宜用1：2水泥砂浆加适量防水剂铺设，其厚度宜为20mm。防潮层位置宜在室内地面标高以下一皮砖处。

基础墙体砌完后应及时回填土方。回填时应考虑墙的砂浆强度尚未达到设计强度，宜采用两侧对称回填，以防将墙挤偏。最后要校核基础墙的顶面标高和轴线位置，做好记录。

3. 砖墙

（1）砌筑方式

砖墙根据其厚度不同，可采用全顺、两平一侧、全丁、一顺一丁、梅花丁或三顺一丁的砌筑形式（图2-2）。

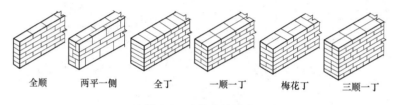

全顺　　两平一侧　　全丁　　一顺一丁　　梅花丁　　三顺一丁

图2-2　砖墙砌筑形式

1）全顺：各皮砖均顺砌，上下皮垂直灰缝相互错开半砖长（120mm），适合砌半砖厚（115mm）墙。

2）两平一侧：两皮顺砖与一皮侧砖相间，上下皮垂直灰缝相互错开1/4砖长（60mm）以上，适合砌3/4砖厚（178mm）墙。

3）全丁：各皮砖均丁砌，上下皮垂直灰缝相互错开1/4砖长，适合砌一砖厚（240mm）墙。

4）一顺一丁：一皮顺砖与一皮丁砖相间，上下皮垂直灰缝相互错开1/4砖长，适合砌一砖及一砖以上厚墙。

5）梅花丁：同皮中顺砖与丁砖相间，丁砖的上下均为顺砖，并位于顺砖中间，上下皮垂直灰缝相互错开1/4砖长，适合砌一砖厚墙。

6）三顺一丁：三皮顺砖与一皮丁砖相间，顺砖与顺砖上下皮垂直灰缝相互错开1/2砖长；顺砖与丁砖上下皮垂直灰缝相互错开 1/4 砖长。适合砌一砖及一砖以上厚墙。

一砖厚承重墙的每层墙的最上一皮砖、砖墙的阶台水平面上及挑出层，应整砖丁砌。砖墙的转角处、交接处，为错缝需要加砌配砖。

图 2-3 所示是一砖厚墙一顺一丁转角处分皮砌法，配砖为 3/4 砖，位于墙外角。

图 2-4 所示是一砖厚墙一顺一丁交接处分皮砌法，配砖为 3/4 砖，位于墙交接处外面，仅在丁砌层设置。

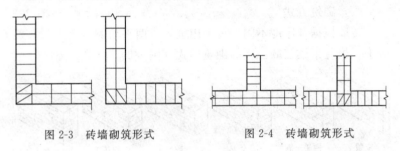

图 2-3　砖墙砌筑形式　　　　图 2-4　砖墙砌筑形式

（2）砖柱

砖柱应选用整砖砌筑。砖柱断面宜为方形或矩形。最小断面尺寸为 240mm×365mm。

砖柱砌筑应保证砖柱外表面上下皮垂直灰缝相互错开 1/4 砖长，砖柱内部少通缝，为错缝需要应加砌配砖，不得采用包心砌法。图 2-5 所示是几种断面的砖柱分皮砌法。

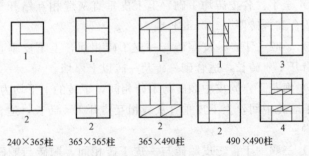

240×365柱　　　365×365柱　　　365×490柱　　　490×490柱

图 2-5　不同断面砖柱分皮砌法

砖柱的水平灰缝厚度和垂直灰缝宽度宜为 10mm，但不应小于 8mm，也不应大于 12mm。

砖柱水平灰缝的砂浆饱满度不得小于 80％。

成排同断面砖柱，宜先砌成那两端的砖柱，以此为准，拉准线砌中间部分砖柱，这样可保证各砖柱皮数相同，水平灰缝厚度相同。

砖柱中不得留脚手眼。

砖柱每日砌筑高度不得超过 1.8m。

（3）砖垛

砖垛应与所附砖墙同时砌起。砖垛最小断面尺寸为 120mm× 240mm。

砖垛应隔皮与砖墙搭砌，搭砌长度应不小于 1/4 砖长。砖垛外表面上下皮垂直灰缝应相互错开 1/2 砖长，砖垛内部应尽量少通缝，为错缝需要应加砌配砖。图 2-6 所示是一砖半厚墙附 120mm×490mm 砖垛和附 240mm×365mm 砖垛的分皮砌法。

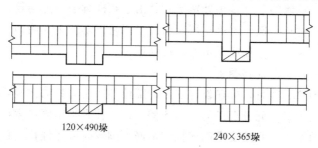

120×490垛

240×365垛

图 2-6　砖垛分皮砌法

（4）槎子的留设

砖墙的转角和交接处，按规定应同时砌筑，以保证砖墙结构重要受力部位的墙体强度。对于不能同时砌筑而必须临时中断之处，应留设斜槎，实心砖砌体斜槎留设长度应不小于高度的 2/3，见图 2-7。当临时中断处留斜槎确有困难时，除转角处以外，也可留直槎，但必须留设阳槎并加拉结筋。拉结筋的位置和数量规定：每 120mm 墙厚放置一根直径为 6mm 的钢筋；且不得小于两根沿墙高每 50mm 加一道，压入墙的尺寸是由留槎处计算，每边不应小于 500～1000mm，钢筋末端应做 90°弯钩，如图 2-7 所示。

上述留直槎的规定，同样适用于隔墙与墙或柱连接处的临时中断处理。从墙或柱中伸出阳槎，并在墙或柱的灰缝中预埋拉结筋，每道不少于 2 根，其做法与图 2-7 相似。

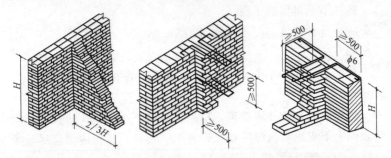

图 2-7　实心砖斜槎、直槎、丁字（接头留槎）

承重墙的丁字接头处留槎时，由于在外脚手架上砌筑，内墙上留槎过长则操作困难，所以斜槎只留在下端的 1/3 墙高，以上留直槎并按上述加筋规定留设拉结筋。

（5）构造柱和圈梁

砌筑砖墙时，应在设计规定的部位预留构造柱的豁槎，按结构构造规定留五进五出的大马牙槎。构造柱必须牢固的生根于基础或圈梁上，并按要求砌入拉结钢筋。砌筑时应保证构造柱截面尺寸。浇筑混凝土前，应清除干净钢筋上的干砂浆块，清除柱内碎砖杂物，支牢模板，分层浇筑混凝土。构造柱留设如图 2-8 所示。圈梁的设置也应符合设计要求，圈梁必须与构造柱和混凝土结构墙体拉结成整体。

（6）洞口与脚手眼设置

门窗采用后塞口时，砌墙时应留设木砖。木砖的形状和尺寸应有利于与墙身牢固连接，木砖应进行防腐处理（多用氟化钠浸渍）。木砖留设数量与门窗口的高度有关：洞口高在 1.2m

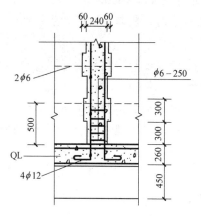

图 2-8　构造柱留设示意图

以内每边留二块；洞口高在 2m 以内每边留三块；洞口高于 2m 则每边留四块。木砖留设位置，一般传统做法是"上三下四中档均分"，即由洞口的上、下返三或四皮砖放置木砖。中间部分按应留木砖块数均分。木砖年轮不得向外，以利牢固咬钉。单砖墙留设木砖宜采用带木砖的混凝土块，确保与墙的可靠连接。

在墙上留置临时施工洞口，其侧边离交接处墙面不应小于 500mm，洞口净宽度不应超过 1m。临时施工洞口应做好补砌。

设计要求的洞口、管道、沟槽应于砌筑时正确留出或预埋，未经设计同意，不得打凿墙体和墙体上开凿水平沟槽。宽度超过 300mm 的洞口上部，应设置过梁。

不得在下列墙体或部位设置脚手眼：

1）半砖厚墙；

2）过梁上与过梁成 60°角的三角形范围及过梁净跨度 1/2 的高度范围内；

3）宽度小于 1m 的窗间墙；

4）墙体门窗洞口两侧 200mm 和转角处 450mm 范围内；

5）梁或梁垫下及其左右 500mm 范围内；

6）设计不允许设置脚手眼的部位。

施工脚手眼补砌时，灰缝应填满砂浆，不得用干砖填塞。

（7）砌筑一般要求

砖墙的水平灰缝厚度和垂直灰缝宽度宜为 10mm，但不应小于 8mm，也不应大于 12mm。

砖墙的水平灰缝砂浆饱满度不得小于 80%；垂直灰缝宜采用挤浆或加浆方法，不得出现透明缝、瞎缝和假缝。

砖墙工作段的分段位置，宜设在变形缝、构造柱或门窗洞口处；相邻工作段的砌筑高度不得超过一个楼层高度，也不宜大于 4m。砖墙每日砌筑高度不得超过 1.8m。

4. 质量控制

（1）砌体水平灰缝的砂浆饱满度不得小于 80%

抽检数量：每检验批抽查不应少于 5 处。

检验方法：用百格网检查砖底面与砂浆的粘结痕迹面积。每处检测 3 块砖，取其平均值。

（2）接槎施工

砖砌体的转角处和交接处应同时砌筑，严禁无可靠措施的内外墙分砌施工。对不能同时砌筑而又必须留置的临时间断处应砌成斜槎，斜槎水平投影长度不应小于高度的 2/3。

抽检数量：每检验批抽 20% 接槎，且不应少于 5 处。

检验方法：观察检查。

抗震设防及抗震设防烈度为 6 度、7 度地区的临时间断处，当不能留斜槎时，除转角处外，可留直槎，但直槎必须做成凸槎。

抽检数量：每检验批抽 20% 接槎，且不应少于 5 处。

检验方法：观察和尺量检查。

合格标准：留槎正确，拉结钢筋设置数量、直径正确，竖向间距偏差不超过 100mm，留置长度基本符合规定。

（3）普通砖砌体的位置及垂直度允许偏差应符合规定

<table>
<tr><td colspan="3" align="center">普通砖砌体的位置及垂直度允许偏差</td><td align="right">表 2-1</td></tr>
</table>

项次	项目		允许偏差 (mm)	检验方法
1	轴线位置偏移		10	用经纬仪和尺检查或用其他测量仪器检查
2	垂直度	每层	5	用 2m 托线板检查
		全高 ≤10m	10	用经纬仪、吊线和尺检查,或用其他测量仪器检查
		全高 >10m	20	

抽检数量:轴线查全部承重墙柱;外墙垂直度全高查阳角,不应少于 4 处,每层每 20m 查一处;内墙按有代表性的自然间抽 10%,但不应少于 3 间,每间不应少于 2 处,柱不少于 5 根。

2.1.4 空心砖砌体

1. 一般构造

混凝土小型空心砌块砌体所用的材料,除满足强度计算要求外,尚应符合下列要求:

1)对室内地面以下的砌体,应采用普通混凝土小砌块和不低于 M5 的水泥砂浆。

2)五层及五层以上民用建筑的底层墙体,应采用不低于 MU5 的混凝土小砌块和 M5 的砌筑砂浆。

在墙体的下列部位,应用 C20 混凝土灌实砌块的孔洞:

1)底层室内地面以下或防潮层以下的砌体;

2)无圈梁的楼板支承面下的一皮砌块;

3)没有设置混凝土垫块的屋架、梁等构件支承面下,高度不应小于 600mm,长度不应小于 600mm 的砌体;

4)挑梁支承面下,距墙中心线每边不应小于 300mm,高度不应小于 600mm 的砌体。

砌块墙与后砌隔墙交接处,应沿墙高每隔 400mm 在水平灰缝内设置不少于 2φ4、横筋间距不大于 200mm 的焊接钢筋网片,钢筋网片伸入后砌隔墙内不应小于 600mm(图 2-9)。

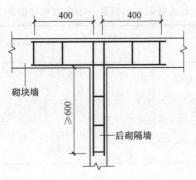

图 2-9 砌块墙与后砌隔墙交接处钢筋网片

2. 夹心墙构造

混凝土砌块夹心墙由内叶墙、外叶墙及其间拉结件组成（图2-10）。内外叶墙间设保温层。

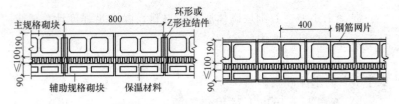

图 2-10 混凝土砌块夹心墙

内叶墙采用主规格混凝土小型空心砌块，外叶墙采用辅助规格（390mm×90mm×190mm）混凝土小型空心砌块。拉结件采用环形拉结件、Z形拉结件或钢筋网片。砌块强度等级不应低于MU10。

当采用环形拉结件时，钢筋直径不应小于4mm；当采用Z形拉结件时，钢筋直径不应小于6mm。拉结件应沿竖向梅花形布置，拉结件的水平和竖向最大间距分别不宜大于800mm和600mm；对有振动或有抗震设防要求时，其水平和竖向最大间距分别不宜大于800mm和400mm。

当采用钢筋网片作拉结件，网片横向钢筋的直径不应小于4mm，其间距不应大于400mm；网片的竖向间距不宜大于

600mm，对有振动或有抗震设防要求时，不宜大于 400mm。

拉结件在叶墙上的搁置长度，不应小于叶墙厚度的 2/3，并不应小于 60mm。

3. 芯柱设置

芯柱设置及构造要求如下：

1) 在外墙转角、楼梯间四角的纵横墙交接处的三个孔洞，宜设置素混凝土芯柱。

2) 五层及五层以上的房屋，应在上述部位设置钢筋混凝土芯柱。

3) 芯柱截面不宜小于 120mm×120mm，宜用不低于 C20 的细石混凝土浇灌。

4) 钢筋混凝土芯柱每孔内插竖筋不应小于 $1\phi10$，底部应伸入室内地面下 500mm 或与基础圈梁锚固，顶部与屋盖圈梁锚固。

5) 在钢筋混凝土芯柱处，沿墙高每隔 600mm 应设 $\phi4$ 钢筋网片拉结，每边伸入墙体不小于 600mm（图 2-11）。

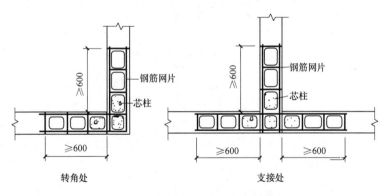

图 2-11　钢筋混凝土芯柱处拉筋

6) 芯柱应沿房屋的全高贯通，并与各层圈梁整体现浇，可采用图 2-12 所示的做法。

7) 在 6～8 度抗震设防的建筑物中，应按芯柱位置要求设置

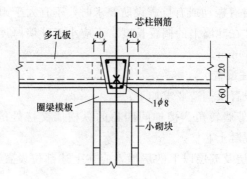

图 2-12 芯柱贯穿楼板的构造

钢筋混凝土芯柱。

8）芯柱竖向插筋应贯通墙身且与圈梁连接；插筋不应小于 1ϕ12。芯柱应伸入室外地下 500mm 或锚入浅于 500mm 基础圈梁内。芯柱混凝土应贯通楼板，当采用装配式钢筋混凝土楼板时，可采用图 2-13 的方式实施贯通措施。

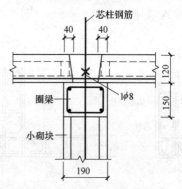

图 2-13 芯柱贯通楼板措施

9）抗震设防地区芯柱与墙体连接处，应设置 ϕ4 钢筋网片拉结，钢筋网片每边伸入墙内不宜小于 1m，且沿墙高每隔 600mm 设置。

10）芯柱部位宜采用不封底的通孔小砌块，当采用半封底小砌块时，砌筑前必须打掉孔洞毛边。

11）在楼（地）面砌筑第一皮小砌块时，在芯柱部位，应用开口砌块（或 U 形砌块）砌出操作孔，在操作孔侧面宜预留连通孔，必须清除芯柱孔洞内的杂物及削掉孔内凸出的砂浆，用水冲洗干净，校正钢筋位置并绑扎或焊接固定后，方可浇灌混凝土。

12）芯柱钢筋应与基础或基础梁中的预埋钢筋连接，上下楼层的钢筋可在楼板面上搭接，搭接长度不应小于 40d（d 为钢筋直径）。

13）砌完一个楼层高度后，应连续浇灌芯柱混凝土。每浇灌 400～500mm 高度捣实一次，或边浇灌边捣实。二次浇灌混凝土前，先注入适量水泥砂浆；严禁灌满一个楼层后再捣实，宜采用插入式混凝土振动器捣实；混凝土坍落度不应小于 50mm。砌筑砂浆强度达到 1.0MPa 以上方可浇灌芯柱混凝土。

4. 质量控制

（1）空心砖砌体一般尺寸的允许偏差应符合表 2-2 的规定。

空心砖砌体一般尺寸允许偏差 表 2-2

项次	项目		允许偏差（mm）	检验方法
1	轴线位移		10	用尺检查
	垂直度	小于或等于 3m	5	用 2m 托线板或吊线、尺检查
		大于 3m	10	
2	表面平整度		8	用 2m 靠尺和楔形塞尺检查
3	门窗洞口高、宽（后塞口）		±5	用尺检查
4	外墙上、下窗口偏移		20	用经纬仪或吊线检查

抽检数量：对表中 1、2 项，在检验批的标准间中随机抽查 10%，但不应少于 3 间；大面积房间和楼道按两个轴线或每 10 米按一标准间计数。每间检验不应少于 3 处。对表中 3、4 项，在检验批中抽查 10%，且不应少于 5 处。

（2）空心砖砌体的砂浆饱满度及检验方法应符合表 2-3 的

规定。

空心砖砌体的砂浆饱满度及检验方法 表 2-3

灰缝	饱满度及要求	检验方法
水平灰缝	≥80%	用百格网检查砖底面砂浆的粘结痕迹面积
垂直灰缝	填满砂浆，不得有透明缝、瞎缝、假缝	

抽检数量：每步架子不少于 3 处，且每处不应少于 3 块。

（3）空心砖砌体中留置的拉结钢筋的位置应与砖皮数相符合。拉结钢筋应置于灰缝中，埋置长度应符合设计要求。

抽检数量：在检验批中抽检 20%，且不应少于 5 处。

检验方法：观察和用尺量检查。

（4）空心砖砌筑时应错缝搭砌，搭砌长度宜为空心砖长的 1/2，但不应小于空心砖长的 1/3。

抽检数量：在检验批的标准间中抽查 10%，且不应少于 3 间。

检验方法：观察和尺量检查。

（5）空心砖砌体的灰缝厚度和宽度应正确。水平灰缝厚度和垂直灰缝宽度应为 8～12mm。

抽检数量：在检验批的标准间中抽查 10%，且不应少于 3 间。

检验方法：用尺量 5 皮空心砖的高度和 2m 砌体长度折算。

（6）空心砖墙砌至接近梁、板底时，应留一定空隙，待空心砖砌筑完并应至少间隔 7d 后，再将其补砌挤紧。

抽检数量：每验收批抽 10% 墙片（每两柱间的空心墙为一墙片），且不应少于 3 片墙。

检验方法：观察检查。

2.1.5 砌筑脚手架

砌筑用脚手架是砌筑过程中堆放材料和工人操作不可缺少的设施。砌筑用脚手架必须满足使用要求，安全可靠。

脚手架的构造要简单，搬运转移拆装方便，选材要经济，能多次周转使用，尽量降低脚手架的成本。按照脚手架的相对位置可分为外脚手和内脚手。

1. 外脚手架

外脚手架是沿外墙外侧沿建筑物周边搭设的一种脚手架。它即可砌筑，又可用于外墙装修。主要形式有扣件式钢管脚手架（双排、单排）。

（1）双排扣件式钢管脚手架

基本构件包含扣件和钢管两部分。钢管均用外径 48～50mm、壁厚 3.0～3.6mm 的焊接或无缝钢管。扣件是钢管与钢管之间的连接件，其基本形式如图 2-14。

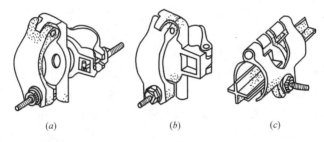

(a) (b) (c)

图 2-14　扣件形式

(a) 回转形；(b) 十字形；(c) 一字形

立杆：横距为 0.9～1.5m（高层架子不大于 1.2m）；纵距为 1.4～2.0m（当用单立杆时，35m 以下的架子用 1.4～2.0m；35m 以上架用 1.4～1.6m。当用双立杆时为 1.5～2.0m）。

单立杆双排脚手架的搭设限高为 50m，当需要搭设 50m 以上的脚手架时，35m 以下应采用双立杆且上部单立杆的高度应小于 30m。立杆与大横杆必须用直角扣件扣紧，不得隔步设置或遗漏。

（2）单排扣件式钢管脚手架

单排脚手架只有一排立杆，小横杆的另一端搁置在墙体上，构架形式与双排架基本相同，但使用上有较多的限制。

1）使用限制

① 搭设高度小于 20m，即一般只用于 6 层以下的建筑（仅作防护用的单排外架，其高度不受此限制）；

② 不准用于一些不适于承载和固定的砌体工程，脚手眼的设置部位和孔眼尺寸均有较为严格的限制。一些对外墙面的清水或饰面要求较高的建筑，考虑到墙脚手眼可能造成的质量影响时，也不宜使用单排脚手架。

2）构造要求

为了确保单排脚手架的稳定承载能力和使用安全，在构造上一定要符合以下要求：①连接点的设置数量不得少于三步三跨一点，且连接点宜采用具有抗拉压作用的刚性构造。②杆件的对接接头应尽量靠近杆件的节点。③立杆底部支垫可靠，不得悬空。

（3）扣件式钢管脚手架搭设要求

1）立杆的垂直偏差应不大于架高的 1/300，并同时控制其绝对偏差值：当架高＞20m 时，为不大于 50mm；＞20m 而≤50m 时，为不大于 75mm；＞50m 时应不大于 100mm。

2）大横杆：步距为 1.5～1.8m。上下横杆的接长位置应错开布置在不同的立杆纵距中，与相近立杆的距离不大于纵距的三分之一。同一排大横杆的水平偏差不大于该片脚手架总长度的 1/250，且不大于 50mm。相邻步架的大横杆应错开布置在立杆的里侧和外侧，以减少立杆偏心受力情况。

3）小横杆：贴近立杆布置（对于双立杆，则设于双立杆之间），搭于大横杆之上并用直角扣件扣紧。在相邻立杆之间根据需要加设 1 根或 2 根。在任何情况下，均不得拆除作为基本构架结构杆件的小横杆。

4）剪刀撑：35m 以下脚手架除在两端设置外，中间每隔12～15m 设一道。剪刀撑应连系 3～4 根立杆，斜杆与地面夹角为 45°～60°；35m 以上脚手架，沿脚手架两端和转角处起，每7～9 根立杆设一道，且每片架子不少于三道。剪刀撑应沿架高连续布置，在相邻两排剪刀撑之间，每隔 10～15m 高加设一组长剪刀撑。剪刀撑的斜杆除两端用旋转扣件与脚手架的立杆或大横杆扣紧外，在其中间应增加 2~4 个扣结点。

5）护栏和挡板：在铺脚手板的操作层上必须设 2 道护栏和挡脚板。上栏杆高度大于 1.1m。挡脚板亦可用加设一道低栏杆（距脚手板面 0.2~0.3m）代替。

6）连墙件：可按二步三跨或三步三跨设置，其间距应不超过规定，且连墙件一般应设置在框架梁或楼板附近等具有较好抗水平力作用的结构部位。装设连墙件时，应保持立杆的垂直度要求，避免拉固时产生变形，确保杆件间的连接可靠。当连墙件轴向荷载（水平力）的计算值大于 6kN 时，应增设扣件以加强其抗滑动能力。特别是在遇有强风袭来之前，应检查和加固连墙措施，以保架子安全。连墙构造中的连墙杆或拉筋应垂直于墙面设置，并呈水平位置或稍可向脚手架一端倾斜，但不容许向上翘起。

2. 内脚手架

在砌筑结构施工中，更多是采用内脚手。内脚手是架在各层楼板上，每层楼只搭设两步或三步架。一层的砖墙砌完后，脚手架全部运到上一层楼板，一般多采用定型装配式和整体式内脚手，常见的有折叠式、支柱式和门架式多种。上述支架配套用的脚手板，是主要承载部件，应具备足够的强度和刚度。常以优质木材、竹材和钢材制作。

（1）折叠式内脚手架

折叠式脚手架的支架采用了可折叠的形式，它用钢管或角钢构成带铰点的 "A" 形如图 2-15。

折叠式里脚手架搭设间距最大不超过 1.8~2.0m。可搭设两步高，其间距和搭设步数，应根据折叠架用料尺寸和上部荷载情况进行验算确定。

（2）门式钢管脚手架

1）门式脚手架基本构件（图 2-16）

（a）框架：一般由外径 45mm 及 38mm 的钢管焊接而成。

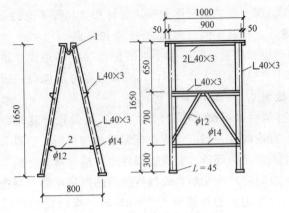

图 2-15　角钢折叠式里脚手

1—铁铰链；2—挂钩

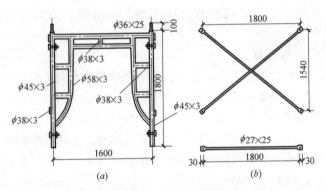

图 2-16　门型脚手基本件

(a) 门架；(b) 剪刀撑与水平撑

两立柱顶端焊有外径 38mm 的短管，用以承插上层的门架。立柱上留有装剪刀撑和水平撑的螺栓孔，一侧立柱焊有短套管，以便装挂三脚架。

(b) 剪刀撑和水平撑：是用钢管制成，用以连接门架，以组成基本稳定结构。靠螺栓与门架的立柱相连。

2) 门型框式脚手架搭设要点

门架搭设要垂直墙面并沿墙布置，其间距为 1.8m，门架与门架之间，隔跨分别设置剪刀撑和水平撑，门架的内外两侧则时搭设。

为保证脚手架的整体稳定，一般搭设不超过 3.6m；当搭设超过时，需另外增加侧向支撑或扶墙以增加抗倾覆性能。

（3）砌筑平台架

常用的是装配式砌筑平台架，它是由管柱门架、纵横向桁架、三角形支架和脚手板组成如图 2-17 所示。

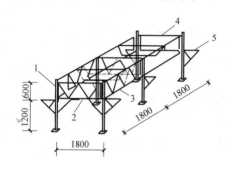

图 2-17　砌筑平台架组装图
1—管柱门架；2—桁架；3—桁架；4—桁架；5—三脚架

砌筑平台架的平面尺寸，是按房间大小装配平台单元。单元平台每个节间为 180mm×1800mm，平台架的高度按楼的层高考虑。目前的平台架按 3m 层高划分 2 步半架，架子的高度实际是 1800mm（即一步架 1200mm 加上半步架 600mm）。

采用内脚手砌砖时，必须沿外墙外侧设置安全网，以防发生高空操作人员坠落。安全网应按安全操作规程规定的网眼、网宽和网的承载力设置。网应紧靠墙面不留过大空档，尤其应注意墙的转角处封网要严。

2.1.6　冬期施工

冬期施工的概念：当连续 5d 内的室外日平均气温稳定低于 5℃，砌体工程应采取冬期施工措施。砌体工程施工应遵照施工及验收规范冬期施工规定进行。而气温可根据当地气象预报或历年气象统计资料估计。

冬期砌墙的主要问题是砂浆遭受冻结。砂浆所含的水受冻结冰后，一方面影响水泥的硬化，另一方面由于冻结会使砂浆体积膨胀大约 8%，体积的膨胀会破坏砂浆内部结构，使其松散而降低凝聚力。所以冬期砌砖要严格控制砂浆中水的用量，并采取避免或延缓砂浆中水的冻结的措施，以保证砂浆正常硬化，使砂浆达到设计要求。

冬期砌筑墙体时，应严格按照施工及验收规范的规定进行施工。

1. 冬期施工对材料的要求

砖在砌筑前应清除冰霜，在负温度条件下砌砖浇水确有困难时，应适当增大砂浆稠度，以保证砌体的砖和砖可靠结合，避免砖过多吸收砂浆中的水而影响水泥的正常硬化。

冬期施工所用砂浆宜采用普通硅酸盐水泥拌制，充分发挥其早强、水化热较高和耐冻性能较好的特点。冬季砌砖不得使用无水泥配制的砂浆。

砂浆所用的石灰膏、电石膏和黏土膏受冻后不得使用，遭冻结后应待其融解后方可使用。

砂浆用砂不得含有冰块和直径大于 10mm 的冻结块，以免影响砂浆的匀质性和水泥的正常硬化。如砂子需要加热时，其温度不宜超过 40℃。

拌合砂浆用水需加热时，其温度不得超过 80℃，避免热水与水泥直接接触而产生假凝现象。

此外还应选用适当的保温覆盖材料，每天砌筑后应对砌体覆盖保温，避免砂浆过早受冻影响砌体的整体强度。

2. 砌体工程的冬期施工方法

（1）掺盐砂浆法

在天气平均气温低于 5℃ 的条件下砌砖，可在砂浆中掺入一定数量的氯盐，使砂浆在负温度中强度继续缓慢增长，并与砖块有一定的粘结力，或使砂浆在冻结前能达到一定的强度。以保证砂浆解冻后强度继续增长。

掺盐砂浆用盐以氯化钠为主。当气温过低时可掺入双盐（氯化钠和氯化钙）。氯盐掺量应适量不宜过多，超过 10％时有严重的析盐现象，若超过 20％则砂浆强度显著降低。但是氯盐掺量过少，又不能达到降低冰点维持水泥水化作用的目的。

氯盐对钢筋有一定的腐蚀作用，配筋砌体的钢筋应进行防腐处理。氯盐的水溶液是电的导体，故在发电站、变电所的砖墙砌筑中不准采用掺盐砂浆。氯盐砂浆砌筑的砌体吸湿性较大，在高级建筑、装饰艺术要求高的工程以及房屋使用时的湿度大于 60％的工程不得采用氯盐砂浆。

掺盐砂浆使用时的温度不应低于 5℃。如日最低气温等于或低于－15℃时，设计无具体要求的情况下，一般将砌筑承重砌体的砂浆强度等级按常温时提高 1 级，以保证承重砌体的强度。

如掺盐砂浆同时需要掺入微沫剂时，氯盐溶液和微沫剂溶液必须分开拌合并先后加入。

当气温较低时，还可以采用热砂浆掺氯盐的办法，用以保证砂浆的早期强度和砌筑的质量，砂浆的原材料加热要求，应符合前述的有关规定。

（2）冻结法

冻结法是用普通砂浆进行砌筑的一种方法，不需掺加外加剂。其特点是砌筑后砂浆在负温度下迅速冻结，并因结冻而具有一定的坚硬度，但是砂浆内的水泥的水化作用极其缓慢，待砂浆开始解冻时，砂浆强度仍然很低，转入常温后才逐渐提高强度。采用冻结法施工时，应会同设计单位共同制定在砌筑过程和解冻期必要的加固措施，以保障工程结构和施工的安全。

采用冻结法施工时应注意的几个问题：

采用冻结法当室外空气温度分别为 0～－10℃、－11～－25℃、－25℃以下时，砂浆使用最低温度分别为 10℃、15℃、20℃。

当日最低气温高于或等于－25℃时，对砌筑承重砌体的砂浆强度等级应按常温施工时提高 1 级；而当日最低气温低于－25℃时砂浆强度等级则应提高 2 级。

为保证砌体在解冻时的正常沉降，尚应符合下列规定：

1）每日的砌筑高度及砌筑临时中断处，均不得超过 1.2m；

2）跨度大于 0.7m 的过梁，应采用预制构件；

3）在门窗框上部应留出缝隙，缝的大小在砖砌体中不应小于 5mm；

4）砖砌体的水平灰缝厚度不宜大于 10mm；

5）砌体中留置洞口和沟槽时，应在砌体解冻前填砌完毕；

6）解冻前，应清除房间内施工时剩余的建筑材料等临时荷载。

在天气缓暖砌体解冻期间，应经常对砌体结构进行观测和检查，如发现裂缝与不均匀下沉等情况，应及时分析原因并立即采取加固措施。但是，空斗墙受侧压力的砌体或在解冻期可能受到振动的砌体，以及不允许发生沉降的砌体均不得采用冻结法施工。

2.2 钢筋混凝土工程

钢筋混凝土广泛地用于各类结构体系中，所以钢筋混凝土工程在整个建筑施工中占有相当重要地位。钢筋混凝土工程包括模板的制备与组装、钢筋的制备与安装和混凝土的制备与浇捣三大施工过程。钢筋混凝土的一般施工程序如图 2-18 所示。

2.2.1 模板工程

1. 模板的作用、种类及基本要求

（1）模板的作用

模板是使钢筋混凝土结构和构件成型的模型。钢筋混凝土模板通常由两部分组成，即模板和支撑系统。支撑系统由支架和连接配件组成。支架包括：水平支撑和垂直支撑。

连接配件包括：穿墙螺栓、模板面连接卡扣、模板面与支撑构件、连接支撑构件之间的零配件。

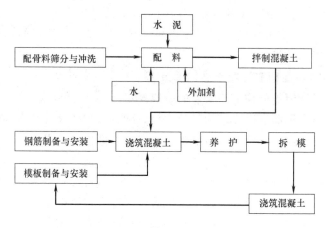

图 2-18 钢筋混凝土施工程序

（2）模板的种类

按材料不同可分为：木模板、钢模板、胶合模板、塑料模板、铝合金模板等。

按结构类型不同可分为：基础模板、柱模板、楼板模板、楼梯模板、墙模板、壳模板、烟囱模板等。

按形式不同可分为：整体式模板、定型模板、滑升模板、台模等。

按施工方法不同可分为：现场装拆式模板、固定式模板、移动式模板和永久性模板。

（3）模板系统的基本要求

1）能保证结构和构件各部分的形状、尺寸及其空间位置的准确性。

2）模板与支撑均应具有足够的刚度、强度及整体的稳定性。

3）模板系统构造要简单，装拆尽量方便，能多次周转使用。

4）模板拼缝不应漏浆，在浇筑混凝土前，木模板应浇水湿润，但模板内不应有积水。

5）模板与混凝土的接触面应清理干净并涂刷隔离剂，但不得采用影响结构性能或妨碍装饰工程施工的隔离剂。

6）浇筑混凝土前，模板内的杂物应清理干净。

7）对清水混凝土工程及装饰混凝土工程，应使用能达到设计效果的模板。

2. 现浇钢筋混凝土结构模板

（1）模板的构造与安装的一般规定

现浇钢筋混凝土结构划分为柱、梁、板和楼梯等基本构件。

施工前，对施工班组进行交底，重点部位应重点交底。对于施工中的难点、重点，应在交底中明确，并记录在案。

模板安装顺序：竖向结构模→梁模→平台模。每个单项模板完成后必须经自检并经技术复核后方可转入下道工序。

模板的支撑系统必须具有足够的承载能力和稳定性，能可靠地承受浇筑混凝土的重量、侧压力以及施工荷载。严禁出现爆模、跑模等现象。

施工必须严格按照模板排列图及木工翻样、施工员的交底进行模板拼装。

模板必须在钢筋隐蔽验收通过后方可封模。

现浇钢筋混凝土梁、板，当跨度大于 4m 时，模板应起拱；当设计无具体要求时，起拱高度宜为全跨长度的 1/1000～3/1000。

安装模板应保证工程结构和构件各部分形状、尺寸和相互位置的正确，防止漏浆。

（2）梁、板的支架立柱构造与安装

梁、板的立柱，其纵横向间距应根据审核过的施工方案中要求的进行搭设。

立柱底距地面 200mm 高处，沿纵横水平方向设扫地杆。有可调托架底部的立柱顶端沿纵横向设置一道水平拉杆。

当层高在 8～20m 时，须加设一道水平向剪刀撑；当层高大于 20m 时，须再加设一道水平向剪刀撑。

（3）普通模板构造与安装

1）基础模板

混凝土和钢筋混凝土基础，一般分为条形基础、独立式基础和箱形基础，而箱形基础系由板和墙组成，与板或墙的模板相似。故只介绍条形基础和独立基础模板构造。

独立基础支模方法和构造如图 2-19 所示。

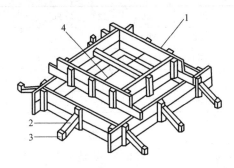

图 2-19　独立基础模板

1—侧模；2—斜撑；3—木桩；4—钢丝

条形基础支模方法和模板构造如图 2-20 所示。

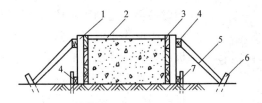

图 2-20　条形基础模板

1—立楞；2—支撑；3—侧模；4—横杠；

5—斜撑；6—木桩；7—钢筋头

条形基础在一般建筑工程中采用较多，主要模板部件是侧模和支撑系统的横杠和斜撑。立楞（立档）的截面和间距与侧模板的厚度有关，立楞是用来钉牢侧模和加强其刚度的。杯形基础在工业厂房中采用较多，其模板支法与独立式基础模板相似，只需增加杯口芯模即可。条形（也称带形）基础木模主要尺寸可参考表 2-4。

条形基础木模尺寸（mm）　　　　　　　　表 2-4

基础深度	立档最大间距				立档最大断面	立档钉法
	侧板厚度 20		侧板厚度 30			
	机械捣固	人工捣固	机械捣固	人工捣固		
300	600	800	900	1200	50×30	平放（钉于宽面）
400	550	750	800	1000	50×30	平放（钉于宽面）
500	500	700	700	900	60×40	平放（钉于宽面）
600	450	650	650	850	40×60	立放（钉于窄面）
700	400	600	600	850	40×80	立放（钉于窄面）

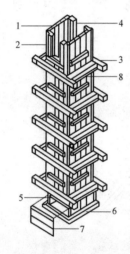

图 2-21　矩形柱模板
1—内拼板；2—外拼板；
3—柱箍；4—梁缺口；
5—清扫口；6—底框；
7—盖板；8—拉紧螺栓

2）柱模板

柱的特点是高度大而截面积小。图 2-21 为矩形柱模板，它是由两片相对的内拼板和两块相对的外拼板以及柱箍组成。柱侧模主要承受柱混凝土的侧压力，并经过柱侧模传给柱箍，由柱箍承受侧压力，同时柱箍也起到固定柱侧模的作用。柱箍的间距取决于混凝土侧压力的大小和侧模板的厚度。柱模上部开有与梁模板连接的梁口。底部开设有清扫口，以便清除杂物。当柱高超过振捣器软轴长度时，应在柱侧模上留出门子口，待浇完下部混凝土时，用门子板封住门子口。模板底部设有底框用以固定柱模的水平位置。独立柱时，四周应设斜撑。如果是框架柱，则应在柱间拉设水平和斜向拉杆，将柱连为稳定整体。

柱箍除用木方和螺栓外，也可用钢筋套和角钢制作。柱箍可制成各种形式，关键是能可靠承受侧压力。柱木模常用尺寸参考表 2-5。

柱断面	金属模箍		木模箍	
	模箍最大间距	模箍最小断面	模箍最大间距	模箍最小断面
300×300	500	5×45	600	25×100
400×400	500	5×45	600	40×100
500×500	450	5×45	600	40×100
600×600	600	5×75	600	40×120
700×700	600	5×75	600	40×150
800×800	400	5×75	600	40×160
900×900	—		600	50×200
1000×1000	—		600	50×200

注：模板厚度为 25mm。

3）墙模板

钢筋混凝土墙的模板是由相对的两片侧模和它的支撑系统组成。由于墙侧模较高，应设立楞和横杠，来抵抗墙体混凝土的侧压力。两片侧模之间设撑木和螺杆与钢丝，以保证模板的几何尺寸（图 2-22）。

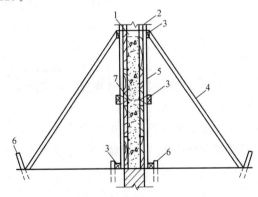

图 2-22　墙模示意图

1—内支撑木；2—侧模；3—横杠；4—钢管斜撑；

5—立楞；6—木桩；7—钢丝

4）梁模板

梁的特点是跨度较大而截面较小，梁下面是悬空的，这是考虑梁支模的特点。梁的模板由梁底模和两侧模以及支撑系统组成，如图2-23所示。

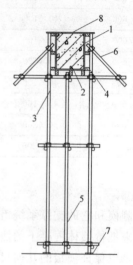

图 2-23 单梁模板
1—侧模板；2—底模板；
3—侧模立档；4—横带；
5—立杆；6—斜撑；
7—垫板；8—撑木

梁的侧模板承受混凝土侧压力，底部用横带夹牢而内侧靠在底模上。横带应钉固在支柱横梁上。侧模上部靠斜撑固定。梁底模和立杆承担全部垂直荷载，底模和立杆应具备足够的强度和刚度。侧模与底模可采用胶合板，梁下支撑立杆可根据梁截面大小选用一根或多根，截面较小时可不设置梁下立杆。支柱下的垫板是为增大支承点受力面积，避免不均匀下沉。

（4）爬升模板构造与安装

爬升模板（即爬模），是一种适用于现浇钢筋混凝土竖直或倾斜结构施工的模板工艺，如墙体、桥梁、塔柱等。可分为"有架爬模"（即模板爬架子、架子爬模板）和"无架爬模"（即模板爬模板）两种。我国目前已逐步发展形成"模板与爬架互爬"、"爬架与爬架互爬"和"模板与模板互爬"三种工艺。

爬升模板是综合大模板与滑动模板工艺和特点的一种模板工艺，具有大模板和滑动模板共同的优点。尤其适用于超高层建筑施工。

（5）永久性模板

永久性模板，又称一次性消耗模板，即在现浇混凝土结构浇筑后模板不再拆除，其中有的模板与现浇结构叠合后组合成共同受力构件。该模板多用于现浇钢筋混凝土楼（顶）板工程，亦有用于竖向现浇结构。

永久性模板的最大特点是：简化了现浇钢筋混凝土结构的模板支拆工艺，使模板的支拆工作量大大减少，从而改善了劳动条件，节约了模板支拆用工，加快了施工进度。

目前我国用于现浇钢筋混凝土楼（顶）板工程的永久性模板分类如表 2-6。

永久性模板分类　　　　　　　　　表 2-6

	压型钢板模板	
永久性模板	各种配筋的混凝土薄板	预应力混凝土薄板
		双钢筋混凝土薄板
		冷轧扭钢筋混凝土薄板

（6）脱模剂

无论是新配制的模板，还是已用并清除了污、锈待用的模板，在使用前必须涂刷脱模剂。因此，脱模剂是混凝土模板不可缺少的辅助材料。

1）脱模剂的种类

混凝土模板所用脱模剂大致可分为油类、水类和树脂类三种。

2）使用注意事项

油类脱模剂虽涂刷方便，脱模效果也好，但对结构构件表面有一定污染，影响装饰装修，因此应慎用。

油类脱模剂可以在低温和负温时使用。

涂刷脱模剂可以采用喷涂或刷涂，操作要迅速。结膜后，不要回刷，以免起胶。涂层要薄而均匀，太厚反而容易剥落。

3. 模板支撑架

构造要求：

（1）立杆纵横向水平间距不应大于 1200mm，底端应设有垫板或底支座。

（2）水平杆步距不应大于 1800mm，每步均应纵、横向设置并采用直角扣件与立杆连接。

（3）水平剪刀撑应在水平面上与纵横向水平杆形成45°～60°夹角，并与立杆用旋转扣件相连接，不能与立杆连接时，应在靠近立杆节点处与水平杆连接。

（4）垂直剪刀撑应在垂直面上和立杆形成45°～60°夹角，并与立杆用旋转扣件相连接。

（5）支架周边有主体结构时，应设置连墙件，连墙件必须采用可承受拉力和压力的构造，应靠近节点设置，偏离不应大于300mm，垂直间距应不大于2步，水平间距应不大于3跨。

（6）垫板是立杆底端或底支座与支撑基础之间的承载件。垫板长度应大于1.2倍立杆的跨距。

（7）杆件搭接接长时，搭接长度应大于1m，搭接扣件数量不得少于2个，且扣件的间距应为450～800mm，扣件盖板边缘距离杆件端部不得小于100mm。

（8）支架中门洞、通道等临时设施构造的设置需符合《建筑施工扣件式钢管脚手架安全技术规范》（JGJ 130）规定。

4. 模板的拆除及安全注意事项

（1）模板的拆除

模板支架拆除前应对拆除人员进行安全技术交底，并做好交底书面手续。

混凝土强度符合有关规定的，方可拆除模板支撑系统。

模板支撑系统拆除，应由专业操作人员作业，由专人进行监护，在拆除区域周边设置围栏和警戒标志，由专人看管，严禁非操作人员入内。

拆除大跨度梁下支柱时，应先从跨中开始，分别向两端拆除。

水平杆和剪刀撑，必须在支架立杆拆卸到相应的位置时方可拆除。

设有连墙件的模板支撑系统，连墙件必须随支架逐步拆除，严禁先将连墙件全部或数步拆除后再拆支架。

在拆除过程中，支架的自由悬空高度不得超过两步。当自由悬空高度超过两步时，应加设临时拉结。

支架拆除时，严禁超过两人在同一垂直平面上操作。严禁将拆卸的杆件、零配件向地面抛掷。

对后张法预应力混凝土结构构件，侧模板应在预应力张拉前拆除；底模支架应在结构构件建立预应力后拆除。

混凝土后浇带未施工前，支撑不得拆除。

当有多层混凝土结构，在上层混凝土未浇筑时，除经验证支承面已有足够的承载能力外，严禁拆除下一层的模板支撑系统。

模板拆除的时间，受新浇混凝土达到拆模强度要求的养护期限制。一般工程结构设计对拆模时混凝土的强度有具体规定。如果未做具体规定，应遵守施工规范所做的下列规定：

1）侧模应在混凝土的强度能保持其表面及棱角在拆模时不致损坏时，方准拆除模板。

2）底模及其支架拆除时的混凝土强度应符合设计要求；当设计无具体要求时，混凝土强度应符合表2-7的规定。

底模拆除时的混凝土强度要求表　　　　表2-7

构件类型	构件跨度 （m）	达到设计的混凝土立方体抗压强度标准值的百分率（%）
板	≤2	≥50
	>2，≤8	≥75
	>8	≥100
梁、拱、壳	≤8	≥75
	>8	≥100
悬臂构件	—	≥100

（2）安全注意事项

在拆模过程中，如发现混凝土有影响结构安全的质量问题时，应暂停拆除工作，经过研究处理后方可继续拆除。

拆除的模板和支撑，应及时清理和整修，加以妥善保管，防止模板损坏或变形与锈蚀。

2.2.1 钢筋工程

1. 材料

钢筋品种与规格

钢筋混凝土用钢筋主要有热轧光圆钢筋、热轧带肋钢筋、余热处理钢筋、冷轧带肋钢筋、冷轧扭钢筋、冷拔螺旋钢筋、冷拔低碳钢丝等。钢筋宜应用高强度钢筋及专业化生产的成型钢筋。

常用钢筋的强度标准值应具有不小于 95% 的保证率。钢筋屈服强度、抗拉强度的标准值及极限应变应满足表 2-8 的要求。

钢筋强度标准值及极限应变　　　　　表 2-8

钢筋种类	抗拉强度设计值 f_y 抗压强度设计值 f_y' （N/mm²）	屈服强度 f_{yk} （N/mm²）	抗拉强度 f_{stk} （N/mm²）	极限变形 ε_{sn} （%）
HPB235	210	235	370	不小于 10.0
HPB300	270	300	420	
HRB335、HRBF335	300	335	455	不小于 7.5
HRB335E、HRBF335E	300	335	455	不小于 9.0
HRB400、HRBF400	360	400	540	不小于 7.5
HRB400E、HRBF400E	360	400	540	不小于 9.0
RRB400	360	400	540	不小于 7.5
HRB500、HRBF500	435	500	630	不小于 7.5
HRB500E、HRBF500E	435	500	630	不小于 9.0
RRB500	435	500	630	不小于 7.5

注：表中屈服强度的符号 f_{yk} 在相关钢筋产品标准中表达为 R_{eL}，抗拉强度的符号 f_{stk} 在相关钢筋产品标准中表达为 R_m。

施工工程中应采取防止钢筋混淆、锈蚀或损伤的措施。需要进行钢筋代换时，应办理设计变更文件。

2. 钢筋的加工

钢筋加工包括调直、除锈、切断和弯曲成型等。钢筋加工后的形状、尺寸必须符合设计要求。钢筋的表面应洁净、无损伤、无油污、无漆污，铁锈应清除干净，带有颗粒状或片状老锈不得使用，以保证钢筋强度及钢筋与混凝土的牢固结合。

（1）钢筋调直

钢筋通常采用机械调直（多用于直径较大钢筋）和冷拉调直（多用于直径小的钢筋）。调直后钢筋应平直不得有局部弯折，以免影响钢筋受力状况。

（2）钢筋除锈

钢筋的表面应洁净。油渍、漆污和用锤敲击时能剥落的浮皮、铁锈等应在使用前清除干净。在焊接前，焊点处的水锈应清除干净。

（3）钢筋切断

钢筋切断设备主要有钢筋切断机和手动液压切断器。

（4）钢筋弯曲成型

钢筋的形状、各部分尺寸以及弯钩都是经过严格计算决定的，因此，钢筋弯折的形状、尺寸和端钩都应符合设计要求和施工及验收规范规定：

HPB300 级钢筋末端需做 180°弯钩，其圆弧弯曲直径应不小于钢筋直径（d_0）的 2.5 倍，钩的平直部分长度不得小于 3.0 倍钢筋直径（d_0），如图 2-24 所示。如果用于轻骨料混凝土结构时，其弯曲直径不得小于 3.5 倍直径（d_0）。

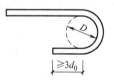

图 2-24　180°端钩示意图

335MPa、400MPa 级带肋钢筋末端需做 90°或 135°弯折时，钢筋的弯曲直径（D）不宜小于 4 倍钢筋直径（d_0），见图 2-25。500MPa 级带肋钢筋，当直径为 28mm 以下时钢筋的弯曲直径（D）不应小于钢筋直径（d_0）的 6 倍，当直径为 28mm 及以上时钢筋的弯曲直径（D）不应小于钢筋直径（d_0）的 7 倍，见图 2-26。

3. 钢筋的代换

在钢筋配料中，如遇到钢筋现有级别和直径与设计规定不

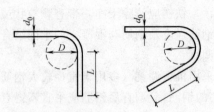

图 2-25　90°端钩和 135°弯折示意图

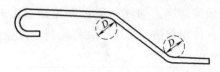

图 2-26　弯起钢筋弯折示意图

符，需要代换时，应在征得设计单位同意后，按下列原则进行代换。

(1) 等强度代换

构件配筋受强度控制时，可按代换前后强度相等的原则代换，称作"等强度代换"。代换时应满足下式要求：

$$A_{s2} f_{y2} \geqslant A_{s1} f_{y1} \qquad (2\text{-}1)$$

即：
$$A_{s2} \geqslant A_{s1} \frac{f_{y1}}{f_{y2}}$$

或
$$n_2 d_2^2 f_{y2} \geqslant n_1 d_1^2 f_{y1}$$

即：
$$n_2 \geqslant \frac{n_1 d_1^2 f_{y1}}{d_2^2 f_{y2}}$$

式中

A_{s1}——原设计钢筋总面积；

A_{s2}——代换后钢筋总面积；

f_{y1}——原设计钢筋强度；

f_{y2}——代换后钢筋强度；

n_1——原设计钢筋根数；

n_2——代换后钢筋根数；

d_1——原设计钢筋直径；

d_2——代换后钢筋直径。

1. 等面积代换

构件按最小配筋率配筋时，按代换前后面积相等的原则进行代换，称"等面积代换"。代换时应满足下式要求：

$$A_{s2} \geqslant A_{s1} \qquad (2\text{-}2)$$

（2）构件配筋受裂缝宽度或挠度控制时，代换后应进行裂缝宽度或挠度验算。

钢筋代换应注意以下几点：

某些重要构件如吊车梁、薄腹梁和桁架下弦等，不宜用HPB300 级光圆钢筋代替螺纹钢筋，以免裂缝宽度开展过大；

梁的纵向受力钢筋及弯起钢筋要分别进行代换，以保证正截面与斜截面强度；

偏心受压或受拉构件的钢筋代换，不能按整截面配筋量计算，应按受拉或受压钢筋分别代换；

钢筋代换后，仍应满足结构构造要求，如钢筋最小直径、间距、根数和锚固长度等。

4. 钢筋的焊接

（1）一般规定

钢筋混凝土结构中轴心受拉和偏心受拉杆中的钢筋接头，均应焊接。而普通混凝土中直径大于 22mm 的钢筋和轻骨料混凝土中直径大于 20mm 的 HPB300 级钢筋，以及直径大于 25mm 的 HRB335、HRB400 级钢筋，均应采用焊接接头。目的是确保工程结构的质量和安全度。

规范要求热轧钢筋的焊接，应采用闪光对焊、电弧焊、电渣压力焊和电阻点焊气压焊。埋弧压力焊或电弧焊用在钢筋与钢板的 T 形焊接。

（2）钢筋闪光对焊

闪光对焊属于接触焊，它是利用相应的对焊机使电极间的钢筋两端间断接触通电、闪火花，使钢筋端部达到可焊温度后，加压焊合成对焊接头。

根据钢筋的品种、直径和所用对焊机功率大小，闪光对焊分为连续闪光焊和预热闪光焊。

1）连续闪光焊：钢筋夹在对焊机的电极上，闭合电源，然后使两钢筋端面轻微接触。开始由于接触面很小，而电阻很大，故通过的电流密度很大，促使钢筋接触点很快熔化，产生金属飞溅形成闪光现象。随着闪光徐徐移动钢筋，形成连续闪光，直至烧化到一定程度，达到焊接温度后，立即进行带电和断电顶锻，完成全焊接过程。这种焊接工艺称连续闪光焊。连续闪光焊一般用于焊接直径在 22mm 以内的 HPB300～HRB400 级钢筋，以及直径在 20mm 以内的 RRB400 级钢筋。

2）预热闪光焊：当钢筋直径较大或相对的对焊机功率较小时，可采用预热闪光焊工艺。其焊接过程：首先进行一次闪光将钢筋端部烧平，然后令钢筋端面断续交替接触和分离，产生断续闪光将钢筋预热，并使加热区适当扩展，当钢筋烧化到预热留量以后，即转入连续闪光和顶锻，完成整个焊接过程。

3）接头的通电热处理：对于可焊性较差的 RRB400 钢筋，为改善焊接接头的塑性，需要进行热处理。处理的方法是在对焊完成后，待焊头稍加冷却后即松开夹具，放大钳口距离并重新夹紧钢筋。在接头已冷却至暗黑色后，利用对焊机进行低频脉冲式通电加热，直到接头附近表面呈橘红色时，即可结束通电，热处理过程结束。

（3）钢筋电阻点焊

点焊是用点焊机焊接交叉钢筋网片。点焊机构造简图如图2-27。点焊过程是将钢筋的交叉点放在点焊机的两个电极间，电极通过钢筋闭合电路通电，利用点接触钢筋的电阻，迅速加热钢筋并达到焊接温度，立即加压把钢筋交叉点焊接在一起。

常用的点焊机有单头和多头点焊机。单头点焊机用于较粗钢筋的焊接，多头点焊机多用于钢筋网片的点焊。

（4）钢筋电弧焊

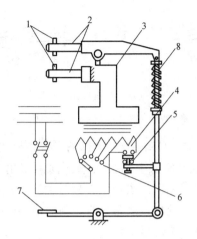

图 2-27　点焊机工作示意图

1—电极；2—电极臂；3—变压器次级线圈；4—变压器初级线圈；
5—断路器；6—调节开关；7—踏板；8—压紧机构

电弧焊是利用弧焊机和电焊条进行的。

弧焊机的变压器闭合通电后，使焊条和焊件之间产生高温电弧，熔化的焊条和焊件金属冷却结晶后形成焊缝或接头。

弧焊机分为交流弧焊机和直流弧焊机两类。弧焊应用较广，如整体式钢筋混凝土结构的钢筋接长，装配式结构钢筋接头焊接，钢筋骨架及钢筋与钢板的焊接等。

常用钢筋电弧焊接头主要有三种形式：

1）搭接焊（搭接接头）

搭接焊适用于直径为 10～22mm 的 HPB300 级钢筋和 10～40mm 的 HRB335～HRBF500 级钢筋。接头钢筋的预弯和拼接，要保证两根钢筋的轴线在一条直线上，使接头处钢筋受力合理（如图 2-28）。焊缝高度 $h \geqslant 0.25d_0$，并不得小于 4mm；焊缝宽度 $b \geqslant 0.7d_0$，并不小于 10mm。

2）帮条焊

帮条焊适用于直径为 10～22mm 的 HPB300 级钢筋和 10～

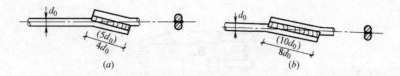

图 2-28　搭接焊接头

(a) 双面焊缝；(b) 单面焊缝（图中括号内数值用于 HRB335～HRBF500 级钢筋）

40mm 的 HRB335～HRBF500 级钢筋。帮条焊接头如图 2-29 所示。焊接时除要求保证主筋接头端面间隙留出 2～5mm 以外，其余与搭接焊要求相同。当帮条牌号与主筋相同时，帮条直径可与主筋相同或小一规格；当帮条直径与主筋相同时，帮条牌号可与主筋相同或低一个牌号等级。

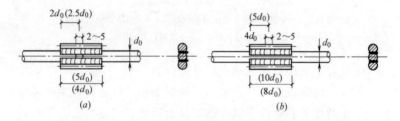

图 2-29　帮条焊接头

(a) 双面焊缝；(b) 单面焊缝（图中括号内数值用于 HRB335～HRBF500 级钢筋）

3）坡口焊

坡口焊多用于装配式框架柱、梁钢筋对接焊。坡口焊分为平焊和立焊两种。坡口焊的坡口角度和对接钢筋间的间隙，以及焊缝高度等如图 2-30 所示。

(5) 钢筋电渣压力焊

电渣压力焊是利用电流通过渣池产生的电阻热将钢筋端部熔化，然后施加压力使钢筋焊合。这种方法比电弧焊容易掌握，工效高而成本低，工作条件也好，适用于现浇钢筋混凝土结构竖向钢筋的接长，一般可焊 HPB300～HRB500 级钢筋。电渣压力焊应用于柱、墙、烟囱等现浇混凝土结构中竖向受力钢筋的连接；

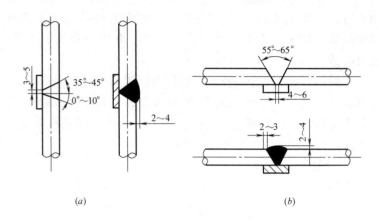

图 2-30　坡口焊接头

（a）立焊；（b）平焊坡口加工时不得用电弧切割，宜用氧、乙炔气割或锯割

不得用于梁、板等构件中水平钢筋的连接。

电渣压力焊采用弧焊机，弧焊机的功率与钢筋直径大小有关，根据经验钢筋直径小于 22mm 时，可选一台 20kVA 交流弧焊机，大于 22mm 时，则可选用 40kVA 或两台 20kVA 弧焊机并联使用。

焊接夹具和焊接示意如图 2-31。夹具由上钳口（滑动电极）、下钳口（固定电极）、加压机构（操纵杆、标尺、滑动架）及焊剂盒组成。焊接时，先清除钢筋端部 120mm 范围内浮锈等，然后将钢筋分别夹入钳口，在上、下钢筋对接处放上钢丝小球或导电剂，通电后钢筋端头及焊剂相继熔化而形成渣池，维持数

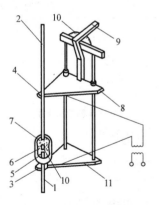

图 2-31　电渣压力焊示意图

1、2—钢筋；3—固定电极；

4—滑动电极；5—焊剂盒；

6—导电剂；7—焊剂；

8—滑动架；9—操纵杆；

10—标尺；11—固定架

秒后，用操纵杆使钢筋缓缓下降，熔化量达到规定值（用标尺控制）后，断开电路并用力迅速顶压，挤出熔渣和熔化金属，形成坚实的焊接接头，待冷却 $1\sim3\text{min}$ 后，打开焊剂盒卸下夹具，敲去熔渣。

电渣压力焊的外观检查：要求接头的四周金属浆饱满均匀，没有裂纹、气孔、咬边和烧伤；钢筋接头轴线弯折角不大于 $4°$；上下钢筋轴线偏移不超过 $0.1d_0$ 且不大于 2mm。强度检查（拉力试验）的要求与闪光对焊接头相同。

5. 钢筋的机械连接

钢筋机械连接是指通过连接件的机械咬合作用或钢筋端面的承压作用，将一根钢筋中的力传递至另一根钢筋的连接方法。

（1）一般规定

钢筋连接宜选用机械连接接头，优先采用直螺纹接头。钢筋机械连接方法分类及适用范围见表 2-9。

钢筋机械连接方法分类及适用范围　　　表 2-9

机械连接方法		适用范围	
		钢筋级别	钢筋直径(mm)
钢筋套筒挤压连接		HRB335、HRB400 HRBF335、HRBF400 HRB335E、HRBF335E、 HRB400E、HRBF400E RRB400	16～40 16～40
钢筋镦粗直螺纹套筒连接		HRB335、HRBF335、 HRB400、HRBF400 HRB335E、HRBF335E、 HRB400E、HRBF400E	16～40
钢筋滚轧直螺纹连接	直接滚轧	HRB335、HRB400、RRB400	16～40
	挤肋滚轧	HRBF335、HRBF400 HRB335E、HRBF335E、 HRB400E、HRBF400E	16～40
	剥肋滚轧		16～40

（2）钢筋套筒挤压连接

钢套筒的材料宜选用强度适中、延性好的优质钢材，其实测力学性能应符合下列要求：屈服强度 $\sigma_s = 225 \sim 350N/mm^2$，抗拉强度 $\sigma_b = 375 \sim 500N/mm^2$，延伸率 $\delta_5 \geqslant 20\%$，硬度 $HRB = 102 \sim 133$。钢套筒的屈服承载力和抗拉承载力的标准值不应小于被连接钢筋的屈服承载力和抗拉承载力标准值的 1.10 倍。

连接套筒进场必须有产品合格证；套筒的几何尺寸应满足设计图纸要求，与机械连接工艺技术配套选用，套筒表面不得有裂缝、折叠、结疤等缺陷；套筒应有保护盖，有明显的规格标记；并应分类包装存放，不得露天存放，不得混淆，防止锈蚀和油污。

（3）钢筋锥螺纹套筒连接

钢筋锥螺纹套筒连接是将两根待接钢筋端头用套丝机做出锥形外丝，然后用带锥形内丝的套筒将钢筋两端拧紧的钢筋连接方法。

（4）钢筋镦粗直螺纹套筒连接

钢筋镦粗直螺纹套筒连接是先将钢筋端头镦粗，再切削成直螺纹，然后用带直螺纹的套筒将钢筋两端拧紧的钢筋连接方法。钢筋端部经冷镦后不仅直径增大，使套丝后丝扣底部横截面积不小于钢筋原截面积，而且由于冷镦后钢材强度的提高，致使接头部位有很高的强度，断裂均发生母材，达到 S_A 级接头性能的要求。

6. 钢筋滚压直螺纹套筒连接

钢筋滚压直螺纹套筒连接是利用金属材料塑性变形后冷作硬化增强金属材料强度的特性，使接头与母材等强的连接方法。根据滚压直螺纹成型方式，又可分为直接滚压螺纹、挤压肋滚压螺纹、剥肋滚压螺纹三种类型。

7. 钢筋的安装

（1）钢筋的现场绑扎

1）准备工作

① 核对成品钢筋的钢号、直径、形状、尺寸和数量等是否与料单料牌相符。如有错漏，应纠正增补。

② 准备绑扎用的铁丝、绑扎工具（如钢筋钩、带扳口的小撬棍），绑扎架等。

钢筋绑扎用的铁丝，可采用20～22号铁丝，其中22号铁丝只用于绑扎直径12mm以下的钢筋。铁丝长度只要满足绑扎要求即可，一般是将整捆的铁丝切割为3～4段。

③ 准备控制混凝土保护层用的水泥砂浆垫块或塑料垫块、塑料支架等。

水泥砂浆垫块的厚度，应等于保护层厚度。垫块的平面尺寸：当保护层厚度等于或小于20mm时为30mm×30mm，大于20mm时为50mm×50mm。当在垂直方向使用垫块时，可在垫块中埋入铁丝。

塑料卡的形状有两种：塑料垫块和塑料环圈，见图2-32。塑料垫块用于水平构件（如梁、板），在两个方向均有凹槽，以便适应两种保护层厚度。塑料环圈用于垂直构件（如柱、墙），使用时钢筋从卡嘴进入卡腔；由于塑料环圈有弹性，可使卡腔的大小能适应钢筋直径的变化。

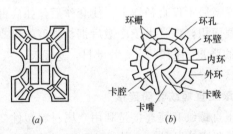

图2-32　控制混凝土保护层用的塑料卡
(a) 塑料垫块；(b) 塑料环圈

④ 划出钢筋位置线。平板或墙板的钢筋，在模板上划线；柱的箍筋，在两根对角线主筋上划点；梁的箍筋，则在架立筋上划点；基础的钢筋，在两向各取一根钢筋划点或在垫层上划线。

⑤ 绑扎形式复杂的结构部位时，应先研究逐根钢筋穿插就位的顺序，并与模板工联系讨论支模和绑扎钢筋的先后次序，以减少绑扎困难。

2）钢筋绑扎接头

钢筋的接头不宜位于钩件最大弯矩处，钢筋搭接部分的末端距钢筋弯折处的距离，不得小于钢筋直径的 10 倍。在受拉区域内的 HPB300 级钢筋搭接部分的末端应做弯钩；而 HRB335、HRB400 级钢筋因表面有螺纹可不做弯钩。钢筋搭接部分的两端和中间都应用钢丝绑牢。绑扎接头的搭接长度应符合施工质量验收规范的规定。

① 当纵向受拉钢筋的绑扎搭接接头面积百分率不大于 25% 时，其最小搭接长度应符合表 2-10 的规定。

② 当纵向受拉钢筋搭接接头面积百分率大于 25%，但不大于 50% 时，其最小搭接长度应按表 2-10 中的数值乘以系数 1.2 取用；当接头面积百分率大于 50% 时，应按表 2-10 中的数值乘以系数 1.35 取用。

纵向受拉钢筋的最小搭接长度　　　　表 2-10

钢　筋　类　型		混凝土强度等级			
		C15	C20～C25	C30～C35	≥C40
光圆钢筋	HPB300 级	$45d$	$35d$	$30d$	$25d$
带肋钢筋	HRB335 级	$55d$	$45d$	$35d$	$30d$
	HRB400 级、RRB400 级	—	$55d$	$40d$	$35d$

注：两根直径不同钢筋的搭接长度，以较细钢筋的直径计算。

③ 当符合下列条件时，纵向受拉钢筋的最小搭接长度应根据第①条和第②条确定后，按下列规定进行修正：

（a）当带肋钢筋的直径大于 25mm 时，其最小搭接长度应按相应数值乘以系数 1.1 取用；

（b）对环氧树脂涂层的带肋钢筋，其最小搭接长度应按相应数值乘以系数 1.25 取用；

（c）当在混凝土凝固过程中受力钢筋易受扰动时（如滑模施工），其最小搭接长度应按相应数值乘以系数 1.1 取用；

（d）对末端采用机械锚固措施的带肋钢筋，其最小搭接长度可按相应数值乘以系数 0.7 取用；

（e）当带肋钢筋的混凝土保护层厚度大于搭接钢筋直径的 3 倍且配有箍筋时，其最小搭接长度可按相应数值乘以系数 0.8 取用；

（f）对有抗震设防要求的结构构件，其受力钢筋的最小搭接长度对一、二级抗震等级应按相应数值乘以系数 1.15 采用；对三级抗震等级应按相应数值乘以系数 1.05 采用。

在任何情况下，受拉钢筋的搭接长度不应小于 300mm。

④ 纵向受压钢筋搭接时，其最小搭接长度应根据第①条至第③条的规定确定相应数值后，乘以系数 0.7 取用。在任何情况下，受压钢筋的搭接长度不应小于 200mm。

焊接的钢筋网片用绑扎方法连接时，在受力钢筋方向的搭接长度，应符合表 2-11 的规定；非受力钢筋方向搭接长度不宜小于 100mm。

受拉焊接网片绑扎接头的搭接长度　　表 2-11

钢 筋 类 型		混凝土强度等级		
		C20	C25	高于 C25
HPB300 级钢筋		$30d_0$	$25d_0$	$20d_0$
月牙纹	HRB335 级钢筋	$40d_0$	$35d_0$	$30d_0$
	HRB400 级钢筋	$45d_0$	$40d_0$	$35d_0$
冷拔低碳钢丝		250mm		

注：1. 受压区接网片的搭接长度可取表中数值的 0.7 倍；

2. 螺纹钢筋直径 d_0 不大于 25mm 时，其搭接长度应按表中值减少 $5d_0$；

3. 受拉区不得小于 250mm，受压区不得小于 200mm。

受力钢筋绑扎接头位置应相互错开，从任一绑扎接头中心至搭接长度的 1.3 倍区段范围内，绑扎接头的受力钢筋截面积占受力钢筋总截面面积的百分率，应符合如下规定：

受拉区不得超过 25%；

受压区不得超过 50%。

焊接钢筋网片在构件宽度方向，其接头位置应错开。在绑扎接头的搭接长度区段内，有绑扎接头的受力筋截面积不得超过受力钢筋总截面面积的 50%。上述规定目的是避免接头弱点过于集中。

安装钢筋时，钢筋级别、直径、根数和间距均应符合设计规定。

钢筋安装位置的偏差应符合表 2-12 的规定。

钢筋安装位置的允许偏差和检验方法　　　表 2-12

项　　目			允许偏差 (mm)	检验方法
绑扎钢筋网	长、宽		±10	钢尺检查
	网眼尺寸		±20	钢尺量连续三档，取最大值
绑扎钢筋骨架	长		±10	钢尺检查
	宽、高		±5	钢尺检查
	间距		±10	钢尺量两端、中间各一点，取最大值
	排距		±5	
	保护层厚度	基础	±10	钢尺检查
		柱、梁	±5	钢尺检查
		板、墙、壳	±3	钢尺检查
绑扎箍筋、横向钢筋间距			±20	钢尺量连续三档，取最大值
钢筋弯起点位置			20	钢尺检查
预埋件	中心线位置		5	钢尺检查
	水平高差		+3,0	钢尺和塞尺检查

注：1. 检查预埋件中心线位置时，应沿纵、横两个方向量测，并取其中的较大值；

　　2. 表中梁类、板类构件上部纵向受力钢筋保护层厚度的合格点率应达到 90% 及以上，且不得有超过表中数值 1.5 倍的尺寸偏差。

（2）钢筋网与钢筋骨架安装

1）绑扎钢筋网与钢筋骨架安装

钢筋网与钢筋骨架的分段（块），应根据结构配筋特点及起重运输能力而定。一般钢筋网以两个方向的边长均不超过 5m 为宜；钢筋骨架的分段长度宜为 6～12m。

钢筋网与钢筋骨架，为防止在运输和安装过程中发生歪斜变形，应采取临时加固措施。

钢筋网与钢筋骨架的吊点，应根据其尺寸、重量及刚度而定。宽度大于 1m 的水平钢筋网宜采用四点起吊；跨度小于 6m 的钢筋骨架宜采用二点起吊，跨度大、刚度差的钢筋骨架宜采用横吊梁（铁扁担）四点起吊。为了防止吊点处钢筋受力变形，可采取兜底吊或加短钢筋。

2）钢筋焊接网安装

进场的钢筋焊接网宜按施工要求堆放，并应有明显的标志，防止错用。

对两端须插入梁内锚固的焊接网，当网片纵向钢筋较细时，可利用网片的弯曲变形性能，先将焊接网中部向上弯曲，使两端能先后插入梁内，然后铺平网片；当钢筋较粗焊接网不能弯曲时，可将焊接网的一端少焊 1～2 根横向钢筋，先插入该端，然后退插另一端，必要时可采用绑扎方法补回所减少的横向钢筋。

钢筋焊接网安装时，下部网片应设置保护层垫块，其间距应根据焊接钢筋网的规格大小适当调整，一般为 500～1000mm。

双层钢筋网之间应设置钢筋马凳或支架，以控制两层钢筋网间的间距。马凳或支架间距一般为 500～1000mm。

（3）植筋施工

在钢筋混凝土结构上钻出孔洞，注入胶粘剂，植入钢筋，待其固化后即完成植筋施工。植筋方法具有工艺简单、工期短、造价省、操作方便、劳动强度低、质量易保证等优点。

1）钢筋胶粘剂

植筋用的胶黏剂必须选用改性环氧类和改性乙烯基酯类（包括改性氨基甲酸酯）的胶黏剂，胶黏剂性能必须符合《混凝土结构加固设计规范》(GB 50367) 的规定。

当植筋的直径大于 22mm 时，应采用《混凝土结构加固设计规范》(GB 50367) 规定的 A 级胶。

2）植筋用孔径与孔深

承重结构植筋的锚固深度必须经设计计算确定，严禁按短期拉拔试验值或厂商技术手册的推荐值采用。

按构造要求植筋时，其最小锚固长度应符合有关构造要求。钻孔直径按表 2-13 确定。

钢筋直径与钻孔直径设计值　　　　　表 2-13

钢筋直径 d(mm)	钻孔直径 D(mm)	钢筋直径 d(mm)	钻孔直径 D(mm)
12	15	22	28
14	18	25	31
16	20	28	35
18	22	32	40
20	25	—	—

3）植筋施工方法

植筋施工过程：钻孔→清孔→注胶→安装钢筋→凝胶。

钻孔使用配套冲击电钻。钻孔时，孔洞间距与孔洞深度应满足设计要求。

用空压机或手动气筒彻底吹净孔内碎渣和粉尘，再用丙酮擦拭孔道，并保持孔道干燥。

向孔内注胶黏剂，胶的数量应满足锚固要求。

将钢筋插入孔内，进行临时固定，并按照厂家提供的养护条件进行固化养护，固化期间禁止扰动。

2.2.2　混凝土工程

混凝土工程包括：配料、搅拌、运输、浇筑、振捣和养护等主要施工过程。其施工工艺流程如图 2-33。

1. 混凝土的组成材料

（1）水泥

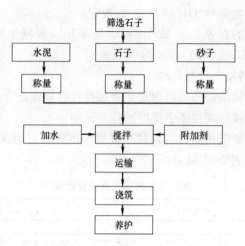

图 2-33　混凝土工程工艺流程

常用的水泥有：硅酸盐水泥、普通硅酸盐水泥、矿渣硅酸盐水泥、火山灰质硅酸盐水泥、粉煤灰硅酸盐水泥和复合硅酸盐水泥。

水泥品种与强度等级应根据设计、施工要求，以及工程所处环境条件选择。

普通混凝土宜选用通用硅酸盐水泥；有特殊需要时，也可以选用其他品种水泥。

有抗渗、抗冻融要求的混凝土，宜选用硅酸盐水泥或普通硅酸盐水泥。

处于潮湿环境的混凝土结构，当使用碱活性骨料时，宜采用低碱水泥。

（2）砂

按加工方法可分天然砂、人工砂和混合砂。由自然条件作用而形成的，公称粒径在 5mm 以下的岩石颗粒，称为天然砂。天然砂可为河砂、海砂和山砂。由岩石经除土开采、机械破碎、筛分而成的，公称粒径在 5mm 以下的岩石颗粒，称为人工砂。由天然砂与人工砂按一定比例组合而成的砂为混合砂。

按细度模数不同，砂分为粗砂、中砂、细砂和特细砂。

制备混凝土拌合物时，宜选用级配良好、质地坚硬、颗粒洁净的天然砂、人工砂和混合砂。

（3）石子

普通混凝土所用的石子可分为碎石和卵石。由天然岩石或卵石经破碎、筛分而得的公称粒径大于 5mm 的岩石颗粒，称为碎石；由自然条件作用而形成的公称粒径大于 5mm 的岩石颗粒，称为卵石。

制备混凝土拌合物时，宜选用粒形良好、质地坚硬、颗粒洁净碎石或卵石。碎石或卵石宜采用连续粒级，也可采用单粒级组合成满足要求的连续粒级。

（4）水

一般符合国家标准的生活饮用水，可直接用于拌制、养护各种混凝土。其他来源的水使用前，应按有关标准进行检验后方可使用。

海水可用于拌制素混凝土，但未经处理的海水严禁用于拌制钢筋混凝土、预应力混凝土。有饰面要求的混凝土也不应用海水拌制。

水质检验、水样取样、检验期限和频率应符合现行行业标准《混凝土用水标准》（JGJ 63）的有关规定。

（5）矿物掺合料

矿物掺合料是混凝土的主要组成材料，它起改善混凝土性能的作用。在混凝土中加入适量的掺合料，可以起到降低温升，改善工作性，增进后期强度，改善混凝土内部结构，提高耐久性，节约资源等作用。

掺合料分为粉煤灰、粒化高炉矿渣粉、沸石粉和硅灰。

矿物掺合料的选用应根据设计、施工要求，以及工程实际情况选用。

（6）外加剂

在混凝土拌合过程中掺入，并能按要求改善混凝土性能，一般不超过水泥质量的 5%（特殊情况除外）的材料称为混凝土外加剂。

混凝土外加剂按其主要功能分为：

改善混凝土拌合物流动性能的外加剂：包括各种减水刘、引气剂和泵送剂等。

调节混凝土凝结时间、硬化性能的外加剂：包括缓凝剂、早强剂、速凝剂等。

改善混凝土耐久性的外加剂：包括引气剂、防水剂、和阻锈剂等。

改善混凝土其他性能外加剂：包括引气剂、膨胀剂、防冻剂等。

2. 混凝土运输

混凝土水平运输一般指混凝土从搅拌机中卸出来后，运至浇筑地点的地面运输。远距离多采用混凝土搅拌运输车，可保证混凝土经长途运输后，仍不产生离析现象；近距离多采用小型机动翻斗车，具有轻便灵活、结构简单、转弯半径小、速度快、能自动卸料、操作维护简便等特点。

施工现场的混凝土垂直运输，一般多采用混凝土料斗利用塔式起重机或井架提升转送至浇筑地点。有条件的可采用混凝土泵进行输送。为了保证混凝土工程质量，运输时应符合施工及验收规范以下有关规定：

（1）混凝土在运输过程中，不应产生分层、离析现象，也不得漏浆和失水。

（2）混凝土的运输应以最少的转运次数、最短的运输时间，从搅拌地点输送到浇筑地点，不得达到水泥初凝时间。

（3）混凝土运输工作应能保证混凝土浇筑工作连续进行，配备运输工具应考虑运输与浇筑效率的协调一致。

（4）采用泵送混凝土时，应使混凝土供应、输送和浇筑的效率协调一致，原则上应保证泵送工作连续进行，防止泵的管道阻塞。混凝土从搅拌机中卸出至浇筑完毕的延续时间见表 2-14。

混凝土从搅拌机中卸出至浇筑完毕的延续时间 (min)

表 2-14

气温	延续时间(min)			
	采用搅拌车		其他运输方式	
	≤C30	>C30	≤C30	>C30
≤25℃	120	90	90	75
>25℃	90	60	60	45

3. 混凝土浇筑

混凝土浇筑包括浇筑和振捣两个过程。保证浇筑混凝土的匀质性和振捣的密实性是确保工程质量的关键。混凝土浇筑应做好以下几项施工工作。

(1) 混凝土浇筑前的检查与准备

混凝土浇筑前应对模板和支架进行检查，包括模板支搭的形状、尺寸和标高；支架的稳定性；模板缝隙、孔洞封闭情况；预埋件的位置、数量和牢靠程度等。必须保证模板在混凝土浇筑过程中不产生位移或松动。

还要检查钢筋的种类、规格、数量、弯折和接头位置、搭接长度等。同时还需检查预埋管道和钢筋保护层厚度。检查结果应填入隐检记录。

清理模板内的杂物，木模应浇水润湿以防过多吸收水泥浆，造成混凝土保护层的疏松。木模吸水后膨胀挤严拼缝，可避免漏浆。

准备好浇筑混凝土时必需的道路、脚手架等。做好技术与安全交底工作。

(2) 混凝土的浇筑

混凝土浇筑应保证混凝土的均匀性，不得产生骨料与水泥浆的分离；并应有利于混凝土的振捣，有利于混凝土结构的整体性。因此，浇筑混凝土时应控制投料高度和选择正确的投料方法，采用分层浇筑工艺，正确留设施工缝等，才能保证混凝土浇筑质量。

1）混凝土的自由下落高度

浇筑混凝土时为避免产生离析现象，施工及验收规范规定：混凝土从料斗向模内倾落的自由高度不应超过 2m。下落高度超过上述限值时，应采用溜槽或串筒，防止混凝土产生离析现象。溜槽一般用木板制作外包镀锌薄钢板，使用时其水平倾角不宜超过 30°。串筒用薄钢板制成，每节长度约 700mm，用钩环串联起来，筒内设有缓冲挡板。串筒使用方法如图 2-34。

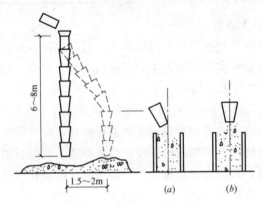

图 2-34　串筒使用方法示意图

(a) 不正确的用法；(b) 正确的用法

2）混凝土的分层浇筑

混凝土一次浇筑厚度与混凝土种类、捣实混凝土的方法有关。当构件截面高度超过振捣器作用深度时，应分层浇筑和振捣，以保证混凝土的密实度。分层浇筑时混凝土浇筑层的厚度应符合表 2-15 的规定。但在分层浇筑时，要保证各层之间连为一体，应在下一浇筑层凝结前将上一层混凝土浇捣完毕。

混凝土浇筑层的厚度　　　　　　　　　　　表 2-15

捣实混凝土的方法	浇筑层的厚度（mm）
插入式振捣	振捣器作用部分长度的 1.25 倍
表面振捣	200

捣实混凝土的方法		浇筑层的厚度（mm）
人工振捣		
(1)在基础、无筋混凝土或配筋少的结构中		250
(2)在梁、墙板、柱结构中		200
(3)在配筋密列的结构中		150
轻骨料混凝土	插入式振捣	300
	表面振捣（加荷）	200

3）墙、柱混凝土的浇筑

墙、柱混凝土一般投料高度大，又有钢筋阻挡，所以混凝土拌合物容易分散离析，石子易于集中墙、柱的底部。因此，浇筑混凝土前，墙、柱底部应先填 50～100mm 厚与混凝土相同的水泥砂浆，保证混凝土达到匀质的要求。墙、柱浇筑高度超过 3m 时，应采用串筒或溜管送下混凝土，防止混凝土离析。

4）梁、板混凝土的浇筑

一般情况下梁、板混凝土应同时浇筑，以利于梁板整体性。但当梁的高度大于 1m 时，也可以单独浇筑。

在浇筑同柱或墙连为整体的梁和板时，应在柱或墙的混凝土浇筑完毕后 1～1.5h，待其初步沉实，再继续浇筑梁和板的混凝土。否则，会在梁与柱的连接处产生裂缝。

5）施工缝

混凝土的浇筑应连续进行，尽量缩短间歇时间。其允许的间歇时间与水泥品种和硬化时的气温有关，一般不得超过表 2-16 的规定。如果不得已中断且间歇时间超过表 2-16 的规定时，则应留置施工缝。

混凝土的凝结时间 （min）　　　　　　表 2-16

混凝土强度等级	气温（℃）	
	低于 25	高于 25
≤C30	210	180
>C30	180	150

注：本表数值包括混凝土的运输和浇筑时间。

① 施工缝的位置。浇筑混凝土前，应预先确定施工缝的位置。施工缝应留在结构受剪力较小且便于施工的部位。一般柱应留水平缝，梁、板和墙应留垂直缝，施工缝留设具体位置如下：

柱施工缝留在基础顶面、梁或吊车梁牛腿的下面、吊车梁的上面和无梁楼盖柱帽下面；

与板连接为一体的大截面梁，施工缝应留在板底面以下 20～30mm 处；

单向板留在平行于板的短边的任何位置；

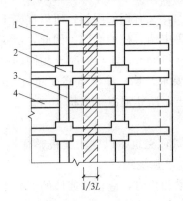

图 2-35　肋形楼盖的施工缝
1—楼板；2—柱；3—主梁；4—次梁

有主次梁的楼盖，宜顺着次梁方向浇筑，施工缝留在次梁跨度的中间 1/3 范围内，见图 2-35。

② 施工缝的处理。在施工缝处继续浇筑混凝土时，已浇筑的混凝土抗压强度不应小于 1.2N/mm²，以抵抗继续浇筑混凝土时的扰动。应清除施工缝处的浮浆和松动石子，洒水润湿冲刷干净，然后浇水泥浆或与混凝土成分相同的水泥砂浆一层，最后继续浇筑混凝土，但应注意不得振动钢筋，使接槎处混凝土密实。

（3）混凝土的振捣

新拌混凝土混合物注入模板后，由于骨料和砂浆之间摩阻力与粘结力作用，混凝土流动性很低，不能自动充满模板内各角落，在疏松的混凝土内部存在较多空隙和空气，达不到混凝土密实度要求，必须进行适当的振捣。促使混合物克服阻力并逸出气泡消除空隙，使混凝土满足设计强度等级要求和足够的密实度。

混凝土的振捣方法分人工振捣和机械振捣两种，以机械振捣的效果最佳。人工振捣作为辅助。机械振捣常用表面振动器、内部振动器和附着式振动器。

采用振动器捣实混凝土时，应符合施工及验收规范的下列要求：

1）每一振点的振捣延续时间，应以使混凝土密实为准，即表面呈现浮浆和混凝土不再下沉。振捣时间过短或过长均不利，如果振捣时间过短，混凝土拌合物内的空气排出不净且空隙较多，将影响混凝土的密实度；如果振捣时间过长，则混凝土容易离析，石子降至下部较多而上部砂浆较多，影响混凝土的匀质性，并容易产生漏浆和蜂窝麻面。

2）采用内部振动器振捣普通混凝土，振动器插点的移动距离不宜大于其作用半径的 1.5 倍；振捣轻骨料混凝土时的插点间距则不大于其作用半径的 1 倍；振动器距离模板不应大于其作用半径的 1/2。这样规定的目的是使振动器的作用半径全面覆盖整个混凝土，无振动的遗漏点。插点的布置方式分为行列式和交错式两种，见图 2-36。

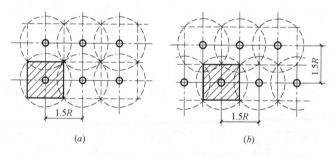

图 2-36　插点排列方式
（a）行列式；（b）交错式

交错式为使分层浇筑的上下层混凝土结合为整体，振捣时振动器应插入下面一层的混凝土中，深度一般不少于 50mm，如图 2-37。此外，振动器应尽量避免碰撞钢筋、模板、芯管和预埋件等，以防止影响模板的几何尺寸和混凝土与钢筋的牢靠结合。

3）采用表面振动器的移动距离，应能保证振动器的平板压

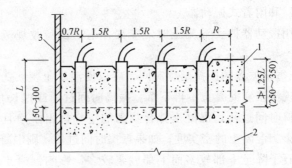

图 2-37　内部振动器插入深度

1—新浇筑层；2—已浇筑层；3—模板

过已振实的混凝土边缘，一般压边 30～50mm。在一个停放点连续振动时间约为 25～40s，以混凝土表面均出现浮浆为准。表面振动器一般有效作用深度为 200mm。表面振动器振实后应紧跟着抹平。

4）采用振动台振实干硬性混凝土和轻骨料混凝土时，宜采用加压振动的方法，加压重 1000～3000N/m²，以加速混凝土的密实。

4. 混凝土养护

（1）自然养护

混凝土浇筑后，应提供良好的温度和湿度环境，保证混凝土能正常凝结和硬化。自然养护是在常温下（平均气温不低于 5℃）选择适当的覆盖材料并洒适量的水，使混凝土在规定的时间内保持湿润环境。自然养护应符合下列规定：

1）混凝土浇筑完毕后，应在 12h 以内覆盖并开始洒水养护；

2）洒水养护的期限与水泥的品种有关。普通硅酸盐水泥和矿渣硅酸盐水泥拌制的混凝土不得少于 7d，掺用缓凝型外加剂或有抗渗要求的混凝土不得少于 14d。

3）洒水次数以能保持混凝土湿润状态为准。水化初期水泥化学反应较快，水分应充分，故洒水次数多些，气温较高时也需多洒水。应避免因缺水造成混凝土表面硬化不良而松散粉化，混凝土的养护用水应与拌制用水相同。

4）采用塑料布覆盖养护的混凝土，其敞露的全部表面应覆盖严密，并应保持塑料布内有凝结水。

5）混凝土养护过程中，在混凝土强度达到 $1.2N/mm^2$ 以前，不准许在上面安装模板及支架，以免振动和破坏正在硬化过程中混凝土的内部结构。

注：1. 当日平均气温低于 5℃ 时，不得浇水；

2. 当采用其他品种水泥时，混凝土的养护时间应根据所采用水泥的技术性能确定；

3. 混凝土表面不便浇水或使用塑料布时，宜涂刷养护剂；

4. 对大体积混凝土的养护，应根据气候条件按施工技术方案采取控温措施。

（2）加热养护

混凝土加热养护法主要有蓄热法、蒸汽加热法、暖棚法和电热法。这一类冬期施工方法，实质上是利用不同的手段创造一个正温环境，来保证新浇筑的混凝土强度能够正常地增长，甚至可以加速硬化。这样能够保证冬期混凝土施工质量，但是施工费用增加较多，应通过技术经济比较后确定。

1）蓄热法施工

蓄热法是利用混凝土原材料加热，使混凝土拌合物具有一定的初温度，再加上混凝土中水泥的水化热，创造了混凝土在正温度下硬化的条件。混凝土浇筑后用保温材料覆盖加以保温，使混凝土冷却到零度前，达到混凝土冬施的"临界强度"。

蓄热法只适用于室外平均气温不低于 -10℃ 条件下的混凝土施工。

2）蒸汽加热法

蒸汽加热法施工是在平均气温很低或构件的表面系数很大时采用。可利用低压饱和蒸汽养护混凝土，在较短的时间内获得较高的强度。常用的是内部通汽法，即在混凝土构件内部预留孔道，将蒸汽通入孔道加热养护混凝土。蒸汽养护后孔道用水泥砂浆填实。内部通汽法节省蒸汽，温度容易控制，费用较低，但是，应注意冷凝水的处理。

5. 混凝土的冬期施工

根据施工及验收规范规定：根据当地多年的气温资料，室外日平均气温连续 5d 稳定低于 5℃时，混凝土及钢筋混凝土工程施工，应按冬期施工有关规定进行。

（1）冬期施工特点

混凝土冬期施工的关键问题是如何解决冻结对混凝土正常硬化的影响，保证其工程质量。

冬期施工在气温降至零度以下时，对混凝土中水的状态影响极大。一般混凝土中的游离水在 -2℃时结冰，化合水在 -4℃时结冰，此时水即由液态转入固态。化合水一旦结冰，水泥的水化作用将停止进行，混凝土的强度停止增长。同时，游离水与化合水的体积因结冰而膨胀约 0.09 倍，因而在混凝土内部形成强大的冰胀应力，当混凝土硬化强度低于冰胀力时，混凝土的内部结构将因冻胀而破坏，出现裂缝，严重影响混凝土的强度。

（2）混凝土工程冬期施工方法

混凝土冬期施工的方法，应根据全国各地冬期平均气温的具体条件选择。

1）蓄热法、蒸汽加热法、暖棚法和电热法

这一类冬期施工方法，实质上是利用不同的手段创造一个正温环境，来保证新浇筑的混凝土强度能够正常地增长，甚至可以加速硬化。这样能够保证冬期混凝土施工质量，但是施工费用增加较多，应通过技术经济比较后确定。

① 蓄热法施工。蓄热法是利用混凝土原材料加热，使混凝土拌合物具有一定的初温度，再加上混凝土中水泥的水化热，创造了混凝土在正温度下硬化的条件。混凝土浇筑后用保温材料覆盖加以保温，使混凝土冷却到零度前，达到混凝土冬施的"临界强度"。

蓄热法只适用于室外平均气温不低于 -10℃条件下的混凝土

施工。

蓄热法首先是根据对混凝土搅拌温度的要求，按混凝土原材料的比热大小和加热保温的难易，确定对哪种材料和加热的温度值。一般优先加热水，其次是加热砂，再次才是加热石子，水泥不加热只要保持正温即可。

② 蒸汽加热法。蒸汽加热法施工是在平均气温很低或构件的表面系数很大时采用。可利用低压饱和蒸汽养护混凝土，在较短的时间内获得较高的强度。常用的是内部通汽法，即在混凝土构件内部预留孔道，将蒸汽通入孔道加热养护混凝土。蒸汽养护后孔道用水泥砂浆填实。内部通汽法节省蒸汽，温度容易控制，费用较低，但是，应注意冷凝水的处理。此法宜用于截面较大的构件。

2）外加剂法

外加剂法的实质，是在搅拌混凝土时加入单一或复合型外加剂，使混凝土中的水在负温下保持液相状态，使水泥的水化作用能正常进行，混凝土在负温下其强度能持续地增长。只要严格按照规范和有关技术规定进行施工，完全可以保证冬期施工混凝土工程质量。外加剂法操作简单，耗费少，是常用的混凝土冬施方法。

外加剂的类型和掺入量的选择，必须通过试验决定。冬期浇筑混凝土宜采用引气型减水剂，其含气量应为 3‰～5‰，可以提高混凝土的抗冻性能。但含气量不能过大，否则会增加混凝土的孔隙率，从而影响混凝土的强度和耐久性。

在钢筋混凝土结构施工中，选用氯盐作外加剂时，应注意氯盐对钢筋的腐蚀作用，因此氯盐掺量不得超过水泥重量的 1%（按无水状态计算）。一般采用氯盐时应加入一定量的阻锈剂（如亚硝酸钠），以缓解氯盐对钢筋的腐蚀作用。掺氯盐的混凝土振捣要充分，保证混凝土的密实性，且不宜采用蒸汽养护。

（3）混凝土与钢筋混凝土冬期施工注意事项

1）钢筋的冷拉与焊接

冷拉钢筋可以在负温度下进行，但温度不宜低于－20℃，防止钢筋低温下变形时冷脆断裂。

冬期钢筋焊接应在室内进行，如必须在室外焊接时，其最低气温不宜低于－20℃，并应有防雪挡风措施。焊接完毕的接头严禁立即碰到冰雪，以避免骤冷产生裂纹。

2）混凝土的运输和浇筑

冬期运输和浇筑混凝土时，运输工具和容器应有保温措施，尽量减少热量损失。在采用加热法养护时，混凝土养护前的温度不得低于2℃。

冬期不得在强冻胀性的基土上浇筑混凝土，而在弱冻胀性基土上浇筑时，基土应进行保温以防遭冻，这些是基础混凝土冬施中的关键，必须严格遵守，否则，将可能产生基土降陷而影响结构的安全度。

装配式结构接头的浇筑，应先将结合处的表面加热至正温，以减少新浇混凝土的热量损失。浇筑后的接头混凝土在温度不超过45℃的条件下，应养护至设计要求的强度。当设计无具体规定时，应养护到设计强度等级的70%以上。为利于低温下混凝土硬化，接头混凝土内宜掺入无腐蚀钢筋作用的外加剂。

3）混凝土冬期施工的测温要求

混凝土冬期施工，应按日测定天气风雪、气温、原材料加热温度、混凝土温度以及各测温点的温度，并按规定表格做好测温记录。

混凝土搅拌的测温，每工作班至少测量四次原材料的加热、搅拌出料温度。混凝土入模后开始养护时的温度测定结果必须填入记录。

混凝土养护期间，室外气温及周围环境温度每昼夜至少定时定点测量四次。当采用蓄热法养护时，在养护期间混凝土的温度每昼夜检测四次。如采用蒸汽或电热加热法养护时，在升温和降温期间每小时测温一次，在恒温养护期间每两小时测温一次。以便于随时掌握混凝土养护期内的硬化温度变化，及时采取保障措施。

混凝土养护测温方法，应按冬施技术措施规定进行。在浇筑混凝土的结构构件上，按规定设置测温孔，全部测温孔均应编号，并绘制测温孔布置图，与测温记录相对应。测温时应使测温表与外界气温隔绝，真实反映混凝土内部实际温度。测温表在每个测孔内停留不少于 3min，使测得数值与混凝土温度一致。考虑测温孔时应使其位置具有一定的代表性。

6. 混凝土的质量检验

（1）混凝土与钢筋混凝土工程验收时，应提供下列资料：

1）设计变更和钢材代换证件；

2）原材料质量合格证件；

3）混凝土试块的试验报告及质量评定记录；

4）混凝土工程施工记录；

5）钢筋及焊接接头的试验数据；

6）隐蔽工程验收记录；

7）冬期施工热工计算及施工记录；

8）工程的重大问题处理文件；

9）竣工图及其他文件。

（2）检验评定混凝土强度用的混凝土试件混凝土强度试件应在混凝土的浇筑地点随机抽取。取样与试件留置应符合下列规定：

1）每 100m³ 的同配合比的混凝土，取样不得少于一次；混凝土不足 100m³ 时，取样不得少于一次；

2）当一次连续浇筑超过 1000m³ 时，同一配合比的混凝土每 200m³ 取样不得少于一次；

3）每一楼层、同一配合比的混凝土，取样不得少于一次；

4）每次取样应至少留置一组标准养护试件，同条件养护试件的留置组数应根据实际需要确定。

5）普通混凝土的物理力学性能和长期性能，耐久性能试验试块，除抗渗，疲劳试验外，均以 3 块为一组。

（3）钢筋混凝土结构工程的验收，除检查有关记录外，尚应进行外观检查。

现浇结构的外观质量缺陷，应由监理（建设）单位、施工单位等各方根据其对结构性能和使用功能影响的严重程度，按表2-17确定。

现浇结构尺寸允许偏差和检验方法　　　　表 2-17

名称	现　象	严重缺陷	一般缺陷
露筋	构件内钢筋未被混凝土包裹而外露	纵向受力钢筋有露筋	其他钢筋有少量露筋
蜂窝	混凝土表面缺少水泥砂浆而形成石子外露	构件主要受力部位有蜂窝	其他部位有少量蜂窝
孔洞	混凝土中孔穴深度和长度均超过保护层厚度	构件主要受力部位有孔洞	其他部位有少量孔洞
夹渣	混凝土中夹有杂物且深度超过保护层厚度	构件主要受力部位有夹渣	其他部位有少量夹渣
疏松	混凝土中局部不密实	构件主要受力部位有疏松	其他部位有少量疏松
裂缝	缝隙从混凝土表面延伸至混凝土内部	构件主要受力部位有影响结构性能或使用功能的裂缝	其他部位有少量不影响结构性能或使用功能的裂缝
连接部位缺陷	构件连接处混凝土缺陷及连接钢筋、连接件松动	连接部位有影响结构传力性能的裂缝	连接部位有基本不影响结构传力性能的缺陷
外形缺陷	缺棱掉角、棱角不直、翘曲不平、飞边凸肋等	清水混凝土构件有影响使用功能或装饰效果的外形缺陷	其他混凝土构件有不影响使用功能的外形缺陷
外表缺陷	构件表面麻面、掉皮、起砂、玷污等	具有重要装饰效果的清水混凝土构件有外表缺陷	其他混凝土构件有不影响使用功能的外表缺陷

现浇结构拆模后，应由监理（建设）单位、施工单位对外观

质量和尺寸偏差进行检查，作出记录，并应及时按施工技术方案对缺陷进行处理。

现浇结构和混凝土设备基础拆模后的尺寸偏差应符合表2-18、表2-19的规定。

现浇结构尺寸允许偏差和检验方法　　　　表2-18

项　　目			允许偏差(mm)	检 验 方 法
轴线位置	基础		15	钢尺检查
	独立基础		10	
	墙、柱、梁		8	
	剪力墙		5	
垂直度	层高	≤5m	8	经纬仪或吊线、钢尺检查
		>5m	10	经纬仪或吊线、钢尺检查
	全高(H)		H/1000且≤30	经纬仪、钢尺检查
标高	层高		±10	水准仪或拉线、钢尺检查
	全高		±30	
截面尺寸			+8,−5	钢尺检查
电梯井	井筒长、宽对定位中心线		+25,0	钢尺检查
	井筒全高(H)垂直度		H/1000且≤30	经纬仪、钢尺检查
表面平整度			8	2m靠尺和塞尺检查
预埋设施中心线位置	预埋件		10	钢尺检查
	预埋螺栓		5	
	预埋管		5	
预留洞中心线位置			15	钢尺检查

注：检查轴线、中心线位置时，应沿纵、横两个方向量测，并取其中的较大值。

混凝土设备基础尺寸允许偏差和检验方法　　　表2-19

项　　目	允许偏差(mm)	检 验 方 法
坐标位置	20	钢尺检查
不同平面的标高	0,20	水准仪或拉线、钢尺检查
平面外形尺寸	±20	钢尺检查

项　目		允许偏差(mm)	检验方法
凸台上平面外形尺寸		0，－20	钢尺检查
凹穴尺寸		＋20，0	钢尺检查
平面水平度	每米	5	水平尺、塞尺检查
	全长	10	水准仪或拉线、钢尺检查
垂直度	每米	5	经纬仪或吊线、钢尺检查
	全高	10	
预埋地脚螺栓	标高(顶部)	＋20，0	水准仪或拉线、钢尺检查
	中心距	±2	钢尺检查
预埋地脚螺栓孔	中心线位置	10	钢尺检查
	深度	＋20，0	钢尺检查
	孔垂直度	10	吊线、钢尺检查
预埋活动地脚螺栓锚板	标高	＋20，0	水准仪或拉线、钢尺检查
	中心线位置	5	钢尺检查
	带槽锚板平整度	5	钢尺、塞尺检查
	带螺纹孔锚板平整度	2	钢尺、塞尺检查

注：检查坐标、中心线位置时，应沿纵、横两个方向量测，并取其中的较大值。

2.3　预应力混凝土工程

预应力混凝土结构构件，较普通钢筋混凝土结构改善了受拉区混凝土的受力性能，充分发挥了高强钢材的受拉性能，从而提高了钢筋混凝土结构刚度、抗裂度和耐久性，减轻了结构自重。

预应力混凝土的施工工艺，有先张法、后张法、后张自锚法和电热法多种。而以先张法和后张法应用较多，工艺较典型。

采用机械方法进行张拉的先张法与后张法，预应力钢筋张拉和固定均需用夹具或锚具。通常把永久锚固在构件钢筋端部的称作锚具，主要用于后张法；将用于临时夹持预应力筋，在浇筑混凝土达到强度后可以取下的称为夹具。有些锚具与夹具可以互换使用。

预应力混凝土施工所用机具设备目前常用的有液压拉伸机（由千斤顶、油泵和连接油管三部分组成），以及电动或手动张拉机等。此外还有预应力筋（丝）镦粗设备、刻痕及轧波设备，灌浆及测力设备等。

预应力混凝土强度等级不宜低于 C30，当采用碳素钢丝，钢绞线，热处理钢筋作为预应力筋时，混凝土强度等级不宜低于 C40。配制预应力混凝土所用的水泥强度等级宜比混凝土强度等级高 $10N/mm^2$。

2.3.1 预应力材料

1. 预应力筋品种与规格

预应力混凝土结构中的钢筋，有预应力钢筋和非预应力钢筋，其中非预应力钢筋多采用 HPB300 级、HRB400 级钢筋。预应力筋按材料类型可分为金属预应力筋和非金属预应力筋。非金属预应力筋，主要有碳纤维复合材料（CFRP）、玻璃纤维复合材料（GFRP）等，目前国内外在部分工程中有少量应用。在建筑结构中使用的主要是预应力高强钢筋。

预应力高强钢筋是一种特殊的钢筋品种，使用的都是高强度钢材。主要有钢丝、钢绞线、钢筋（钢棒）等。高强度低松弛预应力筋已成为我国预应力筋的主导产品。

目前工程中常用的预应力钢材品种有：

（1）预应力钢绞线，常用直径 A12.7、A15.2，极限强度1860MPa，作为主导预应力筋品种用于各类预应力结构。预应力钢绞线是由多根冷拉钢丝在绞线机上成螺旋形绞合，并经连续的稳定化处理 而成的总称。钢绞线的整根破断力大，柔性好，施工方便，在土木工程中的应用非常 广泛。预应力钢绞线按捻制结构不同可分为：1×2 钢绞线、1×3 钢绞线和 1×7 钢绞线等，外形示意见图 2-38。其中 1×7 钢绞线用途最为广泛，即适用先张法，又适用于后张法预 应力混凝土结构。它是由 6 根外层钢丝围绕着一根中心钢丝顺一个方向扭结而成。1×2 钢绞线和 1×

3 钢绞线仅用于先张法预应力混凝土构件。

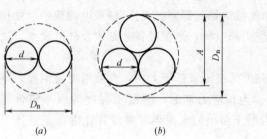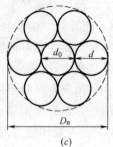

(a)   (b)   (c)

图 2-38 预应力钢绞线

(a) 1×2 钢绞线；(b) 1×3 钢绞线；(c) 1×7 钢绞线

d—外层钢丝直径；d_0—中心钢丝直径；D_n—钢绞

线公称直径；A—1×3 钢绞线测量尺寸

(2) 预应力钢丝，常用直径 A7、A9，极限强度 1470、1570、1860MPa，一般用于后张预应力结构或先张预应力构件。

(3) 预应力螺纹钢筋及钢拉杆等，预应力螺纹钢筋抗拉强度为 980MPa、1080MPa、1230MPa，主要用于桥梁、边坡支护等，用量较少。预应力钢拉杆直径一般在 A20～A210，抗拉强度为 375～850MPa，预应力钢拉杆主要用于大跨度空间钢结构、船坞、码头及坑道等领域。

(4) 不锈钢绞线，也称不锈钢索，是由一层或多层多根圆形不锈钢丝绞合而成，适用于玻璃幕墙等结构拉索，也可用于栏杆索等装饰工程。

2. 涂层与二次加工预应力筋

(1) 镀锌钢丝和钢绞线

镀锌钢丝是用热镀方法在钢丝表面镀锌制成。镀锌钢绞线的钢丝应在捻制钢绞线之前 进行热镀锌。镀锌钢丝和钢绞线的抗腐蚀能力强，主要用于缆索、体外索及环境条件恶劣的工程结构等。

(2) 环氧涂层钢绞线

通过特殊加工使每根钢丝周围形成一层环氧树脂保护膜制成。涂层厚度0.12～0.18mm。该保护膜对各种腐蚀环境具有优良的耐蚀性，同时这种钢绞线具有与母材相同的强度特性和粘结强度，且其柔软性与喷涂前相同。

（3）铝包钢绞线

由铝包钢单线组成，具有强度大、耐腐蚀性好、导电率高等优点，广泛用于高压架空电力线路的地线、千米级大跨越的输电线、铁道用承力索及铝包钢芯系列产品的加强单元等。

（4）无粘结钢绞线

以专用防腐润滑油脂涂敷在钢绞线表面上作涂料层并用塑料作护套的钢绞线制成。是一种在施加预应力后沿全长与周围混凝土不粘结的预应力筋。无粘结钢绞线主要用于后张预应力混凝土结构中的无粘结预应力筋，也可用于暴露、腐蚀或可更换要求环境中的体外索、拉索等。

（5）缓粘结钢绞线

用缓慢凝固的水泥基缓凝剂或特种树脂涂料涂敷在钢绞线表面上，并外包压波的塑料护套制成。这种缓粘结钢绞线既有无粘结预应力筋施工工艺简单，不用预埋管和灌浆作业，施工方便、节省工期的优点；同时在性能上又具有有粘结预应力抗震性能好、极限状态预应力钢筋强度发挥充分、节省钢材的优势，具有很好的结构性能和推广应用前景。

3. 其他材料

（1）制孔用管材

后张预应力结构及构件中预制孔用管材有金属波纹管（螺旋管）、薄壁钢管和塑料波纹管等。按照相邻咬口之间的凸出部（即波纹）的数量分为单波纹和双波纹；按照截面形状分为圆形和扁形（图2-39）；按照径向刚度分为标准型和增强型；按照表面处理情况分为镀锌金属波纹管和不镀锌金属波纹管。梁类构件宜采用圆形金属波纹管，板类构件宜采用扁形金属波纹管，施工周期较长或有腐蚀性介质环境的情况应选用镀锌金属波纹管。塑料波纹管宜用于曲率半径小及抗疲劳要求高的孔道。钢管宜用于竖向分段施工的孔道或钢筋过于密集，波纹管容易被挤扁或损坏的区域。金属波纹管的长度，由于运输的关系，每根长 4～6m，在施工现场采用接头连接 使用。由于波纹管重量轻，体积大，长途运输不经济。当工程用量大或没有波纹管供应的边远地区，可以在施工现场生产波纹管。

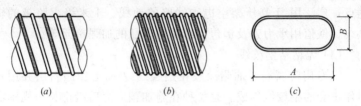

图 2-39 波纹管示意图

（a）圆形单波纹管；（b）圆形双波纹管；（c）扁形波纹管

（2）灌浆材料

对于后张有粘结预应力体系，预应力筋张拉后，孔道应尽快灌浆，可以避免预应力筋锈蚀和减少应力松弛损失。同时利用水泥浆的强度将预应力筋和结构构件混凝土粘结形成 整体共同工作，以控制超载时裂缝的间距与宽度并改善梁端锚具的应力集中状况。孔道灌浆宜采用强度等级不低于 42.5MPa 的普通硅酸盐水泥配制的水泥浆。

（3）防护材料

预应力端头描具封闭保护宜采用与结构构件同强度等级的细石混凝土，或采用微膨胀混凝土、无收缩砂浆等。无粘结预应力筋铺具封闭前，无粘结端头和锚具夹片应涂防腐蚀油脂，并安装配套的塑料防护帽，或采用全封闭锚固体系防护系统。

2.3.2 锚具设备

1. 预应力混凝土结构常用锚具种类

常见的锚（夹）具种类很多，本节只介绍几种典型锚具，以便了解其简单形式和用途。

（1）螺丝端杆锚具

螺丝端杆锚具适用于锚固冷拉 JL785 级与 JL835 级钢筋。由螺丝端杆、螺母和垫板组成。螺丝端杆采用 45 号钢制作，螺母和垫板则用 Q235 钢制作。螺丝端杆锚具如图 2-40 所示。螺丝端杆与预应力筋的焊接，应在预应力筋冷拉之前进行，以防止因焊接高温影响钢筋的冷强效应。焊后再冷拉对焊接点是一次拉伸检验。

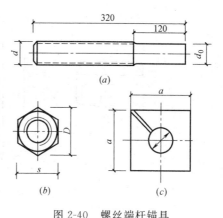

图 2-40　螺丝端杆锚具

(a) 螺丝端杆；(b) 螺母；(c) 垫板

（2）帮条锚具

帮条锚具（见图 2-41）可作为冷拉 JL785、JL835 级钢筋及冷拉 RRB400 级钢筋固定端的锚固用。帮条锚具由帮条和衬板组成。帮条筋采用与预应力筋同级钢筋，而衬板则可用普通低碳钢钢板，焊条应选用结 50X。焊接帮条时，三根帮条与衬板相接触面应在同一垂直平面上，防止受力后产生扭曲。

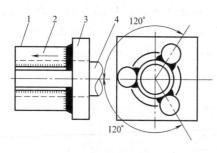

图 2-41　帮条锚具

1—帮条；2—施焊方向；3—衬板；4—主筋

焊接时的地线严禁搭在预应力筋上，并严禁在预应力钢筋上引弧，以免损伤预应力钢筋，焊接帮条可在冷拉前或冷拉后进行，有条件尽可能在冷拉前焊接。

（3）钢质锥形锚具（图 2-42）

锚环钢质锥形锚具由锚塞和锚环组成。一般适用于锚固

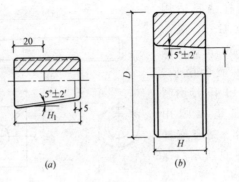

图 2-42　钢质锥形锚具

(a) 锚塞；(b) 锚环

6.30P5 和 12.24P7 钢丝束。锚环采用 45 号钢制作。锚塞采用 45 号钢或 T7、T8 碳素工具钢，保证对钢丝的挤压力均匀，不致影响摩阻力。

(4) 镦头锚具

镦头锚具由锚环、锚板和螺母组成，见图 2-43。镦头锚具适用锚固任意根 b5 与 P7 钢丝束。锚环与锚板采用 45 号钢，而螺母用 30 号钢或 45 号钢制作。b5 钢丝镦头的镦粗直径为 7～7.5mm，高为 4.8～5.3mm，头型不应偏歪。

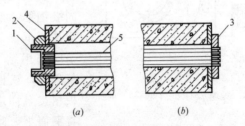

图 2-43　镦头锚具示意图

(a) 张拉端；(b) 固定端

1—锚环；2—螺母；3—锚板；4—垫板；5—镦头预应力钢丝束

(5) 锥形螺杆锚具

锥形螺杆锚具是由锥形螺杆、套筒、螺帽和垫板组成，见

图 2-44。锥形螺杆和套筒均采用 45 号钢制作，螺母和垫板采用 Q235 钢制作。该锚具适用于 14～28 根 b5 碳素钢丝的锚固。

（6）JM.12 型锚具

JM.12 锚具由锚环和夹片组成，见图 2-45。锚环和夹片均由 45 号钢

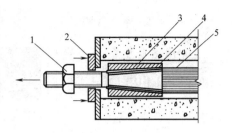

图 2-44　锥形螺杆锚具示意图
1—螺母；2—垫板；3—套筒；4—锥形螺杆；5—预应力钢丝束

制作。预应力钢筋靠夹片压紧的摩阻力固定。多用于钢绞线束的锚固。JM.12 锚具有良好的锚固性能，预应力筋滑移量比较小，施工方便，但是加工量大且成本高。

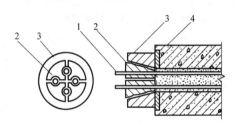

图 2-45　JM.12 锚具
1—预应力筋；2—夹片；3—锚环；4—垫板

（7）多孔夹片锚具

多孔夹片锚固体系（图 2-46）一般称为群锚，是由多孔夹片锚具、锚垫板（也称喇叭管）、螺旋筋等组成。这种锚具是在一块多孔的锚板上，利用每个锥形孔装一副夹片，夹持 1 根钢绞线，形成一个独立锚固单元，选择铺固单元数量即可确定锚固预应力筋的根数。其优点是任何 1 根钢绞线铺固失效，都不会引起整体销固失效。每束钢绞线的根数不受限制。对铺板与夹片的要求，与单孔夹片锚具相同。多孔夹片锚固体系在后张法有粘结预应力混凝土结构中用途最广。

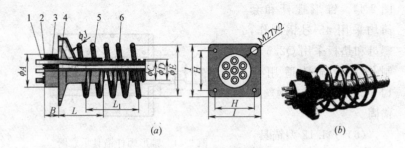

图 2-46 多孔夹片锚固体系

1—钢绞线；2—夹片；3—锚环；4—描垫板（喇叭口）；5—螺旋筋；6—波纹管

2. 锚具进场验收

预应力钢筋所用的锚具，已有标准定型产品，可按需要选购。它应有出厂证明书，进场时需按下列规定验收：

（1）外观检查

外观按抽样方法检查，以同一材料和同一生产工艺，数量不超过 2000 套的锚具为一批，每批锚具从中抽取 2% 且不少于 10 套锚具，检查外形尺寸、表面裂纹及锈蚀情况。

（2）硬度检验

对硬度有严格要求的锚具零件，应进行硬度检验。从每批产品中抽取 3% 且不少于 5 套样品（多孔夹片式锚具的夹片，每套抽取 6 片）进行检验，硬度值应符合产品质保书的要求。如有 1 个零件硬度不合格时，应另取双倍数量的零件重做检验，如仍有 1 件不合格，则应对本批产品逐个检验，合格者方可进人后续检验。

（3）锚固能力试验

锚固能力试验是在上述两项检验合格后进行的。按规定从同批中抽取 3 套锚具，将锚具装在预应力筋的两端，在无粘着的状态下置于试验机上试验。测得锚固能力值不得低于预应力钢筋标准抗拉强度的 90%，锚固时预应力筋的内缩量，不得超过锚固的设计要求数值。如有一套不符合要求，则应取双倍数量的锚具重做试验。若仍有一套不合格，则认为该批锚具为不合格品。对锚具用量较少的一般工程，如供货商提供有效的试验报告，可不做静载锚固性能试验。

2.3.3 先张法施工

先张法施工的工艺特点，是在浇筑混凝土前，先在台座上或钢模上张拉预应力钢筋，用锚（夹）具将预应力筋固定在台座的横承梁上，然后支模、绑扎非预应力筋和浇筑混凝土。经过养护达到设计强度后，放松预应力钢筋，通过钢筋将应力传递给混凝土截面，对混凝土构件产生预压应力。

1. 先张法的施工设备

先张法施工的主要设备，包括预应力钢筋的固定用夹具、张拉用台座和张拉机具。

（1）台座

台座是先张法张拉和固定预应力钢筋的承力结构。目前台座形式有墩式和槽式等多种。

1）墩式台座

墩式台座是由传力墩、台面和横梁组成，见图2-47。

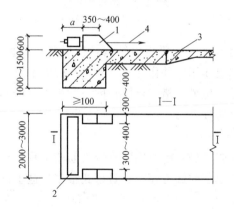

图 2-47　墩式台座

1—混凝土墩；2—横梁；3—台面；4—预应力筋

传力墩是台座的主要承力结构，它是靠混凝土自重和局部的土压力平衡因张拉力产生的倾覆力矩，并靠土的反力和摩阻力来阻止由张拉引起的水平位移。混凝土台面是预应力混凝土成型的底模，应力求平整光滑。在台面与传力墩连接处的局部范围内适当加厚，增大与传力墩外伸部分的接合面。横梁是锚固预应力钢筋支承梁，可用型钢或钢筋混凝土制作。由于横梁的刚度直接影响预应力筋的内力值，故要求横梁的挠度最大值应小于2mm。

墩式台座的稳定性包含台座的抗倾覆和抗滑移的能力。施工及验收规范规定：台座的抗倾覆安全系数 K，应大于或等于1.5；抗滑移安全系数 K_0 应大于或等于1.3。

2）槽式台座

槽式台座由钢筋混凝土传力柱、上下横梁、台面和砖墙组成，见图2-48。

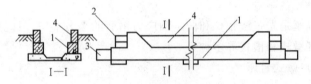

图2-48　槽式台座

1—传力柱；2—上横梁；3—下横梁；4—砖墙

传力柱是台座的主要承力结构，抵抗张拉和倾覆力矩能力大。砖墙起挡土作用，并作为蒸汽养护时的侧壁，与传力柱、台面共同组成养护坑槽。槽式台座长度一般为45～76m，便于连续生产多根大型构件。

（2）夹具

夹具是先张法施工临时固定预应力筋的工具，夹具必须工作可靠、构造简单、装卸方便。夹具型式很多，这里仅介绍常见的几种典型夹具。

1）锥形夹具

锥形夹具是用于预应力钢丝的锚具，由锥形孔套筒和刻齿锥形板（或销）组成。它又分为圆锥齿板式夹具和圆锥三槽式夹具，见图2-49。

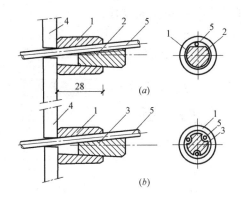

图 2-49　锥形夹具示意图

（*a*）圆锥齿板式；（*b*）圆锥三槽式

1—套筒；2—齿板；3—锥销；4—定位板；5—预应力筋

　　圆锥齿板式夹具的套筒和齿板均用 45 号钢制作。它是靠细齿锥形板和套筒间的挤压摩阻力固定钢丝。一般可锚固 b3～b5 的钢丝，因钢丝直径不同，锥形齿板又分为：

　　Ⅰ型和Ⅱ型，Ⅰ型可锚固 b3 和 b4 的钢丝；Ⅱ型可锚固 b4 和 b5 的钢丝。

　　圆锥三槽式夹具的套筒和锥销均采用 45 号钢制作。它是利用圆锥销与套筒之间的挤压摩阻力固定钢丝。由于锥销上有直径不同的三个半圆槽，同一锥销可以锚固 b3，也可以锚固 b4 或 b5 的钢丝。

　　2）镦头锚具

　　它是利用预应力钢筋末端镦粗加以固定的，镦头卡在锚固垫板上。冷拔低碳钢丝可采用冷镦（即在常温下镦粗）或热镦法（用通电加热挤压镦头）加工，而碳素钢丝只能用冷镦法加工。粗钢筋需用热镦头机镦粗。这种镦头锚具用于预应力筋的固定端。如图 2-50 所示。

　　3）圆套筒三片式夹具

　　圆套筒三片式夹具由圆锥孔形套筒和三个夹片组成，见图

147

2-51。套筒和夹片均由 45 号钢制作。

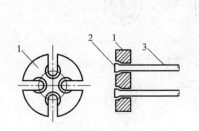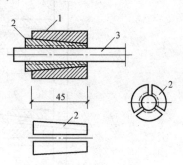

图 2-50　固定端镦头锚具

1—锚固板；2—镦粗头；3—预应力筋

图 2-51　圆套筒三片式夹具

1—套筒；2—夹片；3—预应力钢筋

该夹具用于锚固 12 或 14 的单根冷拉 JL785、JL835、RL540 级钢筋。它是利用挤压摩阻力自锁固定的。

（3）张拉机械

先张法施工所用的张拉机种类较多，常用的有下列几种。

1）YC.20 型穿心式千斤顶

该机由偏心式夹具、油缸和弹性顶压头三部分组成，如图 2-52

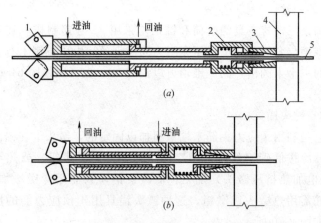

图 2-52　YC.20 穿心式千斤顶

(a) 张拉；(b) 复位

1—偏心块夹具；2—弹性顶压头；3—夹具；4—台座横梁；5—预应力筋

所示。其最大张拉力为 200kN，张拉行程为 200mm，可用来张拉 12～20mm 直径的预应力钢筋。

穿心式千斤顶的张拉过程：首先穿入预应力钢筋，然后由后油嘴进油推动油缸向后伸出（同时偏心块夹具锁紧预应力钢筋），随油缸的后移钢筋被张拉直至达到控制应力。利用钢筋回弹和弹性顶压头的作用，将夹具的夹片顶入套筒把钢筋锚固在台座横梁上。

2）电动螺杆张拉机

电动螺杆张拉机由电动机、变速箱、测力装置、张拉螺杆、承力架和夹具组成，如图 2-53。

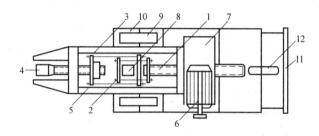

图 2-53　电动张拉机

1—螺杆；2、3—拉力架；4—夹具；5—承力架；6—电动机；7—变速箱；
8—压力计盒；9—车轮；10—底盘；11—把手；12—后轮

张拉时，承力架支承在台座横梁上，钢筋用夹具锚固，电动机经变速带动张拉螺杆，通过拉力架张拉钢筋。张拉力大小由压力计反映出来。

3）油压千斤顶

油压千斤顶可以张拉单根或成组预应力筋。如果成组张拉可采用四横梁式油压千斤顶装置，见图 2-54。

四横梁式油压千斤顶的张拉力很大，一次可以张拉多根钢筋。但是耗钢量较大且大螺丝杆加工较困难，张拉钢筋时多根钢筋之间的初应力调整费时间，而且千斤顶行程小需多次回程重复张拉，张拉效率低。

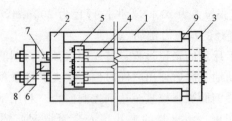

图 2-54 四横梁式油压千斤顶装置

1—台座承力柱；2—前横梁；3—后横梁；4—预应力筋；5、6—拉力
架横梁；7—大螺丝杠；8—液压千斤顶；9—放张装置

2. 先张法张拉工艺

先张法施工过程包括台座准备、预应力钢筋就位与张拉、支
模板与绑扎非预应力筋、浇筑混凝土并进行养护、放松预应力
筋。其中关键是预应力钢筋的张拉与固定，以及预应力筋的放
张。钢筋的绑扎和混凝土的浇筑同第 2.2 节。

（1）预应力钢筋的张拉

预应力筋的就位，在固定在台座横梁上时，钢筋的定位板必
须安装准确，定位板的挠度不应大于 1mm，横梁挠度不大于
2mm，以免影响预应力筋的内力。预应力筋的张拉应按设计要
求进行。

1）张拉控制应力的确定：预应力筋的张拉控制应力，应按
设计规定数值选用。施工时为克服应力损失需要超张拉时，其最
大超张拉力应符合施工及验收规范规定：预应力筋为冷拉 JL785
级至 RL540 级钢筋时为其屈服点的 95%；钢丝、钢绞线及热处
理钢筋则为其抗拉强度的 75%。

2）张拉程序的确定：张拉程序指的是预应力筋由初始应力
达到控制应力的加载过程和方法。为了减少因钢筋受力产生松弛
引起的应力损失值，一般采用超张拉工艺。预应力筋的张拉程序
目前常用如下两种：

0→105%控制应力持荷 2min 100%控制应力

或：0→103%控制应力

预应力筋由零开始，进行超张拉并持荷 2min，目的是使钢筋因松弛引起的应力损失尽量减小，并促使钢筋的松弛过程尽快趋于完成，最后退回至设计控制应力值。或根据经验从零一次连续拉至控制应力的 103%，不再经过 2min 的持荷过程，也不退至控制应力值，是考虑预留出 3% 的应力损失。采用超张法张拉时，其超张控制应力总值不得超过钢筋的屈服强度，以保证预应力筋处于弹性工作状态。

3）预应力筋的检查：预应力筋的检查着重在以下几个方面。

如果采取多根成组地进行预应力筋张拉时，应严格控制多根钢筋之间内应力的一致性，避免产生因内力大小不均而导致应力集中现象，因此，正式进行张拉前应检查和调整预应力筋的初始应力，使初始应力趋于一致。

多根钢丝同时进行张拉完毕后，应抽查钢丝的内应力值，一根钢丝的预应力值的偏差，不得大于或小于按一个构件全部钢丝预应力总值的 5%，避免各钢丝受力的不均衡性。

预应力筋张拉后，对设计位置的偏差不得超过 5mm，同时也不得大于构件截面最短边尺寸的 4%。否则，将会影响设计的受力状况。

应合理确定截面内预应力筋的张拉顺序，原则上应尽量避免使台座承受过大的偏心压力，故宜先张拉靠近台座截面重心处的预应力筋，预防台座产生弯曲变形。

（2）混凝土的浇筑和养护注意事项

预应力混凝土构件的混凝土浇筑，应一次连续浇筑完成，不允许留设施工缝，并且尽可能采用低水灰比，控制水泥用量，选用级配优良的骨料。浇筑时应充分捣实，尤其要注意靠近端部混凝土的密实度。这些都是为了减少混凝土在预加应力作用下的收缩和徐变值，从而减小应力损失。

当台座上制作预应力构件需要蒸汽养护时，应选择合理的养护制度。通常应采用二次升温的方法，以减少因台座与钢筋间的温差过大引起预应力损失。一般第一次加热时，使二者间的温差控制为 20℃ 以内，待混凝土硬化具有约 $10N/mm^2$ 的强度后，再按正常升温制度加热养护。这样因钢筋与混凝土间已具有足够的粘结力，限制了钢筋的热变形，避免了过多的应力损失。

（3）预应力筋的放张

在先张法施工中，混凝土浇筑以后，何时允许放松预应力钢筋，则应视混凝土强度是否已经达到设计规定值。当设计无具体要求时，应按施工及验收规范规定进行，即放张时混凝土的强度不得低于设计强度标准值的 75%。具体放张时间要通过同条件养护的混凝土试块试压结果决定。如果放张过早将会引起较大的应力损失或产生钢丝滑动，造成质量事故。

放松预应力筋时会有很大的冲击和振动，严重时会使构件端部裂缝或发生翘曲，所以应按照以下原则进行放张。

1）对于轴心受压构件，所有预应力筋应同时放张，避免产生偏心受压现象；

2）对于偏心受压构件，应先同时放张预压力较小区域内的预应力筋，然后再同时放张压力较大区域内的预应力筋，否则，容易产生弯曲或裂缝。

3）如果按上述二原则放张有困难时，则应分阶段、对称、相互交错地进行放张，这样可以防止在放张过程中构件翘曲或产生裂缝。

此外，放张时要防止切断钢筋时产生突然的过大冲击力，应采用缓冲办法予以缓解，如砂箱缓冲装置等。

2.3.4 后张法施工

后张法施工的工艺特点是先支模、绑非预应力筋，同时在设计规定的位置上预留出穿预应力筋的孔道，然后浇筑混凝土，待混凝土经养护达到设计规定的强度，进行穿筋和张拉，达到张拉控制应力后，即加以锚固和灌浆。

后张法对钢筋施加预应力，是依靠已达到设计强度的混凝土构件作支承，不需要另外设置台座，张拉设备较简单。适于在施工现场上生产预应力混凝土大型构件。

152

1. 后张法的张拉设备

（1）锚具

锚具是预应力筋进行张拉和永久固定的工具。锚具应工作可靠、构造简单、施工方便，预应力损失要小。常用的锚具类型如第一节中所述。

（2）张拉机械

后张法张拉预应力筋，采用较多的是拉杆式千斤顶、穿心式千斤顶和双作用千斤顶。下面扼要说明其工作特点。

1）拉杆式千斤顶

拉杆式千斤顶由主缸、主缸活塞、副缸、副缸活塞、拉杆、连接器和传力架等组成（图 2-55）。拉杆式千斤顶主要用于张拉螺丝端杆锚具的粗钢筋、带螺杆式锚具或镦头式锚具的钢丝束。

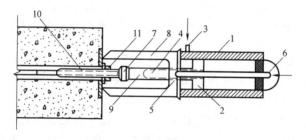

图 2-55　拉杆式千斤顶

1—主缸；2—主缸活塞；3—主缸进油孔；4—副缸；5—副缸活塞；6—副缸进油孔；7—连接器；8—传力架；9—拉杆；10—螺丝端杆；11—锚固螺母

拉杆式千斤顶的工作过程：首先连接螺丝端杆和连接器，将传力架支承在构件端部的预埋钢板上。当高压油进入主缸后，即推动主缸活塞向右移动，同时带动拉杆和螺丝端杆向右移动，实施对钢筋的张拉。待达到张拉控制应力后，即拧紧螺丝端杆的螺母进行最后固定。张拉结束后，高压油进入副缸，推动副缸使主缸活塞和拉杆向左移动，回复到张拉前的原位上。

拉杆式千斤顶的拉力有 40kN、600kN 和 800kN 等几种。

2）YC.60 型穿心式千斤顶

YC.60型穿心式千斤顶广泛地用于预应力筋的张拉。它适用于张拉各种形式的预应力筋。它主要由张拉油缸、顶压油缸、顶压活塞和弹簧组成（图2-56）。

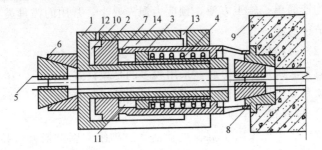

图2-56　YC.60穿心式千斤顶示意图

1—张拉油缸；2—顶压油缸；3—顶压活塞；4—弹簧；5—预应力筋；
6—工具式夹具；7—油孔；8—锚具；9—构件；10—张拉油室；
11—顶压油室；12—张拉油室油嘴；13—顶压油室油嘴；14—回程油室

该机特点是沿千斤顶轴心有贯通孔道，预应力钢筋可以通过。而沿径向有内外两层工作油缸，外层油缸用于张拉，内层油缸供顶压锚具用。由此而得名穿心式双作用千斤顶。

张拉工作过程：装好锚具的预应力筋穿过孔道固定在工作锚具上。然后将高压油送入张拉工作室，作用在油缸底面和张拉活塞上，推动油缸向左移动从而对钢筋进行张拉。

锚具的顶压过程：当预应力张拉到控制应力后即关闭张拉油室的油嘴，转向顶压油室送高压油，推动顶压活塞向右移动，顶压锚具的夹片进入锚环，达到顶压力后将预应力筋固定。最后回油卸压，弹簧回复到原位，完成张拉与顶压全过程。

3）锥锚式双作用千斤顶

锥锚式双作用千斤顶用于张拉锥形锚具锚固的预应力钢丝束。它是由主缸、主缸活塞、副缸、副缸活塞、顶压头、卡环和销片等主要部件所组成，其构造和张拉工作过程如图2-57。

张拉工作过程：当从主缸油嘴送高压油时，主缸被推移并带动固定在卡环上的钢筋被张拉。预应力钢丝张拉达到控制应力

154

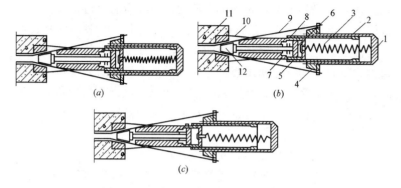

图 2-57　锥锚式双作用千斤顶工作原理

（a）将钢筋固定在卡环上；（b）主缸进油张拉钢筋；（c）副缸进油推顶锚塞

1—主缸油嘴；2—主缸；3—主缸弹簧；4—工具锚；5—副缸；6—副缸活塞；
7—副缸弹簧；8—副缸油嘴；9—预应力筋；10—支腿；11—锚圈；12—锚塞

后，改由副缸进高压油，推动副缸活塞将锚塞顶入锚环内，将钢丝束加以固定。主缸、副缸的回油借助弹簧反作用力压回油泵。

2. 后张法张拉工艺

后张法的张拉施工的过程为：先支模并绑扎非预应力钢筋，同时在预应力筋的位置上预留穿筋孔道，然后浇筑混凝土并进行养护。在适当时刻抽出预埋孔的工具管，待混凝土达到设计强度等级后，开始张拉钢筋和锚固。关于非预应力筋的绑扎和支模、浇筑混凝土的施工方法和要求，已在第 2.2 节做过详细介绍。下面重点说明孔道预留、预应力筋张拉与锚固和孔道灌浆施工。

（1）孔道的预留

预应力混凝土构件孔道的预留是后张法施工的关键工序之一。孔道位置准确度和孔的尺寸形状都直接影响预应力筋的受力状况。因此，孔道的留设空间位置必须正确，孔道直径应比预应力筋直径或钢筋对焊接头外径或钢丝所带锚具（需要穿过孔道时）的外径大于 10～15mm，以免产生张拉摩阻力。孔道留设方法很多，下面只介绍常用的两种典型做法。

1）钢管抽芯法

在浇灌混凝土前，先将钢管敷设在模板内的孔道位置上并加以固定，钢管每隔 1m 用钢筋井字架予以固定。一般钢管的长度不超过 15m，以便于钢管的转动和抽出，长度较大的构件可用两根钢管组合使用，中间用套管连接，混凝土浇筑后，每隔一定时间转动一次钢管，防止其与混凝土粘结。待混凝土初凝以后，于终凝之前抽出钢管，形成稳定的孔道。选用的钢管应平直、表面光洁。

抽管的关键是抽管的时间。而时间与混凝土的性质、气温和养护条件有关。常温下可在浇筑混凝土后 3～6h 即可抽管。在同一构件截面上的钢管抽出顺序宜先上后下、先曲后直。抽管时要平稳、速度均匀和边转边抽，严禁导致孔道边缘的混凝土松动。

2）胶管抽芯法

目前常用的胶管有 5～7 层夹布胶管和专供预应力混凝土预留孔用的钢丝网胶管两种。胶管由于质软、弹性好便于弯曲，适用于直线和曲线形孔道。为增强胶管的刚度和便于抽出，使用前宜先在管内充入压力为 0.6～0.8N/mm² 的压缩空气或压力水，皮管直径扩大约 3～4mm，每隔 500mm 用井字形钢筋支架将胶管固定在预应力筋的设计位置上。然后浇筑混凝土，待混凝土硬化并具有一定的强度后，即可释放管内的压缩空气或压力水，胶管回缩后抽出比较容易。钢丝网胶管质硬且具有较大弹性，其自身能够承受住混凝土的冲击和压力。混凝土浇筑后不需要中间转动，在混凝土硬化到一定程度之后，可以利用管的弹性特点，在拉力作用下截面缩小而抽出。

（2）预应力筋的张拉

后张法预应力筋的张拉应在构件混凝土达到设计要求的强度后进行。如果需要提前张拉时混凝土强度不得低于设计强度标准值的 75%。对于块体拼装的混凝土构件，除应符合上述规定外，其拼接立缝混凝土或砂浆强度不应低于块体混凝土设计强度等级的 40%，并且不得低于 15N/mm²。上述规定的目的是为防止因混凝土强度不足在张拉时引起裂缝，以及因较大的压缩变形引起过大的应力损失，以确保预应力混凝土构件的质量。

1）张拉控制应力和张拉程序

张拉控制应力取值应按设计规定，或直接按《混凝土结构设计规范》（GB 50010—2010）的规定取值。

张拉程序与所采用锚具种类有关，一般与先张法相同。

即：

0→105％控制应力→持荷 2min→100％控制应力

或 0→103％控制应力

2）张拉顺序

配有多根预应力筋的混凝土构件，需要分批并按一定顺序进行张拉，避免构件在张拉过程中承受过大的偏心压力，引起构件弯曲裂缝现象。通常是分批、分阶段、对称地进行张拉。在分批张拉时，要考虑后批张拉的钢筋对混凝土产生的弹性压缩，导致前批已张拉的钢筋内应力降低。因此，应设法补足前批钢筋的应力损失，或预先计算出预应力损失值，加在首批（或前批）钢筋张拉控制应力内，以补足损失值。也可采用相同的张拉力值逐根复拉补足的办法。

曲线预应力筋或长度大于 24m 的直线预应力筋的张拉，要考虑钢筋与孔道壁之间的摩擦对张拉控制应力的影响，应在构件的两端进行张拉，尽量减小摩阻力影响。对于长度等于或小于 24m 的直线预应力筋，可在一端进行张拉，但张拉端宜交替设置在构件两端。

当两端同时张拉一根（束）预应力筋时，为了减少预应力损失，在最后锚固时，宜先锚固一端，另一端则需在补足张拉力后再锚固。

平卧重叠浇筑的预应力混凝土构件，预应力筋的张拉应自上而下逐层进行，减少上层构件重压和粘结力对下层构件张拉影响，为了减少上下层构件之间因摩阻力引起的应力损失，可自上而下逐层加大张拉力，但底层构件的张拉力不宜比顶层构件的张拉力大 5％（用于钢丝、钢绞线和热处理钢筋）或 9％（用于冷拉 JL785～RL540 级钢筋），并且不得超过超张值的限制值。

预应力筋锚固后的外露长度不宜小于 15mm，并采取可靠的防锈措施，严防锚固端钢筋和锚具的锈蚀，保证结构的安全性。

（3）孔道灌浆

预应力筋张拉完毕后，应尽快进行孔道灌浆，以防止预应力筋的锈蚀，并能增强预应力筋与构件混凝土之间的粘结力，这样有利于预应力混凝土结构的抗裂性能和耐久性。因此，孔道灌浆应符合强度和密实度的要求。

灌浆采用纯水泥浆时，应选用不低于 42.5 级的普通硅酸盐水泥进行搅制。当预应力筋周围的空隙较大时，可在水泥浆中掺入适量的细砂，可改善灰浆的密实性并减少收缩。灰浆或细砂浆的强度不低于 M20，以保证预应力筋和混凝土的良好结合。

水泥的质量应符合现行国家标准《通用硅酸盐水泥》（GB 175）的规定。灌浆用水泥浆的水灰比不应大于 0.4；搅拌后泌水率不宜大于 1%，泌水应能在 24h 内全部重新被水泥浆吸收。为了改善水泥浆体性能，可适量掺入高效外加剂，其掺量应经试验确定，水灰比可减至 0.32～0.38。

为了增加孔道灌筑密实度，水泥浆内可加入无腐蚀作用的外加剂或膨胀剂。灌浆时要做试块，当灰浆强度达到 $15N/mm^2$ 以上时才能移动构件，强度达到 100% 设计强度等级时才允许吊装。以免损害灰浆与钢筋和孔壁的粘结。

2.4　装配式结构安装工程

2.4.1　装配式安装工程概况

装配式建筑的结构类型较多，以往常见的有单层装配式工业厂房、多层装配式轻工业厂房、装配式中高层框架结构和预制装配式墙板建筑等。近年来住宅产业化已成为推动我国住宅发展的重要途径。装配式混凝土结构（PC）是实现住宅产业化的一种重要手段，其主要的结构体系有装配式框架结构、装配式板墙结构、混合结构等。

由于结构和构件的不同，通常分为单层厂房结构安装、多层装配式框架安装、装配式板墙结构。需要根据结构特点和构件特点选用相应的起重机械。

2.4.2 安装机械的选择

1. 选择安装机械的依据

选择安装机械时，应根据工程设计图提供装配式结构吊装基本数据，以及现有可供选择的机械设备情况，做出多种机械选择方案，经过技术、经济比较择优选用。

（1）常用的安装机械

结构安装工程常用的起重机械有：履带式起重机、轮胎式起重机、汽车式起重机、塔式起重机和桅杆式起重机等。起重机械的构造及详细的性能数据见《建筑机械》教材。

1）履带式起重机

履带式起重机操纵比较灵活，使用方便，车身能做 360°的全回转；可以负载行驶并能在一般的坚实平坦地面上行驶吊装作业。缺点是稳定性较差，不宜超负荷吊装，如果需要加长起重臂或超载吊装时，要进行稳定性验算，并采取相应的保障措施。

2）汽车式起重机和轮胎式起重机

汽车式起重机的优点是行驶速度快，移动迅速且对路面损坏性小。但是，吊装作业时稳定性较差，需设可伸缩的支腿用以增强汽车的侧向稳定，给每一次的吊装作业增加操作工序，使吊装作业复杂化。汽车式起重机不能负荷行驶。一般在结构安装工程中多用于构件装卸和辅助立塔式起重机等。

轮胎式起重机的特点与汽车式起重机相似，起重机构与履带式起重机基本相同，只是行驶装置不同。轮胎式起重机起重量较大，多用于一般工业厂房的施工。

3）塔式起重机

塔式起重机设有竖直的高耸塔身，起重臂安装在塔身顶端，因此它具有较大的工作空间，起重的高度和起重半径均较大。塔式起重机适用在高大的工业厂房和多层及高层装配式结构安装工程。

目前常用的塔式起重机类型较多，下面仅做简要介绍。

QT1.2型塔式起重机，是一种塔身回转式轻型塔，塔身可以折叠并能整体运输，起重力矩为160kN·m，起重荷载10～20kN，轨距为2.8m。多用在5层以下的民用建筑工程预制构件的安装。

QT1.6型塔式起重机，是塔顶回旋式用塔臂起落变幅的塔式起重机，最大起重力矩为400～450kN·m，起重荷载20～60kN，起重高度达40m，适用于5层以上的多层结构安装工程。

QT.60/80型塔式起重机，塔顶回转式起重机，起重力矩为600～800kN·m，最大起重荷载约100kN。该机的外型特征与QT1.6型起重机相类似。适用于多层装配式结构安装，尤其适宜装配式大板建筑安装工程。

QT5.4/40型、QT3.4型爬升式塔式起重机，适用于高层装配式结构安装工程，它的起重高度远远超过一般塔式起重机。但是，在采用该机时必须对承托塔式起重机的框架梁进行结构验算，按需要进行加固。

QT4.10型（起重荷载30～100kN）、ZT.120型（起重荷载40～80kN）、ZT.100型（起重荷载30～60kN）等是附着式塔式起重机。附着式起重机固定在混凝土基础上，塔身沿高度方向每隔20m左右与结构锚固连接，保证塔身的工作稳定性。附着式起重机一般用于中高层结构安装工程。

除了上述最常用的三种类型外，还有桅杆式起重机，形式有独脚拔杆、悬臂拔杆和人字拔杆等。桅杆式起重机分为钢制和木制两类。这类机械制作简单、装拆方便，在其他自行式起重机不能满足需要时，也常被用于结构安装工程。但是，桅杆式起重机要设较多的缆风绳，用以维持桅杆的工作稳定性，而造成移动困难，灵活性很差，影响安装工作效率。

（2）选择起重机的依据

起重机的选择包括：根据工程安装的需要，合理确定机械的类型、型号和台数。在确定型号中主要是计算机械的臂杆长度和起重参数。

起重机类型的选择依据是：工程结构的类型、特点；建筑结构的平面形状；建筑结构的平面尺寸；建筑结构的最大安装高度；构件的最大重量和安装位置等。以此选择适宜的类型。

在确定了起重机类型后，即可根据建筑结构构件的尺寸、重量和最大的安装高度来选择机械的型号。所选的型号必须满足臂长、起重高度、起重幅度和起重量的要求。

起重机的台数，是根据工程结构的装配工程量、起重机的台班生产率和安装工期要求综合考虑确定的。

2. 选择起重机的方法

装配式结构分单层工业厂房和多层预制装配式建筑。起重机的选择按两大类结构形式分别进行选定。由于施工条件、工程特点和设备的不同，可供选择的方案较多。这里仅就单层工业厂房和多层装配式结构的安装，介绍两种典型的机械选择方法。

（1）履带式起重机的选择方法

单层工业厂房的类型较多，一般常见的中小型厂房平面尺寸较大、构件较轻、安装高度不大，生产设备的安装多在厂房结构装配完成后进行，安装工程施工阶段现场比较空旷，适宜采用履带式起重机（或塔式起重机）进行安装。

履带式起重机的型号，应根据安装要求的起重量、起重高度和起重半径三个参数确定。

1）起重量

所选择的起重机的起重量，必须大于构件的重量与索具重量之和。即：

$$Q \geqslant Q_1 + Q_2 \qquad (2-3)$$

式中　Q——起重机的起重量（t）；

　　Q_1——构件的重量（t）；

　　Q_2——索具的重量（t）。

2）起重高度

所选择的起重机的起重高度，必须满足所安装构件的安装高度要求（图 2-58）即：

$$H \geqslant h_1 + h_2 + h_3 + h_4 \tag{2-4}$$

式中　H——起重机的起重高度（m），从停机面算起至吊钩中心；

　　　h_1——至安装支座表面的高度（m），从停机面算起至安装支座表面；

　　　h_2——安装时安全距离，不少于 0.2m；

　　　h_3——绑扎点至起吊构件底面距离（m）；

　　　h_4——索具绳高度（m），即自绑扎点至吊钩中心的距离，应视具体情况而定。

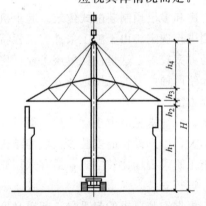

图 2-58　起重机起重高度示意图

3）起重半径

起重机的起重半径的计算分两种情况：

当起重机能靠近吊装的构件安装位置，中间无障碍物限制起重臂杆的活动空间时（如厂房柱、吊车梁的吊装），对起重半径没有特殊限制，则应尽可能使用起重臂杆的较大仰角即较小的起重半径，以获得较大的起重量，但应以构件不碰撞臂杆为限。

根据上述原则，按照所需要的起重半径、起重高度和起重量的相关关系，选择相应的起重臂杆长度，然后根据三参数间的相互关系，选择能满足起重量和起重高度条件下的起重半径即可。如图 2-59 所示。

当起重机无法最大限度地靠近构件安装位置进行吊装时，则应验算在所需要的起重半径值时的起重量与起重高度，能否满足构件安装的要求。

当起重机的起重臂杆需要跨越已安装好的构件上空去安装构件时，例如跨过已安装的屋架去安装屋面板，则要考虑起重臂杆不得与屋架相碰，一般需留出 1m 左右的安全距离，以此计算所需臂杆的最小长度、起重杆与水平线夹角（即臂杆的仰角），求出起重半径和停机位置等。

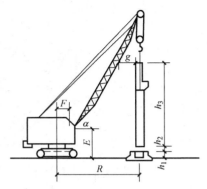

图 2-59　起重机吊柱的起重半径示意图

起重机臂杆最小长度可用数解法或图解法求出。

① 数解法

用数解法求解起重机最小臂杆长的计算简图见图 2-60，并按式（2-5）进行计算。

$$L = l_1 + l_2 = \frac{h}{\sin\alpha} + \frac{a + g}{\cos\alpha} \qquad (2-5)$$

式中　L——起重杆的长度（m）；

　　　h——起重臂底铰至构件安装支座的高度（m）；

　　　a——起重钩需跨过已安好构件的距离（m）；

　　　g——起重杆轴线与已安好的屋架间的距离，至少取 1m；

　　　α——起重杆的仰臂杆仰角 α 的求解可用下列导出公式：

$$\alpha = \arctan \sqrt[3]{\frac{h}{a + g}} \qquad (2-6)$$

将求得的 α 值代入式（2-5）后，即可求出最小的臂杆长。根据求出的臂杆长选择出实际安装用的杆长，并计算出起重半径 R：

$$R = F + L\cos\alpha \qquad (2-7)$$

式中　F——起重机回转中心至臂杆下铰点距离。

最后根据实际采用的臂长和起重半径，查阅起重机性能表复核起重量 Q 及起重高度 H。

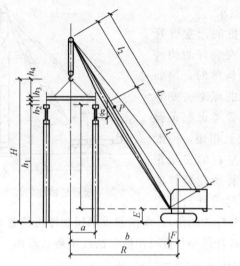

图 2-60 最小臂杆长计算简图

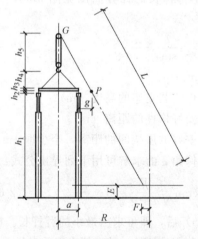

图 2-61 最小臂杆长的图解法

h_1—屋面板的安装高度；h_2—安全距离；h_3—屋面板厚；h_4—吊索高度；h_5—滑轮组高度；a—起重钩需跨过已吊装结构的距离；E—起重杆下铰点距停机面距离；F—起重杆下铰点至起重机回转中心的距离

② 作图法

用作图法求解起重机臂杆的最小长度，可参考图 2-61 并按下述步骤求出。

第一步：按比例画出厂房结构的一个节间的纵剖画图，并画出起重机吊装屋面板时通过吊钩处的垂线 V—V；再绘出平行于停机面的水平线 H—H，此水平线距地平面（停机面）的距离为 E（E 是起重机臂杆下铰点至停机面的距离）。E 值一般可根据柱子吊装所选用的起重机型号取值。

第二步，自靠近起重机

一侧的屋架顶面向起重臂杆方向量出一安全距离 $g \geqslant 1m$，定出一点 P。

第三步：自屋架上弦顶面向上沿 $V—V$ 垂线找出一点 G。G 点距屋架上弦顶面的距离应等于屋面板距屋架的安全距离（$\geqslant 0.2m$）、屋面板厚度、吊索高度和滑轮组长度（约 $2.5 \sim 3.5m$）之和。如果吊装柱子的机械型号已定，滑轮组长度值则成定值。只是吊索高度在一定范围内可变（与吊索和构件的夹角有关，夹角 $\geqslant 45°$ 为宜）。

第四步：连接 G、P 两点并延长连线，交 $H—H$ 水平线于一点 S，所绘出的 GS 线即是臂杆长度。GS 线与水平线 $H—H$ 的夹角即为起重臂的仰角。量出起重杆水平投影长度 b，再加上起重杆下铰点至起重机回转中心的距离 F，即得到起重机的起重半径。

根据图解求出臂长、起重半径，最后对照机械性能表选定起重机吊装屋面板时的臂杆实际长度，并校核起重半径和起重量。

一般说来，选择一台起重机来安装柱子、屋架、屋面板等全部构件往往是不经济的。因此，可以选择不同的起重机或选用同一台起重机而用不同的臂杆长去安装不同的构件。例如柱子重但安装高度不大，可以用较短的起重杆；屋架和屋面板的重量较轻而安装高度大，则可采用较长臂杆。柱子吊装完毕后即进行臂杆接长，然后吊装屋架和屋面板。

（2）塔式起重机的选择方法

塔式起重机型号的选择，主要根据建筑物的高度、平面形状和尺寸、构件重量及其所在空间位置等条件决定。

确定塔式起重机的型号和起重工作参数，可先绘制工作参数计算简图（图 2-62）。图中应画出建筑物的剖面示意图，并在图上标出最高一层主要构件的重量 Q_1。离起重机中心的距离 R_1（即所需的起重半径），最高一层构件的安装高度、构件的高度、吊索的高度和安全距离，作为选择型号和起重参数的依据。然后，分别算出所需的起重高度、起重半径和起重力矩（按最大构

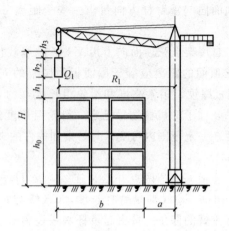

图 2-62　塔式起重机工作参数计算示意图

件重量）。

起重机的起重高度应满足下列要求

$$H \geqslant h_0 + h_1 + h_2 + h_3 \qquad (2\text{-}8)$$

式中　H——塔式起重机最大起吊高度（m）；

　　　h_0——建筑物总高度（m）；

　　　h_1——建筑物顶层上空安全高度（m）；

　　　h_2——构件的高度（m）；

　　　h_3——吊索至吊钩中心的高度（m）。

起重机的起重力矩应大于吊装需要的起重力矩。即：

$$M \geqslant Q_i R_i \qquad (2\text{-}9)$$

式中　Q_i——取最大构件重量；

　　　R_i——取最大的安装半径。

起重机的起重半径，则应根据建筑物的宽度和起重机的布置方式综合考虑。当建筑物的宽度较小时，常采用单侧布置方式，其优点是塔轨道长度较短，塔式起重机的外侧有较宽敞的场地，可供堆置构件和材料之用。当建筑物的宽度较大时或采用单侧布置安装有困难时，常采用双侧布塔方式。布塔方式如图 2-63 所示。

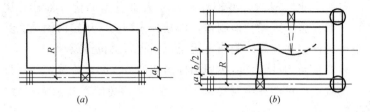

图 2-63　塔式起重机的布置方式

(a) 单侧布置；(b) 双侧布置

当采用单侧布塔时，起重机的起重半径应符合下列条件：

$$R \geqslant b + a \qquad (2\text{-}10)$$

式中　b——建筑物的宽度（m）；

　　　a——建筑物外皮至塔道中心的距离，其大小与机械型号有关，按塔道铺设的有关技术规定取值。

当采用双侧布塔时，塔的起重半径应满足下面的条件：

$$R \geqslant b/2 + a \qquad (2\text{-}11)$$

式（2-2）中符号意义同式（2-10）。

2.4.3　单层工业厂房结构安装

单层工业厂房结构一般由大型预制钢筋混凝土柱（或大型钢组合柱）、预制吊车梁和连系梁，预制屋面梁（或屋架）、预制天窗架和屋面板组成。结构安装工程主要是采用大型起重机械安装上述厂房结构构件。

单层工业厂房结构安装工程，包括构件的准备、基础抄平放线和准备；构件的吊装工艺；厂房结构的安装流水方法；起重机的开行路线及构件的现场平面布置等内容。

1. 构件及基础的准备工作

厂房结构安装前的准备工作包括：平整场地、修筑临时道路、敷设水电管线；吊索吊具的准备；构件的制作、就位排放；构件安装前的准备；基础的抄平放线等。这里重点介绍构件和基础的准备工作。

（1）构件的准备

单层工业厂房的大型构件（尺寸大重量大的构件如柱、屋架）一般在施工现场就地制作，以减少大型构件运输的困难。其它小型构件多在预制厂制作，运至现场进行就位排放。

现场预制构件时，应按照构件吊装的方法要求，确定预制排放的位置，尽可能在预制位置原地起吊，避免二次排放和搬运。制作时应遵守钢筋混凝土工程的有关规定。

由预制厂制作的构件应采用适宜的车辆，直接运送到构件安装的地点。钢筋混凝土预制构件的起运强度不得低于设计强度等级的75%。运输过程中构件不能产生过大变形，也不得发生倾倒或损坏。行车应平稳，减少颠簸。构件的装卸要平稳，堆放的支垫位置要正确，堆场应坚实可靠，以免因局部沉陷引起构件断裂。

预制构件在吊装前，要严格检查构件的各部尺寸、形状、清理预埋铁件和插筋。并对不同构件按安装需要弹出轴线、中心线、十字线或辅助线等，作为安装时的对位、校正标志。对于屋架等截面较小的构件应进行必要的加固，以免在起吊、扶直和安装过程中产生变形裂缝等事故。

（2）基础的准备

钢筋混凝土柱一般为杯形基础，以混凝土灌筑为一体。钢柱则通过基础预埋螺栓连接为整体。下面重点阐述杯形基础的准备。

杯形基础在浇筑时，即应保证定位轴线、杯口尺寸和杯底标高的正确。柱子安装前应在杯口顶面弹出轴线和辅助线，与柱子所弹墨线相对应，作为对位和校正依据。同时抄平杯底并弹出标高准线，作为调整杯底标高的依据。

抄平与调整杯底抄平，即对所有杯形基础底面标高进行测量，确定杯底找平的标高和尺寸，以保证柱牛腿顶面标高的准确和一致。杯底抄平与调整的方法（见图2-64）：首先利用杯口侧壁抄平弹出的准线，用尺测量杯底实际标高尺

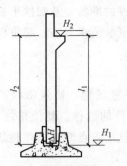

图 2-64　杯形基础杯底

寸 H_1（大柱应测量四个角点，小柱可测中间一点）。牛腿顶面设计标高 H_2 与杯底实际标高 H_1 的差，即是柱根底面至牛腿顶面的应有长度 L_1，再与柱实际制作长度 L_2 相比，得出制作与设计标高的误差值，即杯底杯高调整值 ΔH。用水泥砂浆或细石混凝土垫筑至所需标高处。在实际施工中为避免杯底超高，往往在浇筑混凝土时留 40～50mm 不浇，待杯底抄平调整时一次补至调整标高数值。

2. 构件的吊装工艺

单层工业厂房预制构件的吊装工艺过程包括：绑扎、起吊、对位与临时固定、校正、最后固定等。上部构件吊装需要搭设脚手台，以供安装操作人员使用。

（1）柱的吊装

单层工业厂房的预制钢筋混凝土柱，一般截面尺寸和重量都很大，使吊装工作趋于复杂，应特别注意起吊与安装的安全。

柱的吊装常用旋转法和滑行法。

1）柱的绑扎

柱的绑扎应力求简单、可靠和便利于安装就位工作。吊点多选择在牛腿以下部位，既高于构件重心又便于绑扎。绑扎工具有吊索、卡环和横吊梁等。

柱的绑扎点多少与柱的几何尺寸和重量有关。一般中小型柱多为一点绑扎，重型柱多取两点绑扎。

2）柱的起吊

柱由预制的位置吊至杯口进行安装，常用下述两种方法。

（a）旋转法

旋转法一般是在采用带起重臂杆的起重机时选用。吊升特点是边升钩、边回转臂杆，使柱子以下端为支点旋转成竖直状态，随即插入基础杯口。这种方法操作简单，柱身受震动小且生产效率高。

柱的平面布置方法应满足旋转法吊装要求：即原则上应使吊点、柱下端中心点、杯口中心点三点共弧，也就是三点都在起重机工作半径的圆弧上。同时柱下端靠近杯口，尽可能加快安装速度。旋转法的平面布置如图 2-65 所示。

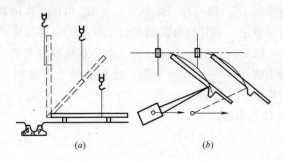

图 2-65　旋转法吊柱示意图
(a) 柱吊升过程；(b) 柱平面布置

（b）滑行法

滑行法可用于有臂杆和无臂杆的不同起重机进行柱的吊装。滑行法吊柱的特点是吊钩对准杯，只提升吊钩而臂杆不动，柱随吊钩提升逐渐竖直滑向杯口，竖直后即吊入杯口。这种方法因柱下端与地面滑动摩擦力大而受震动，并且在滑起的瞬间产生冲击，应注意吊升安全。

滑行法吊柱的布置特点：柱的吊点（牛腿下部）靠在杯口近旁，要求吊点和杯口中点共弧（所谓两点共弧），以便使柱吊离地面后稍作旋转即可落入杯口内（图 2-66）。

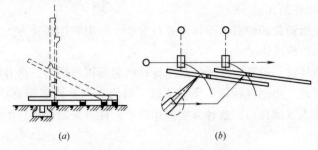

图 2-66　滑行法吊柱示意图
(a) 柱吊升过程；(b) 柱平面布置

3）柱的临时固定

柱插入杯口后应悬空对位，同时用 8 块楔子边对位边固定。对位基本准确后才准脱钩，以减少校正时的难度。另外脱钩时应注意起重机因突然卸载可能发生的摆动现象。当柱子比较高大时，除在杯口加楔固定外，还需增设缆风绳或支撑，以保证柱的稳定性。

4）柱的位置和垂直度校正

柱子安装位置的准确性和垂直的精度，影响着吊车梁和屋架等构件的安装质量，必须进行严格的校正并使其误差限制在规范允许的范围内。

柱的平面位置和垂直的校正是互相影响的两个过程，应互相呼应同时进行。平面位置的校正是以基础顶面所弹的轴线、中心线或辅助线为校核依据，采用敲打楔块（另一侧松楔块）办法进行校正。柱身垂直度校正是以柱身弹出的中心线（或辅助线）为校核的基准线，通常利用两台经纬仪观测柱的相邻两面的中心线是否垂直，倾斜度超过允许偏差时，可用螺旋千斤顶平顶法或钢管支撑斜顶法来校正（图 2-67），也可借助缆风绳来校正，但应注意校

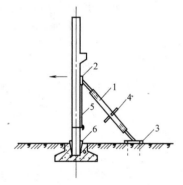

图 2-67　撑杆校正法
1—带扣钢管；2—摩擦板；3—底板；
4—转动手柄；5—钢丝绳；6—楔块

正垂直偏差时要同时松开或打紧楔块，防止硬拉或硬推柱身引起弯曲或裂缝。

5）柱的最后固定

柱经过校正后立即进行最后固定。杯口空隙内的混凝土应分两次浇筑，首次浇至楔底待混凝土达到设计强度等级的 25％后，再去掉楔块浇至杯口顶面。接头混凝土应密实并注意养护，待其

达到规范规定的强度后，方准在柱上安装其他构件。

（2）吊车梁的吊装

吊车梁一般用两点绑扎水平起吊就位，要对准牛腿顶面弹出的轴线（十字线）。吊车梁较高时应与柱牢固拉结。

吊车梁的校正多在屋盖吊装完毕后进行。吊车梁校正的内容是：平面位置、垂直度和标高。

吊车梁的标高在柱基杯底抄平时根据牛腿顶面至柱底的距离对杯底标高进行调整，吊车梁吊装后标高偏差不会很大，较小的误差待安装吊车的轨道时再调整。

吊车梁的垂直度可用垂球检测，其偏差可用钢垫块支垫找直。

吊车梁的平面位置的校正，主要是校核吊车梁的跨度和吊车梁的纵向轴线，使柱列上的所有吊车梁的轴线在一直线上。通常用通线法进行校正。

通线法（俗称拉钢丝法）如图 2-68 所示。根据定位轴线在厂房两端地面上测设吊车梁轴线桩，用经纬仪将吊车梁轴线投测到端柱的横杆上，在横杆投测点上拉钢丝通线（此线即是吊车梁轴线），依此逐一检查和拨正吊车梁的轴线。

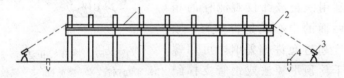

图 2-68　通线法校正吊车梁轴线

1—通线；2—横杆；3—经纬仪；4—辅助桩

吊车梁校正合格后，应立即进行最后固定，焊好连接钢板并浇筑接头细石混凝土。

（3）屋架的吊装

1）屋架绑扎

屋架起吊的吊索绑扎点，应选择在屋架上弦节点处且左右对称。吊索与水平线的夹角不宜小于 45°。屋架吊点的数目和位置与屋架的型式及跨度有关。一般屋架跨度在 18m 以内者多用两点绑扎，其跨度超过 18m 者可用四点绑扎。跨度等于和大于 30m 者则应采用横吊梁辅助吊装，以减小吊索高度和吊装时对杆件的压力。屋架跨度过大且构件刚度较差时，应对腹杆及下弦进行加固。屋架绑扎如图 2-69。

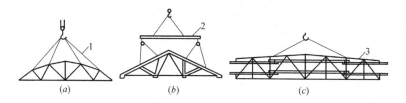

图 2-69　屋架绑扎示意图

(a) 四点吊；(b) 用横吊梁的四点吊；(c) 加固

1—吊索；2—横吊梁；3—加固杉木

2）屋架的吊升与临时固定

屋架吊升时离开地面约 500mm 后，应停车检查吊索是否稳妥，然后旋转至屋架安装地点的下方，再垂直方向吊升至柱顶就位，对准柱顶的轴线，同时检查和调整屋架的间距和垂直度，随后做好临时固定，稳妥后起重机才能脱钩。

第一榀屋架的临时固定必须可靠，一方面一榀屋架形成不稳定结构，侧向稳定性很差，另外第二榀屋架要以它为依托进行固定，所以第一榀的固定是个关键且难度较大。常见的临时固定方法有两种，一种是利用四根缆风绳从两侧将屋架拉牢，另一种是与抗风柱连接固定。第二榀及以后各榀屋架的固定，常采用工具式卡具与第一榀卡牢。工具式卡具还可用于校正屋架间距。屋架的临时固定如图 2-70 所示。

3）屋架的校正和最后固定

屋架主要校正垂直度，可用经纬仪或线锤进行检测。用经纬仪检查屋架垂直度时，预先在屋架上弦两端和中央固定三根方木，并在方木上画出距上弦中心线定长（设为 a）的标志。

173

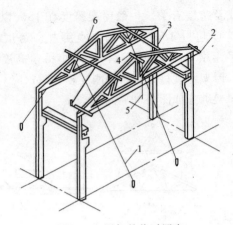

图 2-70　屋架的临时固定

1—缆风绳；2、4—挂线方木；3—屋架卡具（校正器）；5—线锤；6—屋架

在地面上作一条平行横向轴线间距为 a 的辅助线，利用辅助线支经纬仪测定三根方木上的标志是否在同一垂直面上。如偏差值超出规定，应进行调整并将屋架支座用铁片垫实，然后进行焊接固定。

（4）屋面板的吊装

屋面板较轻，一般可单吊或一次吊两块板，以充分发挥起重机的效率。屋面板采用四点起吊。屋面板吊装的顺序，应从屋架两端开始对称地向屋脊方向安装，应严格避免屋架承受半边荷载。屋面板就位后即应进行焊接固定，固定焊接至少三个支点。

3. 厂房结构安装流水方法

单层工业厂房结构安装流水方法，是指整个厂房结构全部预制构件的总体安装顺序。安装流水方法应在结构安装方案中确定。以指导厂房结构构件的制作、排放和安装。厂房结构安装流水方法通常分为分件吊装法（俗称大流水）和综合吊装法（俗称节间法）。

（1）分件吊装法

分件吊装法是指起重机每次开行只吊装一种（或两种）构

件，厂房结构的全部构件需要起重机多次开行才能完成装配工作。例如，第一次开行吊装柱，并进行校正和最后固定；第二次开行吊装吊车梁和连系梁；第三次开行吊装屋架和屋面板。

分件吊装法起重机每次开行只吊一种构件，起重机根据这一构件确定起重参数。能充分发挥机械效能，而且吊装时不需要换吊具和吊索，工人操作熟练可加快吊装速度。此外，由于两种构件吊装的时间间隔长，能为柱的校正和永久固定的混凝土养护留出充裕时间。由于每次吊装一种构件，构件的平面布置比较简单。所以，分件吊装法是单层厂房结构安装的常用方法。

（2）综合吊装法

综合吊装法是指起重机在跨内开行一次，即安装完厂房结构全部预制构件。一般起重机以节间为单位（四根柱和屋盖全部构件为一节间），在一个停车点上安完一个节间的全部构件。综合吊装法具有起重机开行路线短、停机次数少的优点。但是因一次停机要吊装几种构件，索具更换频繁影响吊装效率，轻重构件同时吊装，起重机性能不能充分发挥；构件的校正要相互穿插进行，时间紧迫校正困难；构件类型多布置困难较大；安装技术比较复杂。所以在吊装轻型厂房结构、钢结构或采用桅杆起重机时才可能采用，一般中型以上的厂房用的较少。

4. 起重机的开行路线及构件就位排放

起重机的开行路线主要根据起重机的起重半径和起重量，结合厂房跨度和构件重量综合考虑。构件的吊装前的就位排放，应满足吊装方法的要求，同时结合现场条件综合考虑决定。

（1）柱吊装时起重机的开行路线及构件排放

柱子吊装应根据起重机的起重半径和吊升方法，确定起重机的开行路线位置，然后根据起重机的开行路线及停机位置，决定柱子的预制和吊装的排放位置。一般可视厂房场地条件决定起重机沿柱列跨内或跨外开行，而柱子也随之排放在跨内或跨外。起重机开行路线距柱列轴线的距离取决于起重机的起重半径和机车回转的安全要求，以保证柱子能顺利插入杯口内。根据吊装柱子的方法要求，柱可取与纵轴斜向布置或平行布置如图 2-71 所示。

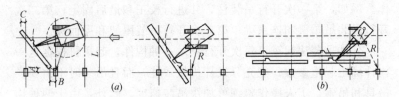

图 2-71　柱子的布置

(a) 柱子斜向布置；(b) 柱子纵向布置

布置柱子时，应注意柱子牛腿的朝向，以免在安装时调转方向。一般布置在跨内时，牛腿应朝向起重机；布置在跨外时，则牛腿应背向起重机。

(2) 吊装屋架时的开行路线及构件排放

屋架和屋面板的吊装，一般情况下起重机是沿跨中开行。屋架和屋面板的就位排放必须满足起重机吊装回转半径的要求，避免起重机负载行驶。

屋架吊装前，应将屋架由预制地点就位到屋架准备起吊位置。通称就位排放或二次排放。屋架就位排放分为沿柱边斜向布置（图 2-72）和沿柱边纵向布置（图 2-73）。屋架排放应满足吊装要求，使屋架吊点中心和屋架安装中心点均应在起重机起重半径的圆弧上。另外，屋架应用支撑或支架固定稳定，屋架之间留出一定的操作间隙，以便于绑扎和挂钩。

屋架斜向就位排放，吊装方便且机车不需要负载行驶即可进

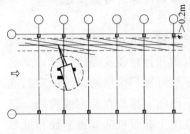

图 2-72　屋架斜向排放示意图

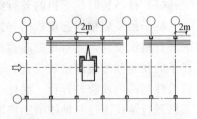

图 2-73　屋架纵向排放示意图

176

行安装，但占地较大。

屋架纵向就位排放占地较少，但必须集中 4～5 榀屋架成组布置，吊装时，起重机不可避免要负载行驶，增加了吊装的难度和机械的磨损。一般只在跨内场地狭小时采用，以便留出屋面板和天窗架构件的堆场。

屋面板及天窗架的吊装，一般与屋架安装同时进行，其起重机的开行路线与吊装屋架的开行路线相同。但是起重半径不同需要做相应的调整。屋面板和天窗架应排放在起重机的起重半径圆弧上，可以布置在跨内或跨外。板的堆放不应超过 8 层，并应支垫平稳。

2.4.4 多层装配式框架结构安装

多层装配式框架结构平面尺寸小而高度大，建筑构件的类型、数量多，施工中要处理许多构件连接节点，进行大量的校正工作。构件的吊装都是高空作业，安全保障工作十分重要。因此安装工程应制定科学的方案，做好各项准备工作。

1. 安装前的现场准备工作

构件安装前的准备主要包括抄平放线、构件的检查和弹线、构件就位排放和基础准备。此外，还要进行起重机的试运转及索具支撑的准备。

抄平放线工作贯穿整个安装过程中，从基础顶面的轴线和构件位置外包线，到各结构层的轴线、外包线的测设。由基础至各层的标高亦应随层进行测设。对起控制全局作用的主轴线应做好保险桩，作为检查、验收测量的依据。

构件的准备主要是运输、堆放、检查、弹线等。构件运输过程中应避免碰撞损失。构件在施工现场的储备量应根据安装效率和场地大小及运输条件决定，原则是保证吊装工作连续进行。

构件的检查和准备工作是核对构件型号、尺寸和外观质量，清理构件的预埋件，在构件表面弹出轴线、中心线或辅助线等。

构件就位排放：构件进场后的布置，要根据起重机的布置方式和吊装参数要求确定。同时应考虑吊装的先后顺序，方便构件编号查找。构件布置一般应遵循以下原则：

(1) 预制构件应排放在起重机起重半径回转范围内，避免二次搬运。条件不允许时，一部分小型构件可集中堆放在建筑物附近，吊装时再转运到起吊地点。

(2) 重型构件应尽量排放在靠近起重机一侧，中小型构件可布置在外侧。

(3) 构件堆放位置应与其在结构上的安装位置相协调一致，尽量减少起重机的移动和变幅。

(4) 预制构件堆放时，应便于构件的弹线和其他准备工作的进行。

构件的排放方式应根据现场条件，分别采用构件平行于起重机轨道、垂直于轨道或与轨道斜交方式。不同的构件宜分类集中堆放，避免混类叠压，以便加速起吊。构件堆放场地应经夯实；并有排水设施。垫木应合理放置防止产生裂缝。

2. 构件的吊装

装配式框架结构吊装主要是预制柱、梁、板和楼梯等构件的安装及其节点处理。

(1) 框架吊装顺序及其流水方法

多层装配式框架结构安装的顺序和流水方法，同样有分件流水安装和综合流水安装。

分件流水安装即塔式起重机每开行一次吊装一种构件（如第一次吊柱，第二次吊梁，最后吊楼板）。经多次开行完成框架结构的装配全过程。由于一次只吊一种构件，为构件的校正和节点接头处理留有充裕时间，而且不需要更换吊索，故起重机工作效率较高。但是形成空间稳定结构的时间较迟，当柱子高度较大时则对柱的稳定不利。

分件流水安装可以分层分段地进行流水作业，也可不分段采用分层大流水作业。图 2-74 所表示的即是分层分段流水安装顺序。其具体顺序是：每层划分为 4 个流水段，每段内先吊柱子，然后吊装纵、横梁形成框架。最后吊装楼板和楼梯。其间穿插校正、焊接和混凝土的灌筑各工序。也可以先吊装Ⅰ、Ⅱ流水段的柱梁，最后统一吊装两段的楼板及楼梯。

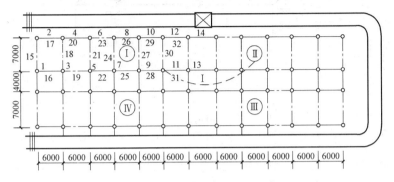

图 2-74　分层分段流水吊装顺序

综合流水吊装是指起重机以节间为吊装单元，一次将节间内的柱、梁、板和楼梯全部吊装完毕，再移向下一节间进行安装。这种吊装方法使局部框架及早形成稳定结构，且起重机开行路线的总距离短。但是吊索更换频繁影响效率，构件校正和脚手准备时间过紧困难较大，接头处理紧张复杂。此法多在起重机布置在建筑物跨内时采用。

（2）构件的吊装工艺

框架结构的柱、梁和板等构件比单层厂房结构的构件重量和尺寸小得多。吊装操作相对较简单。但是多层构件的节点多，校正工作也比较复杂，再加上是高空作业，难度较大。

1）柱的吊装

柱子吊装时，主要是对接头外伸钢筋的保护，以便吊装后钢筋的焊接对位。通常在吊柱前在柱上固定好角钢夹板和护筋钢管三脚架。钢夹板用于支撑，钢管三脚架用于保护钢筋免受弯折（图 2-75）。

柱子吊装就位时，应对准轴线并保证柱身垂直，同时用两台经纬仪在相互垂直的两个面进行垂直度的校正。待梁吊装完毕并经校正后，即将柱与柱、柱与梁之间的连接节点的钢筋和预埋铁

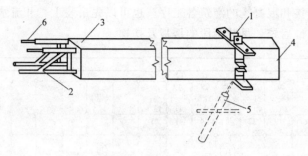

图 2-75　柱吊装用钢夹板与钢管三脚架

1—角钢夹板；2—钢管三脚架；3—柱下部；4—柱顶部；5—工具式校正器；6—柱钢筋

件焊牢。焊接时，应采用等速度、对称的焊接程序，以减少焊接温度变形，保证柱、梁的位置和垂直度的准确性。

柱的接头连接形式较多，应按照施工图纸设计规定进行施工。这里介绍最常用的榫接头形式的做法（图 2-76）和整体式浇筑接头的做法（图 2-77）。榫接头做法是上节柱的下端制成榫头承受柱的自重和施工荷载，柱的主筋按规定长度外露。上、下柱端外露的主筋按照设计规定进行搭接焊或坡口焊，浇筑接头混凝土将上、下柱连为整体。

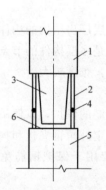

图 2-76　柱的榫接头图

1—上柱；2—主筋；3—榫头；4—剖口
焊头；5—下柱；6—垫浆

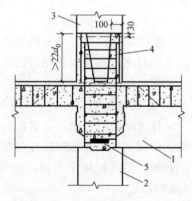

图 2-77　整体式梁柱接头

1—梁；2—柱；3—上柱；
4—焊接；5—焊接

180

整体式梁柱接头节点，即上下柱、主次梁的接头在节点处焊接和浇筑。梁端搁置在下柱顶端，上柱榫头压在叠合层上平，上下柱、梁的节点外伸钢筋按规定弯起并进行焊接。施工程序是：下一层的梁安装完毕后，即对钢筋进行焊接，同时绑扎节点区加密的箍筋，然后浇筑节点区的混凝土，第一次先浇至楼板顶面，待混凝土强度大于 $10N/mm^2$ 后，方可吊装上柱。上柱经过校正并绑扎好加密箍筋，即可焊接上下柱主筋接头，随后第二次浇筑接头混凝土，留 35mm 空隙最后用细石混凝土捻实。

2）梁、板的安装

梁、板安装必须在柱下端接头混凝土达到要求的强度（一般不低于 $10N/mm^2$）后进行。楼板一般在梁安装完毕并经过校正、固定后开始吊装。梁、板安装应注意以下问题：

（a）梁、板吊装应在安装面上（支座）垫砂浆（有预压钢板者除外），使梁、板支承端与支承面接触紧密、平稳。

（b）梁一般采取由建筑物中央向两翼方向进行安装，以减少梁在安装过程中产生误差积累对柱子垂直度的影响。

（c）梁就位时要尽可能准确，避免过多的撬动，以免造成柱上端产生偏移。

（d）梁柱接头焊接如系剖口焊，因热胀冷缩产生焊接应力，容易造成梁的位移或柱的偏斜，应合理地选择梁端的焊接顺序。如图 2-78 所示的焊接顺序较好，即由中柱到边柱，或由边柱到中柱分别组成框架。由于焊接时梁的一端固定一端自由，减小了焊接过程中拉应力引起的框架变形，同时便于土建工序的流水施工。

（e）吊装楼板应用吊索兜住板底，钢丝绳距板端 500mm。安装时板端对准支座缓慢下降，落稳后再脱钩。一吊装多块圆孔板到楼层后再分别就位，应注意第一落点的支撑。

（f）就位后可用撬棍轻轻拨动，使板的两端搭接长度相等，在砖墙上支承长度不小于 75mm，在大模板墙上的支承长度不小于 20mm，在预制梁上的支承长度应按施工图纸要求。

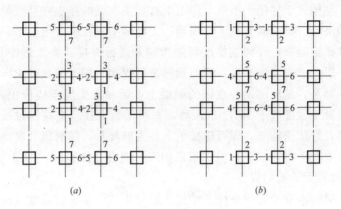

图 2-78 梁端的焊接顺序

(a) 由中柱到边柱；(b) 由边柱到中柱

（g）楼板锚固筋在板宽范围内应焊接 4 点，其余锚固筋必须上弯 45°相互交叉，在交叉点上边绑一根通长筋，严禁将锚固筋上弯 90°或压在板下，锚固筋和连接筋每隔 500mm 绑扎一扣。

2.4.5 装配式墙板结构安装

装配式墙板结构是以预制墙板为承重结构，它是由预制的内墙板、外墙板、预制楼板、预制楼梯和预制阳台等构件装配而成。这些构件均需用起重机进行吊装，并要完成大量的接头焊接和混凝土浇筑工作。施工的关键是构件的供应、堆放和吊装工作，以及如何保证节点连接的质量（即整体强度和防水功能）。

1. 墙板的运输与堆放

大型预制墙板一般采用立放运输，以利于墙板的结构安全和外饰面层的保护。运输时墙板应牢固平稳地固定在运输车上，以免构件破损。

预制墙板堆放有插放法和靠放法。插放法可按吊装顺序排放，易于查找型号并利于墙板保护，但是需要较多的插放架，占用较大的场地。靠放法可利用楼板或靠放架做依托（图 2-79）同类型的墙板依次靠放，占地较小且少用靠放架，但吊装时查找板号较困难。

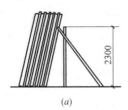 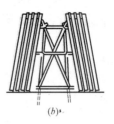

(a)　　　　　　　　(b)

图 2-79　墙板靠放架及靠放示意图

(a) 单侧靠放；(b) 双侧对称靠放

墙板堆放的储备量，应根据吊装周期、运输条件决定，同时要考虑现场大小和堆放条件，以保证连续吊装为原则。通常配套贮存一层半的构件为宜。

2. 墙板的安装

(1) 预制墙板的吊装顺序

预制墙板吊装顺序一般采用逐间封闭法，即以三面内墙板和一面外墙板为一安装单元，以尽快形成稳定结构（如图2-80）。整个建筑的起始顺序；当建筑物较长时宜从中间开始吊装。

当建筑物较短时也可以从建筑物尽端的第二间开始吊装。每个开间的墙板先吊内墙板后吊外墙板，以利于结构吊装的稳定性。从建筑物中间开始可以避免焊接线路过长。

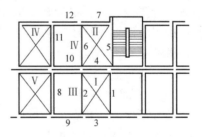

图 2-80　逐间封闭吊装顺序

1、2、3……——墙板安装顺序号；Ⅰ、Ⅱ、

Ⅲ、……——逐间封闭顺序号

(2) 墙板吊装工艺

墙板的吊装工艺流程如图 2-81 所示。

1) 抄平放线

首先应校核原始的建筑物定位桩和水准点标高是否有变动。然后按照基础阶段的轴线控制桩和各个轴线桩，引出墙板纵横轴

183

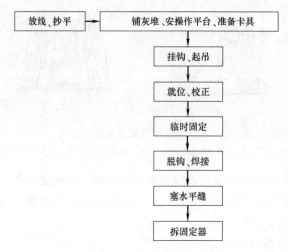

图 2-81 墙板吊装工艺流程图

线、墙板两则边线、门口位置线、墙板节点线，以及楼梯休息板位置和标高线等。各层的轴线应用经纬仪由轴线控制桩投测上去，确保各层轴线的准确性。

楼板标高是靠墙板顶面以下所弹的标高线（一般距板顶100mm）来控制。

2）铺灰堆（灰饼）

墙板吊装前，需要在墙板安装位置线范围内的两端，铺设1：3水泥砂浆灰堆（一般长150mm，宽比墙板厚度小20mm）。表面根据抄平的统一标高来抹平，用以保证墙板底平标高一致。待砂浆具有一定强度后，方可吊装墙板。

3）垫灰、吊装墙板

墙板应随垫灰随吊装，垫灰和吊装前后相隔不宜超过一个开间，保证砂浆黏度以利与墙板粘结。垫灰厚约10mm，其宽度不得压住墙位线，以便吊装墙板时对线。

墙板就位应对准墙边线，同时校核墙板垂直度和墙板顶端的间距，无误后立即利用操作平台上的固定器加以固定。

4）电焊、塞缝

墙板吊装、校正、临时固定后，即可进行墙板上部节点连接铁件、下角竖缝插筋、抗剪键块处连接铁件的电焊。焊接合格后拆除临时固定器。节点连接件的焊接是保证结构整体性的关键，应严格控制质量。

为保证墙板下端能均匀传力，和防水保温的要求，墙板下端的缝隙必须捻实。宜采用干硬的 1:3 水泥砂浆塞缝。塞缝应及时以便与垫浆结合为整体。

5）外墙板缝防水施工

内、外墙板相接处的构造柱插筋，应按规定插入外墙板外伸套筋内，混凝土灌筑密实。外墙板缝的水平缝保温条在吊装墙板时直接放入。垂直缝在吊装完墙板后，浇筑混凝土前从上面插入。贴好聚苯乙烯条的油毡防水条，附在空腔后壁上。

为了保证防水效果，防止产生渗漏，施工时要注意以下几点：

① 外墙板进场后要逐块检查，凡竖缝防水槽、水平缝防水台有损坏者。应在吊装前修补好。

② 严格遵守在板缝混凝土浇灌后插放塑料条的顺序，混凝土浇灌后要及时清理防水槽内杂物，以免堵塞。

③ 塑料条应比防水槽宽出 5mm。塑料条下料时，应在每层吊完楼板后，实测每条板缝防水槽宽度，将塑料条裁成几种宽度，插放时选择宽度适宜的塑料条，以保证空腔密封。塑料条长度要保证上下楼层搭接 150mm。

④ 塑料条外侧勾水泥砂浆时，应分 2~3 道工序且用力不得过猛，以防将塑料条挤入空腔，造成堵塞。个别板缝由于吊装误差造成瞎缝，塑料条不好插入时，外部应满塞油膏，防止漏水。阳台上下及两端十字缝上下左右 100mm 处，均应嵌入油膏以利防水。

2.4.6 预制装配式混凝土构件与现浇结构的连接

预制构件与现烧混凝土部分连接应按设计图纸与节点施工。预制构件与现浇混凝土接 触面，构件表面宜采用拉毛或表面露石处理，也可采用凿毛的处理方法。

预制构件外墙模施工时，应先将外墙模安装到位，再进行内衬现浇混凝土剪力墙的钢筋绑扎。预制阳台板与现浇梁、板连接时，应先将预制阳台板安装到位，再进行现浇梁、板的钢筋绑扎，见图2-82～图2-84。

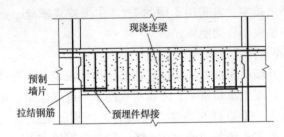

图 2-82　现浇连梁与预制墙片的连接

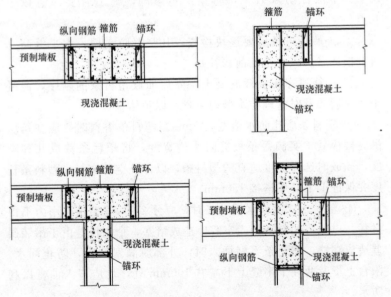

图 2-83　预制墙板与现浇边缘构件连接构造

预制构件插筋影响现浇混凝土结构部分钢筋绑扎时，应采用在预制构件上预留接驳器，待现浇混凝土结构钢筋绑扎完成后，

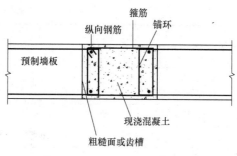

图 2-84 预制墙板与现浇段连接构造

再将锚筋旋入接驳器，完成铺筋与预制构件之间的连接。

预制楼梯与现浇梁板采用预埋件焊接连接时，应先施工梁板，后放置、焊接楼梯；当采用锚固钢筋连接时，应先放置楼梯，后施工梁板。

2.4.7 预制构件的尺寸偏差

预制构件的尺寸偏差应符合表 2-20 的规定。

预制构件的尺寸偏差 表 2-20

项 目		允许偏差（mm）	检 验 方 法
长度	板、梁	$+10、-5$	钢尺检查
	柱	$+5、-10$	
	墙板	±5	
	薄腹梁、桁架	$+15、-10$	
宽度、高(厚)度	板、梁、柱、墙板、薄腹梁、桁架	±5	钢尺量一端及中部，取其中较大值
侧向弯曲	梁、柱、板	$L/750$ 且$\leqslant20$	拉线、钢尺量最大侧向弯曲处
	墙板、薄腹梁、桁架	$L/1000$ 且$\leqslant20$	
预埋件	中心线位置	10	钢尺检查
	螺栓位置	5	
	螺栓外露长度	$+10、-5$	
预留孔	中心线位置	5	钢尺检查
预留洞	中心线位置	15	钢尺检查

项　　目		允许偏差(mm)	检 验 方 法
主筋保护层厚度	板	+5,-3	钢尺或保护层厚度测定仪式量测
	梁、柱、墙板、薄腹梁、桁架	+10,-5	
对角线差	板、墙板	10	钢尺量两个对角线
表面平整度	板、墙板、柱、梁	5	2m靠尺和塞尺检查
预应力构件预留孔道位置	梁、墙板、薄腹梁、桁架	3	钢尺检查
翘曲	板	$L/750$	调平尺在两端量测
	墙板	$L/1000$	

注：1. L 为构件长度（mm）；

2. 检查中心线、螺栓和孔道位置时，应沿纵、横两个方向量测，并取其中的较大值；

3. 对开头复杂或特殊要求的构件，其尺寸偏差应符合标准图基设计的要求。

2.5　钢结构工程

2.5.1　钢结构加工制作

1. 加工制作工艺流程

工艺流程包括：放样→号料→切割→矫正→边缘加工→滚圆→煨弯→制孔→组装

2. 钢结构预拼装

钢结构预拼装是检验制作的精度及整体性，以便及时调整、消除误差，从而确保构件现场顺利吊装，减少现场特别是高空安装过程中对构件的安装调整时间，有力保障工程的顺利实施。通过对构件的预拼装，及时掌握构件的制作装配精度，对某些超标项目进行调整，并分析产生原因，在以后的加工过程中及时加以控制。

3. 钢结构工厂除锈及防腐涂装

（1）钢材除锈方法：钢材除锈有喷射或抛射除锈、手工和动力工具除锈、火焰除锈三种方法。

（2）常见防腐涂料

防腐涂料一般由不挥发组分和挥发组分（稀释剂）两部分组成。涂刷的物件表面后，挥发组分逐渐挥发逸出，留下不挥发组分干结成膜，所以不挥发组分的成膜物质叫做涂料的固体组分。成膜物质又分为主要、次要和辅助成膜物质三种。主要成膜物质可以单独成膜，也可以粘结颜料等物质共同成膜，它是涂料的基础，也常称基料、添料或漆基。

2.5.2 钢结构连接

1. 钢结构连接的主要方式

钢结构工程主要连接方式有焊接、紧固件连接（包括普通紧固件连接、高强度螺栓连接等），目前应用最多的是焊接和高强度螺栓。各连接方法的优缺点和适用范围见表 2-21。

钢结构主要连接方式的优缺点和适用范围　　表 2-21

连接方式		优　缺　点	适用范围
焊接		1. 对构件几何形体适应性强,构造简单,易于自动化; 2. 不消弱构件截面,节约钢材; 3. 焊接程序严格,易产生焊接变形、残余应力、微裂纹等焊接缺陷; 4. 对疲劳敏感性强	除少数直接承受动力荷载的结构连接(如重级工作制吊车梁)与有关构件的连接在目前不宜使用焊接外,其他可广泛用于工业与民用建筑钢结构中
普通紧固件连接	A、B 级	1. 栓径与孔径间空隙小,制造与安装较复杂,费工费料; 2. 能承受拉力及剪力	用于有较大剪力的安装连接
	C 级	1. 栓径与孔径有较大空隙,结构拆装方便; 2. 只能承受拉力; 3. 费料	1. 适用于安装连接和需要装拆的结构; 2. 用于承受拉力的连接,如有剪力作用,需另设支托
高强度螺栓连接		1. 连接紧密,受力好,耐疲劳; 2. 安装简单迅速,施工方便,可拆换,便于养护与加固; 3. 摩擦面处理略复杂,造价略高	广泛用于工业与民用建筑钢结构中,也可用于直接承受动力荷载的钢结构

2. 紧固件连接

螺栓作为钢结构主要连接紧固件，通常用于钢结构中构件间的连接、固定、定位等，钢结构中使用的连接螺栓一般分为普通螺栓和高强度螺栓两种。

（1）普通紧固件连接

钢结构普通螺栓连接即将普通螺栓、螺母、垫圈机械地和连接件连接在一起形成的一种连接形式。

1）普通螺栓规格

螺栓按照性能等级分为 3.6、4.6、4.8、5.6、5.8、6.8、8.8、9.8、10.9、12.9 十个等级，其中 8.8 级及以上等级螺栓统称为高强度螺栓，8.8 级以下（不含 8.8 级）统称为普通螺栓。

普通螺栓按照形式可分为六角头螺栓、双头螺栓、沉头螺栓等；按制作精度可分为 A、B、C 级三个等级，A、B 级为精制螺栓，C 级为粗制螺栓，钢结构连接螺栓，除特殊注明外，一般即为普通粗制 C 级螺栓。

2）普通螺栓施工

普通螺栓可采用普通扳手紧固，螺栓紧固的程度应能使被连接件接触面、螺栓头和螺母与构件表面密贴。普通螺栓紧固应从中间开始，对称向两边进行，大型接头宜采用复拧。

对于一般的螺栓连接，螺栓头和螺母下面应放置平垫圈，以增大承压面积。

螺栓头下面放置的垫圈一般不应多于 2 个，螺母头下的垫圈一般不多于 1 个。

对于设计要求有防松动的螺栓，应采用有防松装置的螺母或弹簧垫圈或用人工方法采取防松措施。

对于承受动荷载或重要部位的螺栓连接，应按设计要求放置弹簧垫圈，弹簧垫圈必须设置在螺母一侧。

对于工字钢、槽钢类型钢应尽量使用斜垫圈，使螺母和螺栓头部的支承面垂直于螺杆。

螺栓紧固外露丝扣应不少于 2 扣，紧固质量检验可采用锤敲或力矩扳手检验，要求螺栓不颤头和偏移。

（2）高强螺栓连接

高强度螺栓连接按其受力状况，可分为摩擦型连接、摩擦-承压型连接、承压型连接和张拉型连接等几种类型，其中摩擦型连接是目前广泛采用的基本连接形式。

高强度螺栓从外形上可分为大六角头和扭剪型两种；按性能等级可分为 8.8 级、10.9 级、12.9 级等，目前我国使用的大六角头高强度螺栓有 8.8 级和 10.9 级两种，扭剪型高强度螺栓只有 10.9 级一种。

1）大六角高强度螺栓施工

高强度大六角头螺栓连接副，施拧可采用扭矩法或转角法：

扭矩法施工，根据扭矩系数 k、螺栓预拉力 P（一般考虑施工过程中预拉力损失 10%，即螺栓施工预拉力 P 按 1.1 倍的设计顶拉力取值）计算确定施工扭矩值，使用扭矩扳手（手动、电动、风动）按施工扭矩值进行终拧。

转角法施工，转角法施工次序：初拧→初拧检查→画线→终拧→终拧检查→做标记。

高强度大六角头螺栓施拧采用的扭矩扳手和检查采用的扭矩扳手，在每班作业前，均应进行校正，其扭矩误差应分别为使用扭矩的 ±5% 和 ±3%。

扭矩检查方法有扭矩法和转角法。用扭矩法检查时，在螺尾端头和螺母相对位置划线，将螺母退回 60° 左右，用扭矩扳手测定拧回原来位置时的扭矩值。该扭矩值与施工扭矩值偏差在 10% 以内为合格。用转角法检查时，检查初拧后在螺母与相对位置所画的终拧起始线和终止线所夹的角度是否达到规定值。在螺尾端头和螺母相对位置画线，然后全部卸松螺母，再按规定的初拧扭矩和终拧角度重新拧紧螺栓，观察与原所画线是否重合，终拧转角偏差在 10° 以内为合格。

2）扭剪型高强度螺栓施工

施工前，扭剪型高强度螺栓连接副应按出厂批号复验预拉力，其平均值和标准差应符合表 2-22 的规定。

扭剪型高强度螺栓紧固预拉力和标准偏差（kN） 表 2-22

螺栓直径(mm)	16	20	(22)	24
紧固预拉力的平均值 P	99～120	154～186	191～231	222～270
标准偏差 σ_p	10.1	15.7	19.5	22.7

扭剪型高强度螺栓连接副宜采用专用电动扳手施拧。施拧时应分为初拧和终拧，大型节点应在初拧和终拧之间增加复拧。

终拧应以拧掉螺栓尾部梅花头为准，对于个别不能用专用扳手进行终拧的螺栓，可按参考大六角头高强度螺栓的施工方法进行终拧，扭矩系数 k 取 0.13。

（3）高强度螺栓施工质量控制及验收要求

由制造厂处理的钢构件摩擦面，安装前应按《钢结构工程施工质量验收规范》（GB 50205—2001）的相关规定进行高强度螺栓连接摩擦面的抗滑移系数复验。现场处理的构件摩擦面应单独进行摩擦面抗滑移系数试验，其结果应符合设计要求。

施工前，高强度大六角头螺栓连接副应按出厂批号复验扭矩系数，其平均值和标准差应符合现行标准《钢结构高强度螺栓连接的设计、施工及验收规程》（JGJ 82—2011）的规定。

安装高强度螺栓时，螺栓应自由穿入孔内，不得强行敲打，并不得气割扩孔。穿入方向宜一致并便于操作。高强度螺栓不得作为临时安装螺栓。

高强度螺栓的安装应按一定顺序施拧，宜由螺栓群中央顺序向外拧紧，并应在当天终拧完毕。

高强度螺栓终拧后，螺栓丝扣外露应为 2～3 扣，其中允许有 10% 的螺栓，丝扣外露 1 扣或 4 扣。

扭剪型高强度螺栓，除因构造原因无法使用扳手终拧掉梅花头外，未在终拧中拧掉梅花头的螺栓数不应大于该节点螺栓数的 5%。

3. 焊接连接

焊接连接是钢结构最主要的连接方法。其突出的优点是构造简单、不受构件外形尺寸的限制、不削弱构件截面、节约钢材、加工方便、易于采用自动化操作、连接的密封性好、刚度大；缺点是焊接残余应力和残余变形对结构有不利影响，焊接结构的低温冷脆问题也比较突出。

（1）常用钢结构焊接方法

按加热能源的不同，熔焊可分为：电弧焊、电渣焊、气焊、等离子焊、电子束焊、激光焊等。限于成本、应用条件等原因，在建筑钢结构领域中广泛使用的是电弧焊。电弧焊可分为熔化电极与不熔化电极电弧焊、气体保护焊与自保护电弧焊、栓焊。按焊接过程的自动进行程度不同还可分为手工焊和半自动、自动焊。在电弧焊中，以药皮焊条手工电弧焊、自动和半自动埋弧焊、CO_2 气体保护焊在建筑钢结构工程中应用最为广泛。

（2）焊接质量控制及验收要求

1）坡口焊均采用垫板和引弧板，目的是使底层焊透，保证质量。引弧板能保证正式焊缝的质量，避免起弧和收弧时对焊接件增加初应力和导致缺陷。

2）对于厚度大于 30mm 的钢板，施焊前需进行预热，预热温度视板厚及工艺评定要求而不同，一般采用红外加热板，特殊区域用火焰加热。

3）焊缝表面检验

焊接结束后，应对焊缝进行外观检查。焊缝的焊波应均匀，不得有裂纹、未熔合、夹渣、焊瘤、咬边、弧坑和针状气孔等缺陷，焊接区无飞溅残留物，焊缝的位置、外形尺寸必须符合《建筑钢结构焊接规程》（JGJ81—2002）、《钢结构工程施工质量验收规范》（GB 50205—2001）。

4）超声波探伤（UT 检测）

设计对全熔透焊缝有超声波探伤要求的，必须进行超声波探伤检查（根据设计要求的比例对焊缝进行超声波探伤）。

探伤标准参见《钢结构焊缝手工超声波探伤方法和探伤结果的分级》（GB/T 11345—89）。

4. 其他连接

钢结构工程中有时还会采用铆钉、抽芯铆钉（拉铆钉）、自攻螺钉和焊钉等进行连接。

2.5.3　钢结构安装及防火涂装

1. 钢结构安装

（1）安装施工工艺

1）钢柱的安装

钢柱安装顺序：按先内筒的安装、后外筒的安装，先中部后四周，先下后上的安装顺序进行安装。钢柱吊点设置在钢柱顶部，直接用临时连接板（连接板至少 4 块）。

第一段钢柱安装：安装前要对预埋件进行复测，并在基础上进行放线。根据钢柱的柱底标高调整好螺杆上的螺母，然后钢柱直接安装就位。抄平可采用柱底四角设置垫板的方式，但每组垫板不宜超过四块。当钢柱与相应钢梁吊装完成并校正完毕后，及时对柱底进行二次灌浆，对钢柱进一步稳固。

上部钢柱的安装与首段钢柱安装的不同点在于柱脚的连接固定方式。钢柱吊点设置在钢柱的上部，利用四个临时连接耳板作为吊点。吊装前，下节钢柱顶面和本节钢柱底面的渣土和浮锈要清除干净，保证上下节钢柱对接面接触顶紧。下节钢柱的顶面标高和轴线偏差、钢柱扭曲值一定要控制在规范的要求以内，在上节钢柱吊装时要考虑进行反向偏移回归原位的处理，逐节进行纠偏，避免造成累积误差过大。

钢柱吊装示意如图 2-85 所示。

2）钢梁的安装

钢梁的数量一般是钢柱的几倍，起重机吊钩每次上下的时间随着建筑物的升高越来越长，所以选择安全快速的绑扎、提升、卸钩的方法直接影响吊装效率。钢梁吊装就位时必须用普通螺栓

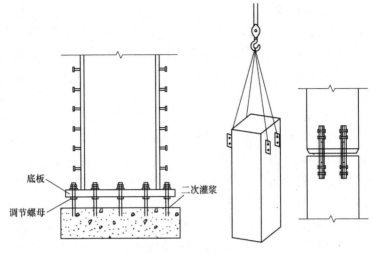

图 2-85　钢柱吊装示意图

进行临时连接固定，并在起重机的起重性能内对钢梁进行串吊。钢梁的连接形式有栓接和栓焊连接。

总体随钢柱的安装顺序进行，相邻钢柱安装完毕后，及时连接之间的钢梁使安装的构件及时形成稳定的框架，每天安装完的钢柱必须用钢梁连接起来，不能及时连接的应拉设缆风绳进行临时稳固。按先主梁后次梁、先下后上的安装顺序进行。

为加快施工进度，提高工效，对于质量较轻的钢梁可采用一机多吊（串吊）的方法，如图 2-86 所示。

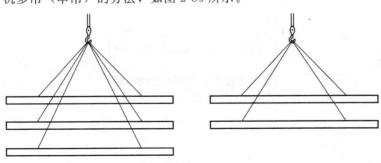

图 2-86　钢梁串吊示意图

3）斜撑的安装

斜撑的安装为嵌入式安装，即在两侧相连接的钢柱、钢梁安装完成后，再安装斜撑。为了确保斜撑的准确就位，斜撑吊装时应使用捯链进行配合，将斜撑调节至就位角度，确保快速就位连接。

4）桁架的安装

桁架是结构的主要受力和传力结构，一般截面较大，板材较厚，施工中应尽量不分段整体吊装，若必须要分段，也应在起重设备允许的范围内尽量少分段，以减少焊接收缩对精度的影响。分段后桁架段与段之间的焊接应按照正确的流程和顺序进行施焊，先上下弦，再中间腹杆，由中间向两边对称进行施焊。散件高空组装顺序为先上弦、再下弦和竖向直腹杆，最后嵌入中间斜腹杆，然后进行整体校正焊接。同时，应根据桁架跨度和结构特点的不同设置胎架支撑，并按设计要求进行预起拱。如图 2-87 所示。

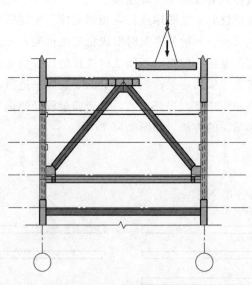

图 2-87　桁架吊装示意图

（2）钢构件的校正

钢构件安装完成并形成稳定框架后，应及时进行校正，钢构件校正应先进行局部构件校正，再进行整体校正，主要使用捯链、楔铁、千斤顶进行调整，采用全站仪、经纬仪、水准仪进行数据观测。

钢柱吊装就位后，应先调整钢柱柱顶标高，再调整钢柱轴线位移，最后调整钢柱垂直度；钢梁吊装前应检查校正柱牛腿处标高和柱间距离，吊装过程中监测钢柱垂直度变化情况，并及时校正。

1）钢柱顶标高检查及误差调整

首先在柱顶架设水准仪，测量各柱顶标高，根据标高偏差进行调整。可切割上节柱的衬垫板（3mm 内）或加高垫板（5mm 内），进行上节柱的标高偏差调整。若标高误差太大，超过了可调节的范围，则将误差分解至后几节柱中调节。

2）钢柱轴线调整

上下钢柱连接保证柱中心线重合。如有偏差，采用反向纠偏回归原位的处理方法，在柱与柱的连接耳板的不同侧面加入垫板，拧紧螺栓。另一个方向的轴线偏差通过旋转、微移钢柱，同时进行调整。钢柱中心线偏差调整每次在 3mm 以内，如偏差过大则分 2～3 次调整。上节钢柱的定位轴线不允许使用下节钢柱的定位轴线，应从控制网轴线引至高空，保证每节钢柱的安装标准，避免过大的累计误差。

3）钢柱垂直度调整

在钢柱偏斜方向的一侧顶升千斤顶。在保证单节柱垂直度不超过规范要求的前提下，将柱顶偏移控制到零，最后拧紧临时连接耳板的高强度螺栓。

（3）安装注意事项

1）钢柱安装注意事项

钢柱吊装应按照各分区的安装顺序进行，并及时形成稳定的框架体系。

每根钢柱安装后应及时进行初步校正，以利于钢梁安装和后续校正。

校正时应对轴线、垂直度、标高、焊缝间隙等因素进行综合考虑，全面兼顾，每个分项的偏差值都要达到设计及规范要求。

钢柱安装前必须焊好安全环及绑牢爬梯并清理污物。

利用钢柱的临时连接耳板作为吊点，吊点必须对称，确保钢柱吊装时为垂直状。

每节钢柱的定位轴线应从地面控制线直接从基准线引上，不得从下节柱的轴线引上。结构楼层标高可按相对标高进行，安装第一节柱时从基准点引出控制标高在混凝土基础或钢柱上，以后每次使用此标高，确保结构标高符合设计及规范要求。

钢柱定位后应及时将垫板、螺母与钢柱底板点焊牢固。

起吊前，钢构件应横放在垫木上，起吊时，不得使钢构件在地面上有拖拉现象，回转时，需有一定的高度。起钩、旋转、移动三个动作交替缓慢进行，就位时缓慢下落，防止擦坏螺栓丝口。

2）钢梁安装注意事项

在钢梁的标高、轴线的测量校正过程中，一定要保证已安装好的标准框架的整体安装精度。

钢梁安装完成后应检查钢梁与连接板的贴合方向。

钢梁的吊装顺序应严格按照钢柱的吊装顺序进行，及时形成框架，保证框架的垂直度，为后续钢梁的安装提供方便。

处理产生偏差的螺栓孔时，只能采用绞孔机扩孔，不得采用气割扩孔的方式。

安装时应用临时螺栓进行临时固定，不得将高强度螺栓直接穿入。

安装后应及时拉设安全绳，以便于施工人员行走时挂设安全带，确保施工安全。

当电梯井内部的钢梁完成后及时安装钢梯，以便于相邻楼层的上下。

3）斜撑安装注意事项

斜撑安装应在一根钢丝绳上设置捯链以调整斜撑的倾斜角度，使安装就位方便。尽量避免上下钢梁全部安装完毕后，再来安装上下梁之间的斜撑。

（4）其他钢结构安装方法

钢结构安装根据建筑体型结构特点还可采用高空拼装法、滑移施工法、单元或整体提升法、综合施工法等施工方法。

高空拼装是指搭设支撑胎架（脚手架或型钢支架）将构（杆）件直接在设计位置进行拼装的一种施工方法，又称为高空原位拼装法。根据结构形式的不同，高空拼装法又可以分为高空散装法和分条分块吊装法。

滑移施工法是指利用在事先设置的滑轨上滑移分条的单元或者胎架来完成屋盖整体安装的方法。根据滑移的对象和方法可分为累积滑移法、胎架滑移法、主结构滑移法。

提升施工法是利用提升装置将在地面或楼面拼装的结构逐步提升至既定位置的施工方法。采用这种施工方法，不需要大的吊车，设备投入也少，施工安全可靠，具有较好的综合效益。有原位整体提升、局部提升两种形式。安装方法有滑模提升、桅杆提升、升板机提升等。

综合施工法就是同一结构采用两种及以上安装方法进行施工。事实上，当今大跨度结构有两个明显的发展特点，一是跨度规模不断增大，二是结构越来越复杂。对于这类大型大跨度及空间钢结构仅用一种施工方法是难以完成整个工程的施工，一般都会采用多种施工方法同时进行。

（5）控制焊接变形的工艺措施

宜按下列要求采用合理的焊接顺序控制变形：

1）对于对接接头、T形接头和十字接头坡口焊接，在工件放置条件允许或易于翻身的情况下，宜采用双面坡口对称顺序焊接；对于有对称截面的构件，宜采用对称于构件中和轴的顺序焊接；

2）对双面非对称坡口焊接，宜采用先焊深坡口侧部分焊缝、后焊浅坡口侧、最后焊完深坡口侧焊缝的顺序；

3）对长焊缝宜采用分段退焊法或与多人对称焊接法同时运用；

4）宜采用跳焊法，避免工件局部加热集中。

5）对于大型结构宜采取分部组装焊接、分别矫正变形后再进行总装焊接或连接的施工方法。

（6）焊后消除应力处理

1）设计文件对焊后消除应力有要求时，根据构件的尺寸，工厂制作宜采用加热炉整体退火或电加热器局部退火对焊件消除应力，仅为稳定结构尺寸时可采用振动法消除应力；工地安装焊缝宜采用锤击法消除应力。

2）用锤击法消除中间焊层应力时，应使用圆头手锤或小型振动工具进行，不应对根部焊缝、盖面焊缝或焊缝坡口边缘的母材进行锤击。

（7）安装质量验收

1）焊工必须经考试合格并取得合格证书。持证焊工必须在其考试合格项目及其认可范围内施焊。

2）施工单位对其首次采用的钢材、焊接材料、焊接方法、焊后热处理等，应进行焊接工艺评定，并应根据评定报告确定焊接工艺。

3）设计要求全焊透的一、二级焊缝应采用超声波探伤进行内部缺陷的检验，超声波探伤不能对缺陷作出判断时，应采用射线探伤，其内部缺陷分级及探伤方法应符合现行国家标准《钢焊缝手工超声波探伤方法和探伤结果分级》（GB 11345）或《钢熔化焊对接接头射结照相和质量分级》（GB 3323）的规定。

4）钢结构制作和安装单位应按《钢结构质量验收规范》附录B的规定分别进行高强度螺栓连接摩擦面的抗滑移系数试验和复验，现场处理的构件摩擦应单独进行摩擦面抗滑移系数试验，其结果应符合设计要求。

5）多层及高层钢结构主体结构的整体垂直度和整体平面弯曲矢高的允许偏差符合表 2-23 的规定。

整体垂直度和整体平面弯曲的允许偏差（mm） 表 2-23

项目	允许偏差	图例
主体结构的整体垂直度	$(H/2500+10.0)$， 且不应大于 50.0	
主体结构的整体平面弯曲	$L/1500$，且不应大于 25.0	

检查数量：对主要立面全部检查。对每个所检查的立面，除两列角柱外，尚应至少选取一列中间柱。

检验方法：对于整体垂直度，可采用激光经纬仪、全站仪测量，也可根据各节柱的垂直度允许偏差累计（代数和）计算。对于整体平面弯曲，可按产生的允许偏差累计（代数和）计算。

2. 钢结构防火涂装

钢结构防火涂料是施涂于建筑物或构筑物的钢结构表面，能形成耐火隔热保护层以提高钢结构耐火极限的涂料。钢结构常见防火涂料分为薄型、超薄型及厚型。

（1）超薄型防火涂料施工工艺

1）施工工具与方法

喷涂底层（包括主涂层）涂料，宜采用重力（或喷斗）式喷枪，配能够自动调压的 0.6～0.9m³/min 的空压机，喷嘴直径为 4～6mm，空气压力为 0.4～0.6MPa。

面层装饰涂料，可以刷涂、喷涂或滚涂，一般采用喷涂施

201

工。喷底层涂料的喷枪，将喷嘴直径换为 1～2mm，空气压力调为 0.4MPa 左右，即可用于喷涂面层装饰涂料。

局部修补或小面积施工，或者机器设备已安装好的厂房，不具备喷涂条件时，可用抹灰刀等工具进行手工涂抹。

2）涂料的搅拌与调配

运送到施工现场的钢结构防火涂料，应采用便携式电动搅拌器予以适当搅拌，使其均匀一致，方可用于喷涂。

双组分包装的涂料，应按说明书规定的配合比进行现场调配，边配边用。

搅拌和调配好的涂料，应稠度适宜，喷涂后不发生流淌和下坠现象。

3）底层施工操作与质量

底涂层一般应喷 2～3 遍，每遍间隔 4～24h，待前遍基本干燥后再喷后一遍。头遍喷涂以盖住基底面 70% 即可，二、三遍喷涂以每遍厚度不超过 2.5mm 为宜。每喷 1mm 厚的涂层，约耗湿涂料 1.2～1.5kg/m²。

喷涂时手握喷枪要稳，喷嘴与钢基材面垂直或成 70°角，喷嘴到喷面距离为 40～60mm。要求回旋转喷涂，注意搭接处颜色一致，厚薄均匀，要防止漏喷、流淌。确保涂层完全闭合，轮廓清晰。

喷涂过程中，操作人员要携带测厚计随时检测涂层厚度，确保各部位涂层达到设计规定的厚度。

喷涂形成的涂层是粒状表面，当设计要求涂层表面要平整光滑时，待喷完最后一遍应采用抹刀或其他适用工具作抹平处理，使外表面均匀平整。

4）面层施工与质量

当底层厚度符合设计规定，并基本干燥后，方可进行面层喷涂料施工。

面层喷涂料一般涂饰 1～2 遍，如头遍是从左至右喷，第二遍则应从右至左喷，以确保全部覆盖住底涂层，面涂用料为

$0.5 \sim 1.0 kg/m^2$。

对于露天的钢结构，喷好防火底涂层后，也可选用适合建筑外墙用的面层涂料作为防水装饰层，用量为 $1.0 kg/m^2$ 即可。

面层施工应确保各部位颜色均匀一致，接茬平整。

（2）薄型防火涂料施工工艺

薄型防火涂料施工工艺与超薄型防火涂料的施工工艺基本一致（只是每遍的涂装厚度要求不同，薄型防火涂料每遍施工厚度不超过 2.5mm 即可），可参照执行。

（3）厚型防火涂料施工工艺

1）施工工具与方法

一般是采用喷涂施工，机具可为压送式喷涂机或挤压泵，配能自动调压的 $0.6 \sim 0.9 m^3/min$ 的空压机，喷枪口径为 $6 \sim 12mm$，空气压力为 $0.4 \sim 0.6MPa$。局部修补可采用抹灰刀等工具手工涂抹。

2）涂料的搅拌与调配

由工厂制造好的单组分湿涂料，现场应采用便携式搅拌器搅拌均匀。

由工厂提供的干粉料，现场加水或其他稀释剂调配，应按涂料说明书规定配合比混合搅拌，边配边用。

由工厂提供的双组分涂料，按配制涂料说明书规定的配合比混合搅拌，边配边用，特别是化学固化的涂料，配制的涂料必须在规定时间内用完。

搅拌和调配涂料，使稠度适宜，即能在输送管道中畅通流动。喷涂后不会流淌和下坠。

3）施工操作

喷涂应分若干次完成，第一次喷涂以基本盖住钢基材面即可，以后每次喷涂厚度为 $5 \sim 10mm$，一般以 7mm 左右为宜。必须在前一次涂层基本干燥或固化后再接着喷，通常情况下，每天喷一遍即可。

4）质量要求

漆料、涂装遍数、涂层厚度均应符合设计要求。当设计对涂层厚度无要求时，涂层干漆膜总厚度：室外应为 15μm，室内应为 125μm，其允许偏差－25μm。每遍涂层干漆膜厚度的允许偏差－5μm。

　　涂层应在规定时间内干燥固化，各层间粘结牢固，不出现粉化、空鼓、脱落和明显裂纹。

　　钢结构的接头、转角处的涂层应均匀一致，无漏涂出现。

　　涂层厚度应达到设计要求，如某些部位的涂层厚度未达到规定厚度的 85％以上，或者虽达到规定厚度的 85％以上，但未达到规定厚度的部位连续长度超过 1m 时，应补喷，使之符合规定的厚度。

3. 屋面及其他防水工程

3.1 屋面防水工程

屋面防水工程按所用材料和构造做法分为卷材防水屋面、涂膜防水屋面、刚性防水屋面和自防水屋面等。下面重点阐述常见的卷材防水屋面和涂膜防水屋面的施工。

3.1.1 卷材防水屋面施工

卷材防水屋面应采用高聚物改性沥青防水卷材、合成高分子防水卷材。卷材防水屋面的施工质量，取决于卷材、胶粘剂和其他原材料的质量外，主要决定于屋面各构成层次的施工质量，应严格地按照施工规范和操作工艺技术要点进行施工。

1. 施工准备

伸出屋面的管道、设备或预埋件等，应在防水层施工前安装完毕。基层应验收合格，现场环境气温符合防水材料施工的要求。屋面与突出屋面结构交接处及转角处（如女儿墙、变形缝、天沟、檐口、伸出屋面管道、水落口等）找平层均应抹成圆弧。内部排水落口周围，应做成略低的凹坑。找平层应干燥、干净。找平层应设分隔缝，并嵌填密封材料，上面覆盖100mm宽防水卷材，单边粘结固定。

2. 施工环境条件

卷材防水工程施工环境气温要求见表3-1。

卷材防水工程施工环境气温要求　　　　表 3-1

项目	施工环境气温
高聚物改性沥青防水卷材	冷粘法不低于5℃;热熔法不低于−10℃
合成高分子防水卷材	冷粘法不低于5℃;热风焊接法不低于−10℃

3. 屋面卷材施工要求

屋面卷材施工需重点注意的问题有:

(1) 涂刷或喷涂基层处理剂前,要检查找平层的质量和干燥程度并清扫干净,符合要求后才可进行。在大面积喷、涂前,应用毛刷对屋面节点、周边、转角等部位先行处理。

(2) 节点附加增强处理:防水层施工时,应先做好节点、附加层和屋面排水比较集中部位(如屋面与水落口连接处、檐口、天沟、变形缝、屋面转角处等)的处理,检查验收合格后方可进行大面积施工。

(3) 卷材的铺贴方向应根据屋面坡度和屋面是否有振动来确定。

(4) 施工顺序:由屋面最低标高处向上施工。铺贴多跨和有高低跨的屋面时,应按先高后低、先远后近的顺序进行。

(5) 搭接方法及宽度要求:铺贴卷材应采用搭接法,上下层及相邻两幅卷材的搭接缝应错开。平行于屋脊的搭接缝应顺流水方向搭接;垂直于屋脊的搭接缝应顺年最大频率风向(主导风向)搭接。各种卷材的搭接宽度应符合表3-2的要求。

卷材搭接宽度 (mm)　　　　　　　　表 3-2

铺贴方法 卷材种类		短边搭接		长边搭接	
		满粘法	空铺、点粘、条粘法	满粘法	空铺、点粘、条粘法
高聚物改性沥青防水卷材		80	100	80	100
自粘聚合物改性沥青防水卷材		60	—	60	—
合成高分子防水卷材	胶粘剂	80	100	80	100
	胶粘带	50	60	50	60
	单焊缝	60,有效焊接宽度不小于25			
	双焊缝	80,有效焊接宽度10×2+空腔宽			

(6) 卷材与基层的粘贴方法:可分为满粘法、条粘法、点粘

法和空铺法等形式。

4. 高聚物改性沥青卷材施工方法

高聚物改性沥青卷材可采用热熔、自粘、自粘卷材湿铺方法施工，下面重点介绍热熔和自粘卷材湿铺方法施工。

（1）高聚物改性沥青卷材热熔法施工

工艺流程：基层清理→涂刷基层处理剂→铺贴节点卷材附加层→热熔铺贴卷材→热熔封边→作保护层。

1）基层必须牢固，无松动、起砂等缺陷。基层表面应平整、洁净、均匀一致。基层与变形缝或管道等相连接的阴角，应做成均匀一致、平整、光滑的折角或圆弧。排水口、地漏应低于基层；有套管的管道部位，应高于基层表面不少于 20mm。基层应干燥。

2）涂布与所选防水卷材相配套的基层处理剂。对阴角、管道根部等复杂部位，应用油漆刷蘸底胶先均匀涂刷一遍，再用长把滚刷进行大面涂布。涂布应均匀。

3）弹线。应根据所选卷材的宽度留出搭接缝尺寸，按卷材铺贴方向弹基准线，卷材铺贴施工应沿弹好线的位置进行。

4）细部施工。在铺贴卷材前，应对阴阳角、排水口、管道等薄弱部位做加强层处理。细部附加层"抬铺法"施工将已裁剪好的卷材片将卷材有热熔胶的一面烘烤，待其底面呈熔融状态，即可立即粘贴在已涂刷基层处理剂的基层上，并压实、粘牢。

5）热熔铺贴卷材：热熔铺贴卷材时，火焰加热器的喷嘴应处在成卷卷材与基层夹角中心线上，距粘贴面 300mm 左右处。

"滚铺法"先铺贴起始端，施工时手持液化气火焰喷枪，使火焰对准卷材与基面交接处，同时加热卷材底面与基层面，当卷材底面呈熔融状即进行粘铺。至卷材端头剩余约 300mm 时，将卷材端头翻放在隔热板上再行熔烤后，将端部卷材铺牢、压实。起始端卷材粘牢后，持火焰喷枪的人应站在滚铺前方，对着待铺的整卷卷材，使火焰对准卷材与基层面的夹角，喷枪距卷材及基层加热处约 0.3～0.5m，往复移动，烘烤至卷材底面胶层成黑色光泽并伴有微泡时推滚卷材进行粘铺。进行卷材的铺贴时，须排除卷材下面的空气，并用滚刷沿卷材横幅方向辊压，粘结牢固，不得有空鼓。

6）卷材收头可用垫铁压紧、射钉固定，并用密封材料填实封严。

7）保护层的施工，在卷材防水层质量验收合格后。使用细石混凝土保护层，也可用聚醋酸乙烯乳液粘贴 40mm 厚的聚苯泡沫塑料做保护层。

（2）自粘型高聚物改性沥青卷材湿铺法施工

1）基层清理、湿润：用扫帚、铁铲等工具将基层表面的灰尘、杂物清理干净，干燥的基面需预先洒水润湿，但不得残留积水。

2）抹水泥（砂）浆：其厚度视基层平整情况而定，铺抹时应注意压实、抹平。在阴角处，应抹成半径为 50mm 以上的圆角。铺抹水泥（砂）浆的宽度比卷材的长、短边宜各宽出 100～300mm，并在铺抹过程中注意保证平整度。

3）节点加强处理：在节点部位（如：阴阳角、变形缝、管道根、出入口等）先做加强层。

4）大面铺贴宽幅 PET 防水卷材：揭除宽幅 PET 防水卷材下表面隔离膜，将 PET 防水卷材铺贴在已抹水泥（砂）浆的基层上。第一幅卷材铺贴完毕后，再抹水泥（砂）浆，铺设第二幅卷材，以此类推。

5）提浆、排气：用木抹子或橡胶板拍打卷材表面，提浆，排出卷材下表面的空气，使卷材与水泥（砂）浆紧密贴合。

6）长、短边搭接粘结：根据现场情况，可选择铺贴卷材时进行搭接，或在水泥（砂）浆具有足够强度时再进行搭接。搭接时，将位于下层的卷材搭接部位的透明隔离膜揭起，将上层卷材平服粘贴在下层卷材上，卷材搭接宽度不小于 60mm。

7）卷材铺贴完毕后，卷材收头、管道包裹等部位，可用密封膏密封。

3.1.2 涂膜防水屋面施工

屋面涂膜防水是指屋面基层上涂刷防水涂料，该涂料在固化后凝结成一层整体涂膜，该涂膜具有一定厚度、弹性和很好的防水性能，从而达到了屋面防水要求的一种屋面防水形式。

1. 施工准备

参见 3.1.1 中"1. 施工准备"的相关内容。

2. 施工环境条件

涂膜防水工程施工环境气温要求见表 3-3。

涂膜防水工程施工环境气温要求　　　　　　　表 3-3

项目	施工环境气温
高聚物改性沥青防水涂料	溶剂型宜为 $0\sim35℃$；水乳型宜为 $5\sim35℃$；热熔型不低于 $-10℃$
合成高分子防水涂料	溶剂型宜为 $-5\sim35℃$；乳胶型宜为 $5\sim35℃$
聚合物水泥防水涂料	宜为 $5\sim35℃$

3. 涂膜施工的一般要求

屋面防水涂膜施工时应注意的问题如下：

（1）涂膜防水层的施工顺序。因其材料本身的特性，决定了施工应按"先高后低，先远后近"的原则进行，遇高低跨屋面时，一般先涂布高跨屋面，后涂布低跨屋面。从施工成品保护角度因素考虑，对于相同高度屋面，要合理安排施工段，先涂布距上料点远的部位，后涂布近处；在同一屋面上，先涂布排水较集中的水落口、天沟、檐沟檐口等节点部位，再进行大面积涂布。

（2）涂膜防水层施工前，应先对一些特殊部位如水落口、天沟、檐沟、泛水、伸出屋面管道根部等节点，可先加铺胎体增强材料，然后涂刷涂膜材料进行处理。

（3）防水涂膜应分遍涂布，待先涂布的涂料干燥成膜后，方可涂布后一遍涂料，且前后两遍涂料的涂布方向应相互垂直。

（4）对于涂膜防水屋面使用不同防水材料先后施工时，应考虑不同材料之间的相容性（即亲合性大小、是否会发生侵蚀、剥离）；如相容则可使用，否则会造成相互结合困难或相互侵蚀，引起防水层短期失效。

（5）涂料和卷材混合使用时，卷材和涂膜的接缝应顺水流方向，搭接宽度不得小于100mm。

（6）坡屋面涂刷防水涂料时，必须采取安全措施，如系安全带等。防止任何原因引起的滑倒，甚至引坠落事故起的发生。

4. 高聚物改性沥青防水涂膜施工

高聚物改性沥青防水涂膜可采用涂刷、刮涂和喷涂的施工方法，涂膜需多遍涂布。最上面的涂层厚度不应小于1.0mm。涂膜施工前应先做好节点处理，铺设完带有胎体增强材料的附加层后，再进行大面积涂布。屋面转角及立面的涂膜应薄涂多遍，不得有流淌和堆积现象。

（1）涂料冷涂刷施工

要求每遍涂刷必须待前遍涂膜实干后才能进行，否则涂料的底层水分或溶剂被封固在上层涂膜下不能及时挥发，从而形不成一定强度的防水膜。涂层厚度是影响涂膜防水层质量的一个关键问题，涂刷时每个涂层要涂刷几遍才能完成。为此，涂膜防水层施工前，必须根据设计要求的每平方涂料用量、涂膜厚度及涂料材性，事先确定每道涂料涂刷的厚度以及每个涂层需要涂刷的遍数。铺胎体增强材料是在涂刷第二遍或第三遍涂料涂刷前，采用湿铺法或干铺法铺贴。

（2）涂料热熔刮涂施工

涂料热熔刮涂方法适用于热熔型高聚物改性沥青防水涂料的施工。需要将涂料放入熔化釜中加热至190℃左右保温待用。该熔化釜采用带导热油的加热炉，涂料能均匀加热。在将熔化的涂料倒在基面上后，要快速、准确地用带齿的刮板刮涂，刮板应略向刮涂前进方向倾斜，保持一定的倾斜角度平稳地向前刮涂并在涂料冷却前刮匀，否则涂料冷却后涂膜发黏，难以施工。涂料每遍涂刮的厚度控制在1~1.5mm。铺贴胎体增强材料应采用分条间隔施工法，在涂料刮涂均匀后立即铺贴胎体增强材料，然后再刮涂第二遍至设计厚度。

（3）涂料喷涂施工

涂料热喷涂施工法常用于高聚物改性沥青防水涂膜屋面，是将涂料放入加热容器中，加热至$180\sim200℃$，待全部熔化成流态后，启动沥青泵开始输送涂料并喷涂，具有施工速度快、涂层没有溶剂挥发等优点。但应注意安全，防止烫伤。喷涂设备由加热搅拌容器、沥青泵、输油管、喷枪等组成。

5. 合成高分子防水涂膜施工

合成高分子防水涂膜施工，可采用喷涂和刮涂的施工方法。当采用涂刮施工时，每遍涂刮的推进方向宜与前一遍相互垂直；多组分涂料应按配合比准确计量，搅拌均匀。已配成的多组分涂料应及时使用。配料时，可加入适量的缓凝剂或促凝剂来调节固化时间，但不得混入已固化的涂料；在涂层间夹铺胎体增强材料时，位于胎体下面的涂层厚度不宜小于1mm，最上层的涂层不应少于两遍，其厚度不应小于0.5mm；当采用浅色涂料做保护层时，应在涂膜固化后进行。

涂料冷喷涂施工的防水施工工艺是将黏度较小的防水涂料放置于密闭的容器中，通过齿轮泵或空压泵，将涂料从容器中泵出，经输送管至喷枪处，均匀喷涂于基面，形成一层均匀、致密的防水膜。其特点是施工速度快、工效高，适合于各种屋面。施工操作人员要熟练掌握涂涂机械的操作、配料、搅拌和运输过程及调整涂料喷出的速度、均匀度，确保防水膜的致密效果。

6. 聚合物水泥防水涂料（简称 JS 防水涂料）施工

聚合物水泥防水涂料适用于坡屋面防水层及非暴露型屋面防水施工，应用Ⅰ型材，不得使用Ⅱ型材。

（1）JS 防水涂料（Ⅰ型）配合比见表 3-4。

JS 防水涂料（Ⅰ型）各涂层配合比　　　　表 3-4

涂层类别	重量配合比
底层涂料	液料：粉料：水＝10：（7～10）：14
下层涂料	液料：粉料：水＝10：（7～10）：（0～2）

涂层类别	重量配合比
中层涂料	液料：粉料：水＝10：（7～10）：（0～2）
面层涂料	液料：粉料：水＝10：（7～10）：（0～2）

（2）配料、涂刷遍数、用料量及涂膜厚度，见 1.2.1.3 相关内容。

3.1.3 细部构造质量要求

1. 天沟、檐沟（图 3-1）的防水构造质量要求

（1）沟内附加层在天沟、檐沟与屋面交接处宜空铺，空铺宽度不应小于 200mm。

（2）卷材防水层应由沟底翻上至沟外檐顶部，卷材收头应用水泥钉固定，并用密封材料封严。

（3）涂膜收头应用防水涂料多遍涂刷或用密封材料封严。

（4）在天沟、檐沟与细石混凝土防水层的交接处，应留凹槽并用密封材料嵌填严密。

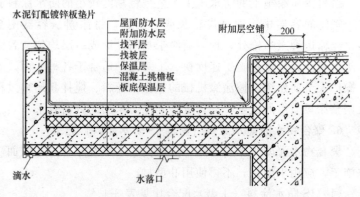

水泥钉配镀锌板垫片
屋面防水层
附加防水层
找平层
找坡层
保温层
混凝土挑檐板
板底保温层
附加层空铺
200
滴水
水落口

图 3-1　檐沟（正置式屋面）

2. 女儿墙（图 3-2、图 3-3）泛水的防水构造质量要求

（1）铺贴泛水处的卷材应采取满粘法。

（2）砖墙上的卷材收头可直接铺压在女儿墙压顶下，压顶应做防水处理；也可压入砖墙凹槽内固定密封，凹槽距屋面高度不应小于 250mm，凹槽上部的墙体应做防水处理。

（3）混凝土墙上的卷材收头应采用金属压条钉压，并用密封材料封严。

（4）涂膜防水层应直接涂刷至女儿墙的压顶下，收头处理应用防水涂料多遍涂刷封严，压顶应做防水处理。

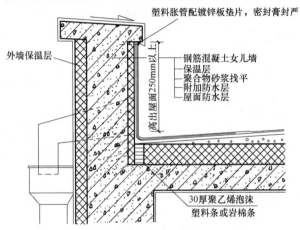

图 3-2 女儿墙泛水收头与压顶一（正置式屋面）

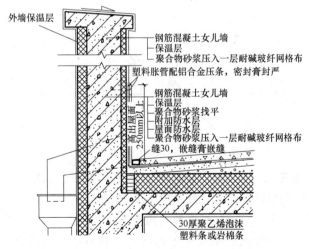

图 3-3 女儿墙泛水收头与压顶二（正置式屋面）

3. 水落口（图 3-4、图 3-5）的防水构造质量要求

（1）水落口杯上口的标高应设置在沟底的最低处。

（2）防水层贴入水落口杯内不应小于 50mm。

（3）水落口周围直径 500mm 范围内的坡度不应小于 5%，并用防水涂料或密封材料涂封，其厚度不应小于 2mm。

（4）水落口杯与基层接触处应留宽 20mm、深 20mm 凹槽，并嵌填密封材料。

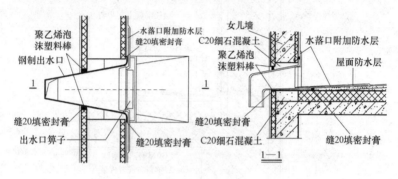

图 3-4　女儿墙水落口

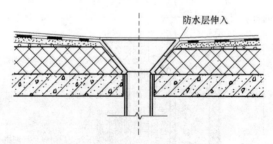

图 3-5　正置式屋面内排水水落口

4. 变形缝（图 3-6、图 3-7）的防水构造质量要求

（1）变形缝的泛水高度不应小于 250mm。

（2）防水层应铺贴到变形缝两侧砌体的上部。

（3）变形缝内应填充聚苯乙烯泡沫塑料，上部填放衬垫材料，并用卷材封盖。

214

（4）变形缝顶部应加扣混凝土或金属盖板，混凝土盖板的接缝应用密封材料嵌填。

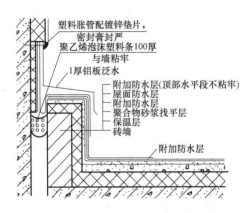

图 3-6　正置式屋面高低跨变形缝

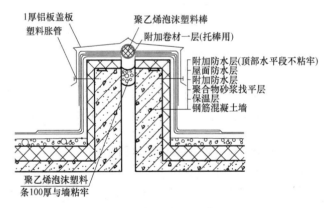

图 3-7　正置式平屋面变形缝

5. 伸出屋面管道（图 3-8）的防水构造质量要求

（1）管道根部直径 500mm 范围内，找平层应抹出高度不小于 30mm 的圆台。

（2）管道周围与找平层或细石混凝土防水层之间，应预留 20mm×20mm 的凹槽，并用密封材料嵌填严密。

（3）管道根部四周应增设附加层，宽度和高度均不应小于 300mm。

（4）管道上的防水层收头处应用金属箍紧固，并用密封材料封严。

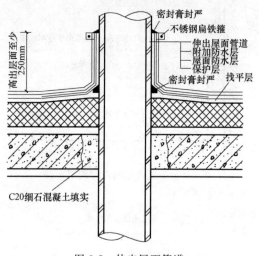

图 3-8　伸出屋面管道

3.2　地下防水工程

3.2.1　地下工程混凝土结构主体防水

1. 防水混凝土

防水混凝土的抗渗等级应不小于 P6，分为普通防水混凝土、掺外加剂防水混凝土。普通防水混凝土是由胶凝材料（水泥及胶凝掺合料）、砂、石、水搅拌浇筑而成的混凝土，不掺加任何混凝土外加剂，这类混凝土的水泥用量较大。掺外加剂防水混凝土是在普通混凝土中掺加减水剂、膨胀剂、密实剂、引气剂、复合型外加剂、水泥基渗透结晶型材料、掺合料等材料搅拌浇筑而成的防水混凝土。常用防水混凝土的种类、特点及适用范围，见表 3-5。

常用防水混凝土的种类、特点及适用范围　　　表 3-5

种类		特点	适用范围
普通防水混凝土		水泥用量大，材料简便	一般工业、民用、公共建筑地下防水工程
外加剂混凝土	减水剂防水混凝土	拌合物流动性好	感觉密集或振捣困难的薄壁型防水结构及对混凝土凝结时间和流动性有特殊要求的防水工程、冬期暑期防水混凝土施工、大体积混凝土的施工等
	引气剂防水混凝土	抗冻性好	高寒、抗冻性要求较高、处于地下水位以下遭受冰冻的地下防水工程和市政工程
	密实剂防水混凝土	密实性好，抗渗性高，早期强度高	工期紧、抗渗性能及早期强度要求高的防水工程和各类防水工程，如游泳池、基础水箱、水电、水工等
水泥基渗透结晶型掺入剂防水混凝土		强度高、抗渗性好	需提高混凝土强度、耐化学腐蚀、抑制碱骨料反应、提高冻融循环的适应能力及迎水面无法做柔性防水层的地下工程
补偿收缩防水混凝土		抗裂、抗渗性好	地下防水工程、隧道、水工、地下连续墙、逆作法、预制构件、坑槽回填及后浇带、膨胀带等防裂抗渗工程，尤其适用于超长的大体积混凝土的防裂抗渗工程
纤维防水混凝土		高强、高抗裂、高韧性、高耐磨、抗高渗性	对抗拉、抗剪、抗折强度和抗冲击、抗裂、抗疲劳、抗震、抗爆性能等要求均较高的工业与民用建筑地下防水工程
自密实高性能防水混凝土		流动性高、不离析、不泌水	浇筑量大、体积大、密筋、形状复杂或浇筑困难的地下防水工程
聚合物水泥混凝土		抗拉、抗弯强度较高，密实性好、裂缝少，抗渗明显，价格高	地下建（构）筑物防水以及化粪池、游泳池、水泥库、直接接触饮用水的贮水池等防水工程

217

2. 地下工程卷材防水

近年来，柔性防水材料从普通纸胎沥青油毡向聚酯胎、玻纤胎高聚物改性沥青以及合成高分子片材方向发展。防水卷材具备水密性，抗渗能力强，吸水率低，浸泡后防水效果基本不变。抗阳光、紫外线、臭氧破坏作用稳定性较好。适应温度变化能力强，高温不流淌、不变形，低温不脆断，在一定温度条件下保持性能良好。能很好地承受施工及合理变形条件下产生的荷载，具有一定的强度和伸长率。施工可行性高，易于施工，操作工艺简单。

（1）地下工程的防水卷材品种

用于地下工程的防水卷材有以聚酯毡、玻纤毡或聚乙烯膜为胎基的高聚物改性沥青防水卷材和三元乙丙橡胶防水卷材，聚氯乙烯（PVC）、聚乙烯丙纶复合防水卷材，高分子自粘胶膜等合成高分子防水卷材。卷材防水层的品种及厚度见表3-6。

卷材防水层的品种及厚度　　　表3-6

卷材品种	高聚物改性沥青类防水卷材			合成高分子类防水卷材			
	弹性体改性沥青防水卷材、改性沥青聚乙烯胎防水卷材	本体自粘聚合物沥青防水卷材		三元乙丙橡胶防水卷材	聚氯乙烯防水卷材	聚乙烯丙纶复合防水卷材	高分子自粘胶膜防水卷材
		聚酯毡胎体	无胎体				
单层厚度（mm）	≥4	≥3	≥1.5	≥1.5	≥1.5	卷材≥0.9 粘结料≥1.3 芯材厚度≥0.6	≥1.2
双层总厚度（mm）	≥(4+3)	≥(3+3)	≥(1.5+1.5)	≥(1.2+1.2)	≥(1.2+1.2)	卷材≥(0.7+0.7) 粘结料≥(1.3+1.3) 芯材厚度≥0.5	—

（2）卷材防水设置做法

外防水是把卷材防水层设置在建筑结构的外侧迎水面，是建筑结构的第一道防水层。受外界压力水的作用防水层紧压于结构上，防水效果好。地下工程的柔性防水层应采用外防水，而不采用内防水做法。混凝土外墙防水有"外防外贴法"和"外防内贴法"两种：外防外贴法是墙体混凝土浇筑完毕、模板拆除后将立面卷材防水层直接铺设在需防水结构的外墙外表面；外防内贴法是混凝土垫层上砌筑永久保护墙，将卷材防水层铺贴在底板垫层和永久保护墙上，再浇筑混凝土外墙（图 3-9）。"外防外贴法"和"外防内贴法"两种设置方法的优点、缺点比较，见表 3-7。卷材防水层甩槎、接槎构造，见图 3-10。

"外防外贴法"和"外防内贴法"两种
设置方法的优点、缺点 表 3-7

名称	优点	缺点
外防外贴法	便于检查混凝土结构及卷材防水层的质量，且容易修补 卷材防水层直接贴在结构外表面，防水层较少受结构沉降变形影响	工序多、工期长 作业面大、土方量大 外墙模板需用量大 底板与墙体留槎部位预留的卷材接头不易保护好
外防内贴法	工序简便、工期短 无需作业面、土方量较小 节约外墙外侧模板 卷材防水层无需临时固定留槎，可连续铺贴，质量容易保证	卷材防水层及混凝土结构的抗渗质量不易检查，修补困难 受结构沉降变形影响，容易断裂、产生漏水 墙体单侧支模质量控制较难 浇捣结构混凝土时，可能会损坏防水层

（3）卷材防水施工基本方法

1）卷材防水粘接基本形式可分为满粘、点粘、条粘及空铺法。满粘法是卷材下基本实行全面粘贴的施工方法；点粘法是每平方米卷材下粘五点（100mm×100mm），粘贴面积不大于总面积的 6%；条粘法是每幅卷材两边各与基层粘贴 150mm 宽；空

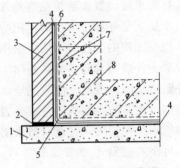

图 3-9 外防内贴法示意图

1—混凝土垫层；2—干铺油毡；3—永久性保护墙；4—找平层；

5—卷材附加层；6—卷材防水层；7—保护层；8—混凝土结构

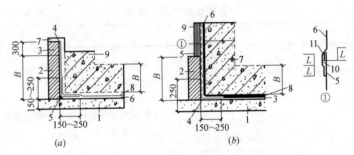

图 3-10 卷材防水层甩槎、接槎构造

（a）甩槎：1—垫层；2—永久保护墙；3—临时保护墙；4—找平层；5—卷材附加层；

6—卷材防水层；7—墙顶保护层压砖；8—防水保护层 ；9—主体结构

（b）接槎：1—垫层；2—永久保护墙；3—找平层；4—卷材附加层；5—原有防水层；

6—后接立面防水层；7—结构墙体；8—防水保护层；9—外墙防水保护层；

10—盖缝条；11—密封材料；

L—合成高分子卷材 100mm，高聚物改性沥青卷材 150mm

铺法是卷材防水层与基层不粘贴的施工方法。卷材防水层是粘附在结构层或找平层上的。当结构层因各种原因产生变形时，卷材应有一定的延伸率来适应这种变形。卷材铺贴采用点粘、条粘、空铺的措施，能够充分发挥卷材的延伸性能，有效地减少卷材被拉裂的可能性。

2）卷材防水的粘接方法有冷粘法、热熔法、自粘法、焊接法和机械固定法。高聚物改性沥青类防水卷材可采用热熔法、冷粘法和自粘法，一般常用热熔法；合成高分子防水卷材可采用冷粘法、自粘法、焊接法和机械固定法，一般常用冷粘法。

冷粘法是采用与卷材配套的专用冷胶粘剂粘铺卷材而无须加热的施工方法，主要用于铺贴合成高分子防水卷材。

热熔法是以专用的加热机具将热熔型卷材底面的热熔胶加热熔化而使卷材与基层或卷材与卷材之间进行粘结，利用熔化的卷材在冷却后的凝固力来实现卷材与基层或卷材与卷材之间有效粘贴的施工方法。这种方法施工时受气候影响小，但基层表面应干燥，且烘烤时对火候的掌握要求适度。

自粘法是采用自粘型防水卷材，不需涂刷胶粘剂，只需将卷材表面的隔离纸撕去，即可实现卷材与基层或卷材与卷材之间粘贴的方法。

焊接法是用半自动化温控热熔焊机、手持温控热熔焊枪，或专用焊条对所铺卷材的接缝进行焊接铺设的施工方法。

机械固定法是使用专用螺钉、垫片、压条及其他配件，将合成高分子卷材固定在基层上但其接缝应用焊接法或冷粘法进行的方法。

3）卷材防水铺贴方法有滚铺法、展铺法和抬铺法。滚铺法是一种不展开卷材边滚转卷材边粘结的方法，用于大面积满粘，先铺粘大面、后粘结搭接缝。这种方法可以保证卷材铺贴质量，用于卷材与基层及卷材搭接缝一次铺贴；展铺法用于条粘，将卷材展开平铺在基层上，然后沿卷材周边掀起进行粘铺；抬铺法用于复杂部位或节点处，也适用于小面积铺贴，即按细部形状将卷材剪好，先在细部预贴一下，其尺寸、形状合适后，再根据卷材具体的粘结方法铺贴。

3. 地下工程涂膜防水

（1）涂膜防水种类

涂料防水层应包括无机防水涂料和有机防水涂料。涂料防水层所选用的涂料应具有良好的耐水性、耐久性、耐腐蚀性及耐菌性；应无毒、难燃、低污染；无机防水涂料应具有良好的湿、干粘结性和耐磨性，有机防水涂料应具有较好的延伸性及较强的适应基层变形能力。

无机防水涂料宜用于结构主体的背水面。无机防水涂料有掺外加剂、掺合料的水泥基防水涂料、水泥基渗透结晶型防水涂料。

有机防水涂料宜用于地下工程主体结构的迎水面，用于背水面的有机防水涂料应具有较高的抗渗性，且与基层有较好的粘结性。有机防水涂料有反应型、水乳型、聚合物水泥等涂料。

（2）防水涂料品种的选择

潮湿基层宜选用可在潮湿基面的无机或有机防水涂料，也可采用先涂无机防水涂料后涂有机防水涂料，构成复合防水涂层；冬期施工宜选用反应型涂料；埋置深度较深的重要工程、有振动或有较大变形的工程，宜选用高弹性防水涂料；有腐蚀性的地下环境，宜选用耐腐蚀性较好的有机防水涂料，并应做刚性保护层；聚合物水泥防水涂料应选用Ⅱ型产品。

（3）防水涂料设置做法

可参见前述卷材防水设置做法。防水涂料宜采用外防外涂，外防外涂构造做法见图 3-11，外防内涂构造做法见图 3-12。

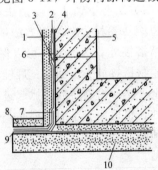

图 3-11　防水涂料外防外涂构造做法

1—结构墙体；2—砂浆保护层；3—涂料防水层；4—找平层；5—保护层；
6—涂料防水加强层；7—涂料防水加强层；8—搭接部位保护层；
9—涂料防水层搭接部位；10—混凝土垫层

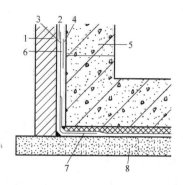

图 3-12　防水涂料外防内涂构造做法

1—保护墙；2—涂料保护层；3—涂料防水层；4—找平层；5—结构墙体；

6—涂料防水加强层；7—涂料防水加强层；8—混凝土垫层

（4）防水涂料施工基本操作要求

1）基层：无机防水涂料基层表面应干净、平整，无浮浆和明水。有机防水涂料基层表面应基本干燥，无气孔、凹凸不平、蜂窝、麻面等缺陷。

2）细部做法：阴角、阳角部位应增加胎体增强材料，并应增涂防水涂料。管道根部需用砂纸打毛并清除油污，管根周围基层清洁干燥后与基层同时涂刷底层涂料，其固化后做增强涂层，增强层固化后再涂刷涂膜防水层。施工缝处先涂刷底层涂料，固化后铺设 1mm 厚、100mm 宽的橡胶条，然后再涂布涂膜防水层。

3）涂层厚度：掺外加剂、掺合料的水泥基防水涂料厚度不得小于 3.0mm；水泥基渗透结晶型防水涂料的用量不应小于 1.5kg/m²，且厚度不应小于 1.0mm；有机防水涂料的厚度不得小于 1.2mm。防水涂料的配制应按涂料的技术要求进行。防水涂料应分层刷涂或喷涂，涂刷应均匀，不得漏刷、漏涂。当涂膜防水层与其他材料做复合防水时，涂膜材料与相邻材料应具有相容性，以避免因相互侵蚀而致防水层失败。

4）作业条件：涂料防水层严禁在雨天、雾天、五级及以上大风时施工，不得在施工环境温度低于 5℃ 及高于 35℃ 或烈日暴晒时施工。涂膜固化前如有降雨可能时，应及时做好已完涂层的保护工作。

5）施工原则及接槎要求：涂膜防水层的施工顺序应遵循"先远后近、先高后低、先细部后大面、先立面后平面"的原则。接槎宽度不应小于 100mm。铺贴胎体增强材料时，应使胎体层充分浸透防水涂料，不得有露槎及褶皱。

6）保护层：有机防水涂料施工完成后应及时做保护层，在养护期不得上人行走，亦禁止在涂膜上放置物品等。

4. 塑料防水板防水

塑料防水板防水层宜铺设在地铁、隧道、岩石洞库等复合式衬砌的初期支护和二次衬砌之间。塑料防水板防水层宜在初期结构趋于基本稳定后铺设。塑料防水板防水层应由塑料防水板与缓冲层组成。塑料防水板防水层可根据工程地质、水文地质条件和工程防水要求，采用全封闭、半封闭或局部封闭铺设。塑料防水板防水层应牢固地固定在基面上。

塑料防水板的基层应平整、无明显凹凸不平和尖锐突出物。铺设塑料防水板前应先铺缓冲层，缓冲层应采用暗钉圈固定在基面上。

铺设塑料防水板时，宜由拱顶向两侧展铺，并应边铺边用压焊机将塑料板与暗钉圈焊牢靠，不得有漏焊、假焊和焊穿现象。两幅塑料防水板的搭接宽度不应小于 100mm。搭接缝应为热熔双焊缝，每条焊缝的有效宽度不应小于 10mm；环向铺设时，应先拱后墙，下部防水板应压住上部防水板；塑料防水板铺设时，宜设置分区预埋注浆系统。

接缝焊接时，塑料板的搭接层数不得超过三层。塑料防水板铺设时，应少留或不留接头。当留设接头时，应对接头进行保护。再次焊接时，应将接头处的塑料防水板擦拭干净。铺设塑料防水板时，不应绷得太紧，宜根据基面的平整度留有充分的余地。防水板的铺设应超前混凝土施工，超前距离宜为 5～20m，并应设临时挡板，防止机械损伤和电火花灼伤防水板。二次衬砌混凝土施工时，绑扎、焊接钢筋时应采取防穿刺、灼伤防水板的措施；混凝土出料口和振捣棒不得直接接触塑料防水板。

5. 金属板防水

金属板防水适用于抗渗性能要求较高的地下工程结构主体（如铸工浇注坑、电炉钢水坑等）。

金属板的拼接应采用焊接，拼接焊缝应封闭严密。竖向金属板的垂直接缝，应相互错开。主体结构内侧设置金属防水层时，金属板应与结构内的钢筋焊牢，也可在金属防水层上焊接一定数量的锚固件。主体结构外侧设置金属防水层时，金属板应焊在混凝土结构的预埋件上。金属板经焊缝检查合格后，应将其与结构件的空隙用水泥砂浆灌实。金属板防水层应用临时支撑加固。金属板防水层底板上应预留浇捣孔，并应保证混凝土浇筑密实，待底板混凝土浇筑完成后应补焊严密。金属板防水层如先焊成箱体，再整体吊装就位时，应在其内部加设临时支撑，防止变形。金属板防水层必须全面涂刷防腐蚀涂料，进行防锈蚀处理。

6. 膨润土防水毯（板）施工

（1）膨润土防水毯（板）适用范围

膨润土防水材料防水层应用于 pH 值为 $4 \sim 10$ 的地下环境，含盐量较高的地下环境应采用经过改性处理的膨润土，并应经检测合格后方可使用。膨润土防水材料应用于地下工程主体机构的迎水面。

（2）膨润土防水毯（板）材料要求

膨润土防水材料应包括膨润土防水毯和膨润土防水板及其配套材料，并应采用机械固定法铺设。膨润土防水材料中的膨润土颗粒应采用钠基膨润土，不应采用钙基膨润土；膨润土防水材料应具有良好的不透水性、耐久性、耐腐蚀性和耐菌性；膨润土防水毯的非织布外表面宜附加一层高密度聚乙烯膜；膨润土防水毯的织布层和非织布层之间应连接紧密、牢固，膨润土颗粒应分步均匀；基材应采用厚度为 $0.6 \sim 1.0 \text{mm}$ 的高密度聚乙烯片材。

(3) 膨润土防水毯（板）施工

基层应坚实、清洁，不得有明水和积水。

变形缝、后浇带等接缝部位应设置宽度不小于 500mm 的加强层，加强层应设置在防水层与结构外表面之间。穿墙管件部位宜采用膨润土橡胶止水条、膨润土密封膏或膨润土粉进行加强处理。

膨润土防水材料宜采用单层机械固定法铺设；固定的垫片厚度不应小于 1.0mm，直径或边长不宜小于 30mm；固定点宜呈梅花形布置，立面和斜面上的固定间距宜为 400～500mm，平面上应在搭接缝处固定。膨润土防水毯的织布面应向着结构外表面或底板混凝土。

立面与斜面铺设膨润土防水材料时，应上层压着下层，防水毯与基层、防水毯与防水毯之间应密贴，并应平整、无褶皱。膨润土防水材料分段铺设时，应采取临时防护措施。

膨润土防水材料甩槎与下幅防水材料连接时，应将收口压板、临时保护膜等去掉，并应将搭接部位清理干净，涂抹膨润土密封膏，然后采用搭接法连接，接缝处应采用钉子和垫圈钉压固定，搭接宽度应大于 100mm。

膨润土防水材料的永久收口部位应用金属收口压条和水泥钉固定，压条断面尺寸不应小于 1.0mm×30mm，压条上钉子的固定间距应不大于 300mm，并应用膨润土密封膏密封覆盖。

3.2.2 地下工程混凝土结构细部构造防水

1. 变形缝 （图 3-13）、（图 3-14）

2. 施工缝

遇水膨胀止水条（胶）：一般采用留凹槽嵌塞止水条的敷设方法，止水条嵌在凹槽内，稳固性好，施工质量容易得到保证。水平、侧向、垂直或仰面施工缝均应采用（图 3-15）。

中置式止水带有橡胶止水带、钢板止水带。钢板止水带由于造价低、与混凝土结合较好，防水效果较橡胶止水带好。一般采用 2mm 厚、300mm 宽的低碳钢板。钢板止水带与缓膨型遇水膨胀腻子条复合使用，效果更好（图 3-16）。

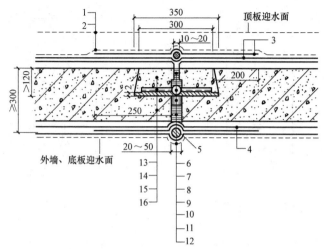

图 3-13　外墙、顶板、底板中埋式止水带的变形缝

1—结构轮廓线；2—柔性隔离层轮廓线；3—顶板防水层、附加层；4—找平层、
隔离层；5—聚乙烯棒；6—聚苯板；7—齿形橡胶止水带；8—密封材料；
9—背衬防粘隔离条；10—聚苯板；11—防水层、加强层；12—保护层；
13—细石混凝土；14—宽齿型橡胶止水带；15—丁基橡胶胶粘剂；
16—外墙或底板

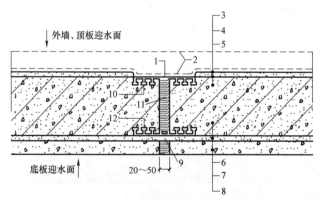

图 3-14　外墙、顶板、底板粘贴式橡胶止水带的变形缝

1—弹性泡沫塑料或密封材料；2—保护层轮廓线；3—低档卷材隔离条；4—水泥砂浆
防水层；5—外墙或顶板；6—混凝土底板；7—水泥砂浆防水层；8—混凝土垫层；
9—密封材料；10—外贴式止水带；11—聚苯板；12—外贴式止水带

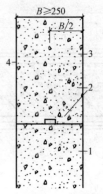
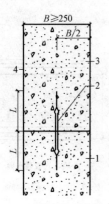

图 3-15 施工缝防水基本构造（一）

1—先浇混凝土；2—遇水膨胀止

水胶（条）；3—后浇混凝土；

4—结构迎水面

图 3-16 施工缝防水基本构造（二）

1—现浇混凝土；2—中埋式止水带；

3—后浇混凝土；4—结构迎水面

钢板止水带 $L \geqslant 150$；橡胶

止水带 $L \geqslant 125$；钢板橡

胶止水带 $L \geqslant 120$

3. 后浇带

后浇带处的柔性防水层必须是一个整体，不得断开，并应采取设置附加层、外贴止水带或中埋式止水带等措施（图 3-17）。

沉降后浇带两侧底板可能产生沉降差，其下方防水层因受拉伸造成撕裂，因此，沉降后浇带局部垫层混凝土应加厚并附加钢筋，使沉降差形成时垫层混凝土产生斜坡，避免防水层断裂（图 3-18）。

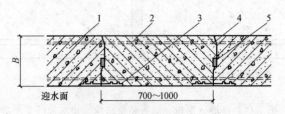

图 3-17 后浇带防水构造（一）

1—先浇混凝土；2—结构主筋；3—外贴式止水带；

4—后浇补偿收缩混凝土；5—遇水膨胀止水带

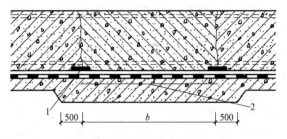

图 3-18　后浇带防水构造（二）

1—外贴式止水带；2—附加钢筋，长 $b+100$

4. 穿墙管（盒）

固定式穿墙管防水构造，见图 3-19、图 3-20。

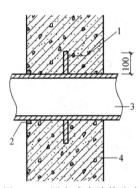

图 3-19　固定式穿墙管防水
构造（一）

1—止水环；密封材料；

3—主管；4—混凝土结构

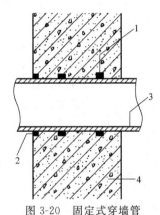

图 3-20　固定式穿墙管
防水构造（二）

1—遇水膨胀橡胶圈；2—密封材料；

3—主管；4—混凝土结构

3.3　外墙防水工程

墙体是建筑物的重要组成部分。墙体的渗漏现象，在各类建筑体系中都不同程度地出现。外墙渗漏不仅影响建筑的使用寿命和结构安全，而且还直接影响使用功能。随着墙体多种新型材料的开发与应用，导致外墙面的渗漏率有逐年增加的趋势，给人们的生活和工作带来极大的不便。

3.3.1　外墙防水施工

1. 无外保温外墙防水防护施工

（1）外墙结构表面的油污、浮浆应清除，孔洞、缝隙应堵塞抹平，不同结构材料交接处的增强处理材料应固定牢固。

（2）外墙结构表面清理干净，做界面处理，涂层应均匀，不露底，待表面收水后，进行找平层施工。找平层砂浆强度和厚度应符合设计要求。厚度在 10mm 以上时，应分层压实、抹平。

（3）防水砂浆施工：

1）基层表面应为平整的毛面，光滑表面做界面处理，并充分湿润。

2）防水砂浆按规定比例搅拌均匀，配制好的防水砂浆在 1h 内用完，施工中不得任意加水。

3）界面处理材料涂刷厚度应均匀、覆盖完全，收水后应及时进行防水砂浆的施工。

4）防水砂浆涂抹施工：厚度大于 10mm 时应分层施工，第二层应待前一层指触不粘时进行，各层粘结牢固。每层连续施工，当需要留槎时，应采用阶梯坡形槎，接槎部位离阴阳角不小于 200mm，上、下层接槎应错开 300mm 以上。接槎应依层次顺序操作、层层搭接紧密。涂抹时应压实、抹平，并在初凝前完成。遇气泡时应挑破，保证铺抹密实。

5）窗台、窗楣和凸出墙面的腰线等部位上表面的流水坡应找坡准确，外口下沿的滴水线应连续、顺直。

6）砂浆防水层分格缝的留设位置和尺寸应符合设计要求。分格缝的密封处理应在防水砂浆达到设计强度的 80％后进行，密封前将分格缝清理干净，密封材料应嵌填密实。

7）砂浆防水层转角抹成圆弧形，圆弧半径应大于等于 5mm，转角抹压应顺直。

8）门框、窗框、管道、预埋件等与防水层相接处留 8～

10mm 宽的凹槽，做密封处理。

9）砂浆防水层未达到硬化状态时，不得浇水养护或直接受雨水冲刷。聚合物水泥防水砂浆硬化后，应采用干湿交替的养护方法；普通防水砂浆防水层应在终凝后进行保湿养护。养护时间不少于 14d，养护期间不得受冻。

（4）防水涂膜施工：

1）涂料施工前应先对细部构造进行密封或增强处理。

2）涂料的配制和搅拌：双组分涂料配制前，将液体组分搅拌均匀。配料应按规定要求进行，采用机械搅拌。配制好的涂料应色泽均匀，无粉团、沉淀。

3）涂料涂布前，应先涂刷基层处理剂。

4）涂膜分多遍完成，后遍涂布应在前遍涂层干燥成膜后进行。每遍涂布应交替改变涂层的涂布方向，同一涂层涂布时，先后接槎宽度为 30～50mm。甩槎应避免污损，接涂前应将甩槎表面清理干净，接槎宽度不小于 100mm。

5）胎体增强材料应铺贴平整、排除气泡，不得有褶皱和胎体外露，胎体层充分浸透防水涂料；胎体的搭接宽度不小于50mm，底层和面层涂膜厚度不小于 0.5mm。

2. 外保温外墙防水防护施工

（1）保温层应固定牢固，表面平整、干净。

（2）外墙保温层的抗裂砂浆层施工：

1）抗裂砂浆施工前应先涂刮界面处理材料，然后分层抹压抗裂砂浆。

2）抗裂砂浆层的中间设置耐碱玻纤网格布或金属网片。金属网片与墙体结构固定牢固。

3）玻纤网格布铺贴应平整、无皱折，两幅间的搭接宽度不小于 50mm。

4）抗裂砂浆应抹平压实，表面无接槎印痕，网格布或金属网片不得外露。防水层为防水砂浆时，抗裂砂浆表面搓毛。

5）抗裂砂浆终凝后，及时洒水养护，时间不得小于 14d。

（3）防水砂浆施工同无外保温外墙防水施工。

（4）防水透气膜施工：

1）基层表面应平整、干净、干燥、牢固，无尖锐凸起物。

2）铺设从外墙底部一侧开始，将防水透气膜沿外墙横向展开，铺于基面上。沿建筑立面自下而上横向铺设，按顺水方向上下搭接。当无法满足自下而上铺设顺序时，应确保沿顺水方向上下搭接。

3）防水透气膜横向搭接宽度不小于 100mm，纵向搭接宽度不小于 150mm。搭接缝采用配套胶粘带粘结。相邻两幅膜的纵向搭接缝相互错开，间距不小于 500mm。

4）防水透气膜随铺随固定，固定部位预先粘贴小块丁基胶带，用带塑料垫片的塑料锚栓将透汽膜固定在基层墙体上，固定点每平方米不少于 3 处。

5）铺设在窗洞或其他洞口处的防水透汽膜，以"I"形裁开，用配套胶粘带固定在洞口内侧。与门、窗框连接处使用配套胶粘带满粘密封，四角用密封材料封严。

6）幕墙体系中穿透防水透气膜的连接件周围用配套胶粘带封严。

4 装饰装修工程

4.1 门窗工程

4.1.1 门窗制品的一般规定与质量要求

常用的门窗有木门窗、金属门窗、塑料门窗、特种门窗等。门窗由框、扇组成，一般由工厂制作，现场进行安装。工程施工准备阶段，应按照图纸规定的门窗型号、规格与数量编制加工订货单。门窗进入现场时，应核实用材等级、门窗型号、规格与数量，并按规范检查门窗制作质量。

金属门窗和塑料门窗安装应采用预留洞的方法施工，不得采用边安装边砌口或先安装后砌口的方法施工。木门窗安装也宜采用预留洞口的广泛施工，如果采用先安装后砌口的方法施工时，则应注意避免门窗框在施工中受损、受挤压变形或受到污染。同时在砌体上安装门窗严禁用射钉固定。

4.1.2 木门窗的安装

1. 木门窗安装要点

（1）木门窗框的安装

木门窗框安装通常有先立口和后塞口之分。先立口是在门窗洞口砌筑之前，按照设计规定的位置和标高，装门窗框预先加以固定，框与墙体的连接是靠门窗框的走头砌入墙内加以固定。后塞口是先砌墙体并预留出门窗洞口，以后在抹灰前再安装门窗框，框与墙体的连接是靠砌墙时埋入的木砖钉牢。

若采用先立口的方式安装门窗框，则立门窗框前须对成品加以检查，进行校正规方，钉好斜拉条（不得少于 2 根），无下坎的门框应加钉水平拉条，以防在运输和安装中变形。同时要注意施工图上的位置、标高、型号、门窗框规格、门扇开启方向等，特别是门窗框的立口位置是里平、外平还是立在墙中，应按图立口。立门窗框时的安装标高一般根据室内抄平弹出的基准线（楼面以上 500mm）测量决定，以保证门扇下缝大小合适，同时要保证大面平和垂直，并在砌筑砖墙时随时检查有否倾斜或移动。

若采用后塞口的方式安装门窗框，则应预先检查门窗洞口的尺寸、标高、垂直度及木砖数量，如有问题，应事先修理好。门窗框采用钉子固定在墙内的预埋木砖上，每边的固定点应不少于两处，其间距应不大于 1.2m。

（2）木门窗扇的安装

门窗扇安装前应检查是否翘曲、窜角，并进行修整。门窗扇安装应平直方正，上下左右的缝子大小合适，合页剔槽平整深浅一致，五金安装安置适当且操作灵活。

2. 木门窗制作与安装质量标准

（1）木门窗与砖石砌体、混凝土或抹灰层接触处应进行防腐处理并设置防潮层；埋入砌体或混凝土中的木砖应进行防腐处理。

（2）门窗框和厚度大于 50mm 的门窗扇应用双榫连接。榫槽应采用胶料严密嵌合，并应用胶楔加紧。

（3）木门窗制作和安装的允许偏差和检验方法应符合表4-1、表4-2 的规定。

木门窗制作的允许偏差和检验方法 表 4-1

项次	项目	构件名称	允许偏差		检验方法
			普通	高级	
1	翘曲	框	3	2	将框、扇平放在检查平台上，用塞尺检查
		扇	2	2	
2	对角线长度差	框、扇	3	2	用钢尺检查，框量裁口里角，扇量外角
3	表面平整度	扇	2	2	用 1m 靠尺和塞尺检查

项次	项目	构件名称	允许偏差		检验方法
			普通	高级	
4	高度、宽度	框	0；−2	0；−1	用钢尺检查,框量裁口里角,扇量外角
		扇	+2；0	+1；0	
5	裁口、线条结合处高低差	框、扇	1	0.5	用钢直尺和塞尺检查
6	相邻棂子两端间距	扇	2	1	用钢直尺检查

木门窗安装的留缝限值、允许偏差和检验方法表　表4-2

项次	项目	留缝限值（mm）		允许偏差（mm）		检验方法
		普通	高级	普通	高级	
1	门窗槽口对角线长度差	—	—	3	2	用钢尺检查
2	门窗框的下、侧面垂直度	—	—	2	1	用1m垂直检测尺检查
3	框与扇、扇与扇接缝高低差	—	—	2	1	用钢直尺和塞尺检查
4	门窗扇对口缝	1～2.5	1.5～2	—	—	
5	工业厂房双扇大门对口缝	2～5	—	—	—	
6	门窗扇与上框间留缝	1～2	1～1.5	—	—	用塞尺检查
7	门窗扇与侧框间留缝	1～2.5	1～1.5	—	—	
8	窗扇与下框间留缝	2～3	2～2.5	—	—	
9	门扇与下框间留缝	3～5	3～4	—	—	
10	双层门窗内外框间距	—	—	4	3	用钢尺检查
11	无下框时门扇与地面间留缝	外门	4～7	5～6	—	—	用塞尺检查
		内门	5～8	6～7	—	—	
		卫生间门	8～12	8～10	—	—	
		厂房大门	10～20	—	—	—	

4.1.3 铝合金门窗的安装

1. 铝合金门窗安装要点

（1）铝合金门、窗框安装的时间，应选择主体结构基本结束后进行。扇安装的时间，宜选择在室内外装修基本结束后进行。

（2）安装铝合金门窗框前，应逐个核对门、窗洞口尺寸与铝合金门窗框的规格是否相适应，并对洞口粉刷一道水泥砂浆，便洞口表面光洁、尺寸规整。

（3）安装时先在洞口上弹出门、窗位置线，然后将铝合金门窗框在洞口墙体就位，用木楔、垫块或其他器具调整定位并临时楔紧固定时，不得使门窗框型材变形和损坏。

（4）门窗框与连接件的连接宜采用卡槽连接。若墙体为混凝土，连接件与墙体的连接可采用钢钉、射钉、金属膨胀螺栓等紧固件连接固定；若墙体为砌块，可在门窗洞口两侧锚固处预埋强度等级在 C20 以上的实心混凝土预制块，或根据各类砌体材料的应用技术规程或要求，确定合适的连接固定方法。

（5）铝合金门窗框与洞口墙体安装缝隙的填塞，宜采用隔声、防潮、无腐蚀性的材料，并采用密封胶密封。临时固定用的木楔、垫块等不得遗留在洞口缝隙内。

2. 铝合金门窗安装质量标准

（1）铝合金门窗的品种、类型、规格、尺寸、性能、开启方向、安装位置、连接方式应符合设计要求。铝合金门窗框、门窗扇和配件的安装应牢固。

（2）铝合金门窗扇的橡胶密封条或毛毡密封条应安装完好，不得脱槽。

（3）有排水孔的铝合金门窗，排水孔应畅通，位置和数量应符合设计要求。

（4）铝合金门窗安装的允许偏差和检验方法应符合表 4-3 的规定。

铝合金门窗安装的允许偏差和检验方法　　表 4-3

项次	项目		允许偏差 （mm）	检验方法
1	门窗槽口宽度、高度	≤1500mm	1.5	用钢尺检查
		>1500mm	2	
2	门窗槽口对角 线长度差	≤2000mm	3	用钢尺检查
		>2000mm	4	
3	门窗框的正、侧面垂直度		2.5	用垂直检测尺检查
4	门窗横框的水平度		2	用 1m 水平尺和塞尺检查
5	门窗横框标高		5	用钢尺检查
6	门窗竖向偏离中心		5	用钢尺检查
7	双层门窗内外框间距		4	用钢尺检查
8	推拉门窗扇与框搭接量		1.5	用钢直尺检查

4.1.4　塑钢门窗的安装

1. 塑钢门窗安装要点

（1）安装前，塑钢门窗扇及分格杆件宜作封闭型保护。门、窗框应采用三面保护，框与墙体连接面不应有保护层。保护膜脱落的，应补贴保护膜。

（2）应根据设计图纸确定门窗框的安装位置及门扇的开启方向。当门窗框装入洞口时，其上下框中线应与洞口中线对齐。安装时，应先固定上框的一个点，然后调整门框的水平度、垂直度和直角度，并应用木楔临时定位。

（3）门窗框与墙体间可采用固定片或膨胀螺钉固定。固定片或膨胀螺钉的位置应距门窗端角、中竖梃、中横梃 150～200mm，固定片或膨胀螺钉之间的间距应符合设计要求，并不得大于 600mm。

2. 塑钢门窗安装质量标准

（1）塑钢门窗框与墙体间缝隙应采用闭孔弹性材料填嵌饱满，表面应采用密封胶密封。

（2）塑钢门窗安装的允许偏差和检验方法应符合表 4-4 的规定。

塑钢门窗安装的允许偏差和检验方法表　　　　表 4-4

项次	项目		允许偏差（mm）	检验方法
1	门窗框外形（高、宽）尺寸长度差	≤1500mm	2	用钢尺检查
		>1500mm	3	
2	门窗框两对角线长度差	≤2000mm	3	用钢尺检查
		>2000mm	5	
3	门窗框的正、侧面垂直度		3	用 1m 垂直检测尺检查
4	门窗横框的水平度		3	用 1m 水平尺和精度 0.5mm 塞尺检查
5	门窗横框标高		5	用精度 1mm 钢直尺检查，与基准线比较
6	门窗竖向偏离中心		5	用精度 0.5mm 钢直尺检查
7	双层门窗内外框间距		4	用精度 0.5mm 钢直尺检查
8	平开门窗及上悬、下悬、中悬窗	门窗扇与框搭接量	2	用深度尺或精度 0.5mm 钢直尺检查
9		同樘门窗相邻扇的水平高度差	2	用靠尺或精度 0.5mm 钢直尺检查
10		门窗框扇四周的配合间隙	1	用楔形塞尺检查
11	推拉门窗	门窗扇与框搭接量	2	用深度尺或精度 0.5mm 钢直尺检查
12		门窗扇与框或相邻扇立边平行度	2	用精度 0.5mm 钢直尺检查
13	组合门窗	平面度		用靠尺或精度 0.5mm 钢直尺检查
14		竖缝直线度		用靠尺或精度 0.5mm 钢直尺检查
15		横线直线度		用靠尺或精度 0.5mm 钢直尺检查

4.1.5　防火门的安装

1. 防火门的种类

防火门按开启方式，可分为平开防火门和防火卷帘两大类。平开防火门按材质可分为木质防火门、钢质防火门、钢木质防火门、其他材质防火门。

2. 防火门安装要点

（1）主要用于疏散的走道、楼梯间和前室防火门，应具有自动关闭功能。双扇和多扇防火门还应具有按顺序关闭功能。

（2）防火门所用材料及胶粘剂均应对人体无毒、无害，应经国家认可授权检测机构检验达到《材料产烟毒性危险分级》规定产烟毒性危险分级 ZA2 级要求。

（3）防火门门扇填充材料和所用其他材质材料应经国家认可授权检测机构检验达到《建筑材料及制品燃烧性能分级》规定燃烧性能 A1 级要求。

（4）防火门门扇、门框的尺寸极限偏差，应符合表 4-5 的规定。

尺寸极限偏差（mm）　　　　　　　　　　表 4-5

名　称	项　目	公　差
门扇	高度 H	±2
	宽度 D	±2
	厚度 T	+2、−1
门框	内裁口高度 H'	±3
	内裁口宽度 W'	±2
	侧壁宽度 T'	±2

（5）防火门安装允许偏差：

1）门扇与门框的搭接尺寸不应小于 12mm。

2）门扇与门框的配合活动间隙：门扇与门框有合页一侧的配合活动间隙不应大于设计图纸规定的尺寸公差；门扇与门框有锁一侧的配合活动间隙不应大于设计图纸规定的尺寸公差；门扇

与上框的配合活动间隙不应大于 3mm；双扇、多扇门的门扇之间缝隙不应大于 3mm；门扇与下框或地面的活动间隙不应大于 9mm；门扇与门框贴合面间隙，门扇与门框有合页一侧、有锁一侧及上框的贴合面间隙均不应大于 3mm。

3）门扇与门框的平面高低差不应大于 1mm。

3. 防火卷帘安装要点

（1）设在走道上的防火卷帘，应在卷帘的两侧设置启闭装置，并应具有自动、手动和机械控制的功能。

（2）防火卷帘金属零部件表面不应有裂纹、压坑及明显的凹凸、锤痕、毛刺、孔洞等缺陷。其表面应做防锈处理，涂层、镀层应均匀，不得有斑驳、流淌现象。

（3）所有紧固件应紧固，不应有松动现象。

4.2　建筑地面工程

4.2.1　建筑地面工程组成构造

建筑地面是建筑物底层地面（地面）和楼层地面（楼面）的总称。建筑地面主要由基层和面层组成。基层包括结构层和垫层，直接坐落于基土上的底层地面的结构层是基土，一般地面的结构层是楼板或结构底板。面层即地面和楼面的表面层，根据生产、工作、生活特点和不同的使用要求做成整体面层、板块面层和竹木面层等。

当基层和面层之间的构造不能满足使用或者构造要求时，必须在基层和面层间增设结合层、找平层、填充层、隔离层等附加的构造层。

建筑地面工程构成的各层构造示意图见图 4-1。

4.2.2　建筑地面施工一般规定

1. 施工程序

（1）建筑地面工程下部遇有沟槽、暗管、保温、隔热等工程项目时，应待该项工程完成并经检验合格做好隐蔽工程记录（或

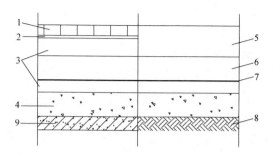

图 4-1 建筑地面工程构成的各层构造示意图

1—块料面层；2—结合层；3—找平层；4—垫层；5—整体面层；
6—填充层；7—隔离层；8—基土；9—楼板

验收后），方可进行建筑地面工程施工。

（2）建筑地面工程基层（各构造层）和面层的铺设，均应待其下一层检验合格后方可施工上一层。

（3）建筑地面各类面层的铺设宜在室内装饰工程基本完工后进行。

2. 技术规定

（1）建筑地面工程施工时，各层环境温度的控制应符合下列规定：

1）采用掺有水泥、石灰的拌合料铺设以及用石油沥青胶结料铺贴时，不应低于5℃；

2）采用有机胶粘剂粘贴时，不应低于10℃；

3）采用砂、石材料铺设时，不应低于0℃。

4）采用自流平、涂料铺设时，不应低于5℃，也不应高于30℃。

（2）铺设有坡度的地面应采用基土高差达到设计要求的坡度，铺设有坡度的楼面应在钢筋混凝土板上改变填充层铺设的厚度或以结构起坡达到设计要求的坡度。

（3）厕浴间、厨房和有排水（或其他液体）要求的建筑地面面层与相连接各类面层的标高差应符合设计要求。当设计无要求时，宜至少低 20mm。

4.2.3 基层施工

1. 基层施工要求

（1）基层铺设的材料质量、密实度和强度等级（或配合比）等应符合设计要求和施工验收规范的规定。

（2）基层铺设前，其下一层表面应干净、无积水。

（3）垫层分段施工时，接槎处应做成阶梯形，每层接槎处的水平距离应错开 0.5～1.0m。接槎不应设在地面荷载较大的部位。

（4）基层的标高、坡度、厚度等应符合设计要求。基层表面应平整，其允许偏差和检验方法应符合表 4-6 的规定。

基层表面的允许偏差和检验方法（mm）　表 4-6

项次	项目	允许偏差												检验方法
		基土	垫层					找平层			填充层		隔离层	
		土	砂、砂石、碎石、碎砖	灰土、三合土、炉渣、水泥混凝土	木搁栅	毛地板		用沥青玛蹄脂结合层铺设拼花木板、板块面层	用水泥砂浆做结合层铺设板块面层	用胶粘剂做结合层铺设拼花木板、塑料板、强化复合地板、竹地板面层	松散材料	板、块材料	防水、防潮、防油渗	
						拼花实木地板、拼花实木复合地板面层	其他种类面层							
1	表面平整度	15	15	10	3	3	5	3	5	2	7	5	3	用2m靠尺和楔形塞尺检查
2	标高	0 —50	±20	±10		±5	±5	±8	±5	±8	±4	±4	±4	用水准仪检查
3	坡度	不大于房间相应尺寸的2/1000,且不大于30												用坡度尺检查
4	厚度	在个别地方不大于设计厚度的1/10												用钢尺检查

2. 基土施工

基土包括开挖后的原状土层、软弱土层和土层结构被扰动需加固处理及回填土等。

基土应以未被扰动的坚土为宜,如为填土应按规定进行分层夯实或碾压密实。遇到淤泥、淤泥质土、杂填土或冲填土等软质土,应按规定更换或加固。淤泥、腐殖土、冻土、耕植土、膨胀土及有机物含量大于8‰的土,均不得用作地面下的填土。选用砂土、粉土、黏性土及其他有效填料作为填土,土料中的土块粒径不应大于50mm,并应清除土中的草皮杂物等。

基土的夯实,可采用机械或人工进行。分层夯实的虚铺厚度与夯实方法有关,机夯时不超过300mm;人工夯则不超过200mm。基土应均匀密实,压实系数应符合设计要求,设计无要求时,不应小于0.9。

3. 垫层施工

常用的垫层有灰土垫层、砂垫层和砂石垫层、碎石垫层和碎砖垫层、三合(四合)土垫层、炉渣垫层、水泥混凝土及陶粒混凝土垫层。

(1)灰土垫层

地面灰土垫层用于不受地下水浸入的基土层上,其厚度不小于100mm,由熟石灰和黏性土按一定的配合比经夯实而成,一般常用体积比为2∶8或3∶7。

石灰应提前3~4d进行消解粉化、过筛,其粒径不得大于5mm,以便与土均匀混合。应选择黏土、粉质黏土、粉土,不得含有机杂质,粒径不大于15mm,必须过筛。石灰与土的配比应准确,拌合均匀,含水率适宜。

灰土应分层铺设夯实,虚铺厚度150~250mm,夯至100~150mm。夯实表面要平整,薄厚一致。

(2)砂垫层和砂石垫层

砂垫层和砂石垫层适用于处理软土、透水性强的黏性基土层上,不适用于湿陷性黄土和透水性小的黏性基土层上。砂垫层的厚度应不小于 60mm，砂石垫层的厚度应不小于 100mm。

砂和砂石中不得含有草根等有机杂质。砂宜选用质地坚硬的中砂或中粗砂和砾砂，颗粒级配良好；石子宜选用级配良好的材料，最大粒径不得大于垫层厚度的 2/3。

（3）碎石垫层和碎砖垫层

碎石垫层和碎砖垫层适用于承载荷重较轻的地面垫层，最小厚度不应小于 60mm 和 100mm。

碎石强度应均匀，粒径宜为 5～40mm，且不大于垫层厚度的 2/3；碎砖用废砖断砖加工而成，粒径宜为 20～60mm。

（4）三合（四合）土垫层

三合土由石灰和少量黏土、碎料（碎砖、矿渣、碎石或卵石）、砂构成。碎料应具有足够强度，一般不宜低于 5N/mm²，其粒径不超过 60mm 且不大于垫层厚的 2/3。砂中不应含有机物。四合土垫层多一项水泥。三合土、四合土垫层适用于承载荷重较轻的地面。

三合土施工可用干铺或湿铺法。干铺法是先铺设碎料，其厚度不小于 100mm，然后将其拍实拍平，再洒水润湿，最后灌 1：2～1：4 的石灰砂浆并进行夯实，湿铺法是按照规定的配合比，分层铺设每层厚不小于 100mm，经夯实的厚度为虚铺厚度的 2/3。

三合土垫层的最小厚度不应小于 100mm；四合土垫层的最小厚度不应小于 80mm。

（5）炉渣垫层

炉渣垫层适用于承载荷重较轻的地面工程中面层下的垫层，厚度不应小于 80mm，常有的四种做法为炉渣垫层、石灰炉渣垫层、水泥炉渣垫层和水泥石灰炉渣垫层。

水泥强度等级不低于 32.5，要求无结块。熟化石灰颗粒粒径不得大于 5mm，并不得夹有未熟化的生石灰块。炉渣内不应含有机杂质和未燃尽的煤块，粒径不应大于 40mm，粒径在 5mm 及其以下的颗料，不得超过总体积的 40%。炉渣使用前应浇水闷透，闷透的时间不能短于 5d。

炉渣使用前必须过筛孔径 40mm 和 5mm 的两遍筛，炉渣垫层的拌合料体积比应按设计要求配置。如无设计要求，水泥与炉渣拌合料的体积比宜为 1：6，水泥、石灰与炉渣拌合料的体积比宜为 1：1：8。将拌合料由里往外退着铺设，虚设厚度与压实厚度的比宜控制在 1.3：1，当垫层厚度大于 120mm 时，应分层铺设，每层压实后的厚度不应大于虚铺厚度的 3/4。

垫层施工完毕洒水养护，常温下，水泥炉渣垫层至少养护 2d，水泥石灰炉渣垫层至少养护 7d。

（6）水泥混凝土垫层及陶粒混凝土垫层

通常混凝土垫层厚度不应小于 60mm，其强度等级不低于 C10，坍落度宜为 10～30mm。陶粒混凝土垫层厚度不应小于 80mm。

水泥强度等级不低于 42.5，要求无结块；采用中砂或粗砂，含泥量不大于 3%；宜选用粒径 5～32mm 的碎石或卵石，其最大粒径不得大于垫层厚度的 2/3，含泥量不大于 3%；陶粒中粒径小于 5mm 的颗粒含量应小于 10%，粉煤灰陶粒中粒径大于 15mm 的颗粒含量不应大于 5%，陶粒宜选用粉煤灰陶粒、页岩陶粒等；选用复合饮用标准的水。

陶粒进场时要过孔径 30mm 和 5mm 的两遍筛，使 5mm 粒径含量控制在不大于 5% 的要求，在浇筑垫层前应将陶粒浇水闷透，水闷时间应不少于 5d。垫层的基层应预先润湿并清扫干净，保证两层之间的良好结合。室内地面的水泥混凝土垫层，应设置纵向缩缝和横向缩缝，纵向缩缝间距不得大于 6mm，横向缩缝不得大于 12mm。已浇完的混凝土垫层，应在 12h 左右覆盖和洒水，一般养护不少于 7d。

4. 找平层施工

找平层是在垫层或楼板面上进行抹平或找坡，起整平、找坡或加强作用的构造层，常采用水泥砂浆找平层、细石混凝土找平层。

找平层厚度一般由设计确定，水泥砂浆不少于 20mm，不大于 40mm；当找平层厚度大于 30mm 时，宜采用细石混凝土做找平层。找平层采用水泥砂浆时，体积比不宜小于 1：3；采用水泥混凝土时，其强度等级不应小于 C15。

找平层施工前，应清除混凝土基层上的浮浆、松动的混凝土、砂浆等，并用扫帚扫净。有防水要求的楼地面工程，必须对立管、套管和地漏与楼板节点之间进行密封处理，并应进行隐蔽验收，排水坡度应符合设计要求；在有防静电要求的整体面层的找平层施工之前，其下敷设的导电地网系统应与接地引下线接地体有可靠连接，经电性能检测且符合相关要求后进行隐蔽验收。

大面积找平层应分区段浇筑，区段划分应结合变形缝、不同面层材料的连接和设备基础等综合考虑。铺设找平层前先在基层上洒水湿润，刷一道素水泥浆，然后从一端开始铺设，由里往外退着操作。已浇完的找平层，应在 12h 左右覆盖和洒水，一般养护不少于 7d。

5. 隔离层施工

隔离层适用于有水、油渗或非腐蚀性和腐蚀性液体经常浸湿（或作用），为防止楼层地面出现渗漏以及底层地面有潮气渗透而在面层下铺设的构造层。

隔离层可采用防水类卷材、防水类涂料或掺防水剂的水泥类材料（砂浆、混凝土）等铺设而成。其基层应坚固、洁净、干燥，铺设前应涂刷基层处理剂，基层处理剂应采用与卷材性能相配的材料或采用同类涂料的底子油。

厕浴间和有防水要求的建筑地面必须设置防水隔离层。铺设隔离层时，在管道穿过楼板面的四周，防水、防油渗材料应向上铺涂，并超过套管的上口；在靠近柱、墙处，应高出面层 200～300mm 或按设计要求的高度铺涂。阴阳角和管道穿过楼板面的根部应增加铺涂附加隔离层。

防水材料铺设后，必须蓄水检验。蓄水深度最浅处不得小于 10mm，24h 内无渗漏为合格。防水隔离层严禁渗漏，坡向应正确，排水通畅。

6. 填充层施工

填充层是在楼地面构造中起隔声、保温、找坡或暗敷管线等作用的构造层。填充层通常用轻质的松散材料或块体材料。应按设计要求选用材料，其密度和导热系数应符合国家有关产品标准的规定。

填充层下一层表面应平整，当为水泥类时，尚应洁净、干燥，并不得有空鼓、裂缝和起砂等缺陷。采用松散材料铺设填充层时，应分层铺平拍实，每层虚铺厚度不得大于 150mm；采用板、块状材料铺设填充层时应分层错缝铺贴。

4.2.4 整体面层施工

1. 整体面层施工要求

整体面层包括水泥混凝土面层、水泥砂浆面层、水磨石面层、水泥基硬化耐磨面层、防油渗面层、不发火的面层、自流平面层、薄涂型地面涂料面层、塑胶面层、地面辐射供暖的整体面层等。

（1）铺设整体面层时，其水泥类基层的抗压强度不得低于 1.2MPa；表面应粗糙、洁净、湿润并不得有积水。铺设前，宜凿毛或涂刷界面处理剂。

（2）整体面层施工后，养护时间不应少于 7d；抗压强度应达到 5MPa 后，方准上人行走；抗压强度应达到设计要求后，方可正常使用。

（3）水泥类面层分格时，分格缝应与水泥混凝土垫层的缩缝相应对齐。

（4）整体面层的抹平工作应在水泥初凝前完成，压光工作应在水泥终凝前完成。

（5）整体面层的允许偏差应符合表 4-7 的规定

2. 水泥混凝土面层施工

水泥混凝土面层的厚度一般为 30～40mm，面层兼垫层的厚度按设计要求，但不应低于 60mm。水泥混凝土面层的强度等级应符合设计要求，且不应小于 C20；水凝混凝土垫层兼面层的强度不应小于 C15。

整体面层的允许偏差和检验方法 （mm） 表 4-7

项次	项目	允许偏差						检验方法
		水泥混凝土面层	水泥砂浆面层	普通水磨石面层	高级水磨石面层	水泥钢（铁）屑面层	防油渗混凝土和不发火（防爆的）面层	
1	表面平整度	5	4	3	2	4	4	用 2m 靠尺和楔形塞尺检查
2	踢脚线上口平直	4	4	3	3	4	4	拉 5m 线和用钢尺检查
3	缝格平直	3	3	3	2	3	3	

水泥混凝土面层其水泥采用硅酸盐水泥、普通硅酸盐水泥或矿渣硅酸盐水泥等，其强度等级不低于 42.5。粗砂或中粗砂的含泥量不应大于 3%。碎石或卵石的最大粒径不应大于面层厚度的 2/3，细石混凝土面层采用的石子的粒径不应大于 15mm。

面层铺设前，将其基层表面的泥土、浮浆等杂物清理冲洗干净，铺设前一天浇水湿润，表面无积水。采用细石混凝土铺设时，铺前预先在湿润的基层表面均匀涂刷一道 1：0.4 或 1：0.45 的素水泥浆，随刷随铺。按分段顺序铺混凝土，随铺随用刮杆刮平，然后用平板振动器振捣密实；采用滚筒人工滚压时，滚筒要交叉滚压 3～5 遍，直至表面泛浆为止。其面层的标高通过四周墙上的水平标高线控制。

水泥混凝土振捣密实后必须做好面层的抹平和压光工作。水泥混凝土初凝前，应完成面层抹平、揉搓均匀，待混凝土开始凝结即分遍抹压面层，压光时间应控制在终凝前完成。第三遍抹压完 24h 内加以覆盖并浇水养护，常温条件下连续养护时间不应少于 7d。养护期间应封闭，严禁上人。

水泥混凝土面层铺设不得留施工缝，面积较大的水泥混凝土地面应设置伸缩缝。

3. 水泥砂浆面层施工

水泥砂浆面层是应用最广的一种。其水泥砂浆应采用不低于

42.5级普通硅酸盐水泥、硅酸盐水泥，不同品种、不同强度等级的水泥严禁混用；宜选用中粗砂或粗砂，含泥量不应大于3％。用砂不能过细，以免浪费水泥和产生裂缝。水泥砂浆的配合比不宜低于1∶2（其强度不低于M15），正确选择灰砂的比例是保证地面强度和耐磨的基础。此外，砂浆的拌合均匀性和稠度是地面强度和密实度的重要影响因素。稠度不宜大于3.5cm。

水泥砂浆应随铺随拍实，在砂浆初凝前完成刮杠、抹平，在砂浆终凝前完成压光。砂浆面层的赶压质量与砂浆的干湿程度、间隔时间、压实遍数和压力大小有关。一般应抹压三遍，手指按表面无指纹印时即可进行养护，一般要养护7d以上，不得过早上人，以免引起面层损伤造成跑砂现象。

水泥砂浆面层容易出现的缺陷（俗称通病）是起鼓、裂缝和跑砂。

4. 水磨石面层施工

水磨石面层适用于有一定防潮（防水）要求、有较高清洁要求或不起尘、易清洁等要求以及不发生火花要求的建筑物楼地面。水磨石面层的质量除取决于原材料质量以外，还主要与基层或找平层的处理、标高控制、粉渣石浆的拍压、养护和磨光等各工序的施工质量有关。

水磨石面层所用水泥取决于水磨石的等级和色彩，白色或彩色水磨石面层应选用白色水泥，深色水磨石面层则选用不低于42.5的普通硅酸盐水泥、硅酸盐水泥或矿渣硅酸盐水泥，同颜色的面层使用同一批水泥，同一彩色面层使用同厂、同批的矿物颜料。磨石宜选用质坚的石粒如白云石、大理石渣等，其粒级为6～15mm。石渣必须经过清洗，保持清洁并不得有杂物，以使磨石面层色泽美观清晰。美术磨石用的颜料应选用耐碱耐光的矿物颜料，以免逐渐褪色影响外观。渣石浆的配合比通常为1∶1.5或1∶2.5。

水磨石的找平层经过处理后，进行找平、弹线和稳分格条。分格条应镶贴牢固平直，稳分格条素水泥浆的高度如图4-2所示。找平层涂刷素水泥浆结合层后，宜随铺石渣浆，要反复拍平滚压密实，石粒应翻身大面朝外。随后进行养护等待磨石。

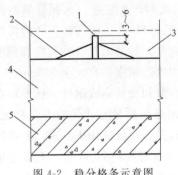

图 4-2　稳分格条示意图

1—分格条；2—素水泥浆；3—待铺石
渣浆层；4—砂浆找平层；
5—混凝土基层

磨石开始时间与磨石方法有关，一般手工磨时，温度在 5～10℃ 的条件下，养护 2～3d 即可开磨，机械磨时则可适当延长养护时间，但养护时间不能过长，以免增加磨石的困难和电能的消耗。在开始磨光前必须进行试磨，以不掉粒、不松动为准，一般开磨时间参考表 4-8。磨石一般三遍成活，头遍粗磨用 60～90 号金刚石，以磨出分格条和露出石渣为限，大面磨平。经过清理上浆弥补砂眼，经 2～3d 养护后进行第二遍中磨，采用 90～120 号金刚石。再经上浆和养护后，用 180～240 号细金刚石细磨至石渣完全清晰外露为止。清洗后上草酸并用 180～240 号细磨石或油石磨光，用清水洗净后经干燥上蜡抛光。磨石完活后，应禁止上人，宜封闭房间等待完工。

水磨石开磨时间参考表　　　　表 4-8

序号	平均温度	开磨时间(d)	
	（℃）	机磨	人工磨
1	20～30	2～3	1～2
2	10～20	3～4	1.5～2.5
3	5～10	5～6	2～3

5. 自流平面层施工

自流平是一种多种材料同水混合而成的液态物质，倒入地面后，这种物质可根据地面的高低不平顺势流动，对地面进行自动找平，并很快干燥，固化后的地面会形成光滑、平整、无缝的地面施工技术。自流平面层可采用水泥基、石膏基、合成树脂等拌合物铺涂。常见的有水泥基自流平、环氧树脂自流平、环氧砂浆自流平等等。

自流平面层的基层混凝土强度等级不应小于 C25，基层应密实、平整、粗糙，清除浮浆、旧涂层等，并作断水处理，不得有积水，不能有胶粘剂残余物、油污、石蜡及油腻等污染物附着。

水泥基自流平地面施工时室内及地面温度应控制在 10～28℃，一般以 15℃为宜，相对空气湿度控制在 20%～75%。施工前在清理干净的混凝土基层上，先涂刷界面剂两遍，待界面剂完全干燥后，把搅拌好的自流平浆料均匀浇筑到施工区域，每一次浇筑的浆料要有一定的搭接，不得留间隙，用刮板辅助摊平至要求厚度。水泥自流平施工作业面宽度一般不超过 6～8m。

环氧自流平面层的基层混凝土经酸洗法或机械方法处理后，其基层强度应大于 21MPa，含水率不大于 9%，平整度不大于 2mm/m，表面无砂无裂无油无坑。基层符合要求后，将底油加水以 1:4 稀释后，均匀涂刷在基面上。环氧自流平分三次涂刷，底涂剂涂刷二层，中涂采用环氧色浆、固化剂与适量混合粒径的石英砂充分搅拌均匀后用刮刀涂成一定厚度的平整密实层，待中涂层半干后即可浇筑面层浆料。固化后，对其表面采用蜡封或刷表面处理剂进行养护，养护期最低不得小于 7d。

4.2.5 板块面层施工

1. 板块面层施工要求

（1）板块面层常见的有砖面层、大理石面层和花岗石面层、活动地板面层、地毯面层等。

（2）铺设板块面层时，其水泥类基层的抗压强度不得低于 1.2MPa。

（3）铺设板块面层的结合面和板块间的填缝采用水泥砂浆时，应采用硅酸盐水泥、普通硅酸盐水泥或矿渣硅酸盐水泥；其强度等级不宜小于 42.5。

（4）板、块面层的允许偏差应符合表 4-9 的规定。

项次	项目	允许偏差（mm）											检验方法
		陶瓷锦砖、高级水磨石板、陶瓷地砖面层	缸砖面层	水泥花砖面层	水磨石板块面层	大理石面层和花岗岩面层	塑料板面层	水泥混凝土板块面层	碎拼大理石、碎拼花岗岩面层	活动地板面层	条石面层	块石面层	
1	表面平整度	2.0	4.0	3.0	3.0	1.0	2.0	4.0	3.0	2.0	10	10	用 2m 靠尺和楔形塞尺检查
2	缝格平直	3.0	3.0	3.0	3.0	2.0	3.0	3.0	—	2.5	8.0	8.0	拉 5m 线和用钢尺检查
3	接缝高低差	0.5	1.5	0.5	1.0	0.5	0.5	1.5	—	0.4	2.0	—	用钢尺检查和楔形塞尺检查
4	踢脚线上口平直	3.0	4.0	—	4.0	1.0	2.0	4.0	1.0	—	—	—	拉 5m 线和用钢尺检查
5	板块间隙宽度	2.0	2.0	2.0	2.0	1.0		6.0		0.3	5.0	—	用钢尺检查

2. 砖面层施工

砖面层是指采用陶瓷锦砖、缸砖、陶瓷地砖和水泥花砖在水泥砂浆、沥青胶结材料或胶粘剂结合层上铺设而成。

铺贴前应对砖的规格尺寸、外观质量、色泽等进行预选，浸水湿润晾干待用。根据房间中心线和排砖方案图，在地面弹出与门口成直角的基准线，弹线应从门口开始，以保证进口处为整砖。根据排砖控制线安装标准块，标准块应安放在十字线交点，对角安装，根据标准块先铺贴好左右靠边基准行的块料。根据基准行由内向外挂线逐行铺贴。面砖的缝隙宽度，当紧密铺贴时不宜大于1mm，当虚缝铺贴时宜为5～10mm，或按设计要求。勾缝深度比砖面凹2～3mm为宜，擦缝和勾缝应采用同品种、同强度等级、同颜色水泥。

3. 大理石面层和花岗石面层施工

天然大理石、花岗石板块的花色、品种、规格应符合设计要求，特别要注意色差控制、加工偏差控制。在铺设前，应根据石材的颜色、花纹、图案、纹理等按设计要求，试拼编号。大理石板材不适宜用于室外地面工程，对室内使用的大理石、花岗石等天然石材的放射性应符合国家现行建材行业标准。

铺设前基层要处理干净，高低不平处要先凿平和修补，基层应清洁，不能有砂浆、油渍等，并用水湿润地面。将板材浸湿、晾干后，即可根据排板控制线进行铺贴。铺贴时基层刷素水泥浆一遍，水灰比0.5左右，并随刷随铺干硬性水泥泵底灰，石材背面均匀地刮上2mm厚的素灰膏后，对准铺贴位置，使板块四周同时落下，用小木槌或橡皮锤敲击平实，随即清理板缝内的水泥浆。铺贴完成24h后，开始洒水养护，3d后用水泥砂浆擦缝饱满，并随即用干布擦净至无残灰污迹为止。铺好的板块禁止行人和堆放物品。

大理石、花岗石面层的结合层厚度一般宜为20～30mm。板材间的缝隙宽度如设计无规定时，对于花岗石、大理石不应大于1mm。

4. 活动地板面层施工

活动地板面层指采用特制的活动地板块，配以横梁、橡胶垫条和可供调节高度的金属支架组装成的架空活动地板，在水泥类基层或面层上铺设而成。活动地板面层与基层间的空间可敷设有关管道和导线，并可结合需要开启检查、清理和迁移。

活动地板面层包括标准地板、异形地板和地板附件（即支架和横梁组件）。采用的活动地板面层层承载力不得小于7.5MPa。活动地板所有的支座柱和横梁应构成框架一体，并与基层连接牢固。

活动地板面层施工时，室内各项工程必须全部完成、超过地板块承载力的设备进入房间预定位置后，方可进行活动地板的安装。不得进行交叉施工。活动地板的金属支架应支承在现浇水泥混凝土基层上，不用采用预制空心楼板，基层表面应平整、光洁、不起灰。在铺设活动地板面层前，室内四周的墙面应设置标高控制位置，并按选定的铺设方向和顺序设基准点。在基层表面上按板块尺寸弹线并形成方格网，按安装顺序安放支架和横梁，固定支架的底座，连接支架和框架，水平仪抄平后，即可安装地板块。当铺设的地板块不合模数时，其不足部分可根据实际尺寸将板面切割后镶补，并配装相应的可调支撑和横梁。

5. 地毯面层施工

地毯面层采用方块、卷材地毯在水泥类面层（或基层）上铺设，可采用空铺法或实铺法铺设。铺设地毯的地面面层（或基层）应坚实、平整、洁净、干燥，无凹坑、麻面、起砂、裂缝，并不得有油污、钉头及其他突出物。地毯衬垫应满铺平整，地毯接缝处不得露底衬。

空铺法地毯铺设时，地毯拼成整块后直接铺在洁净的地面上，地毯周边应塞入踢脚线下；与不同类型的建筑地面连接处，应按设计要求收口；小方块地毯铺设时，块与块之间应挤紧服帖。

实铺法地毯铺设时，铺设的地毯张拉应适宜，应用胶粘剂与基层粘贴牢固，四周卡条固定牢；门口处应用金属压条等固定；地毯周围应塞入卡条和踢脚线下面的缝中。

4.3 吊 顶 工 程

4.3.1 吊顶的分类

吊顶按饰面板材料可分为石膏板吊顶、矿棉板吊顶、金属罩面板吊顶、木饰面罩面板吊顶、透光玻璃饰面吊顶、软膜吊顶；按施工工艺可分为暗龙骨吊顶、明龙骨吊顶。

4.3.2 龙骨的分类

龙骨根据制作材料的不同，可分为木龙骨、轻钢龙骨、铝合金龙骨、钢龙骨等；根据使用部位来划分，可分分主龙骨、副龙骨、边龙骨及厂家专用龙骨等；根据吊顶荷载情况，分为承重龙骨及不承重龙骨（即上人龙骨和不上人龙骨）等。

4.3.3 吊顶施工一般规定

吊顶施工应该做好相应的文件检查以及隐蔽工程的验收，安装饰面板前应完成吊顶内管道和设备的调试及验收。吊顶工程中的预埋件、金属吊杆和龙骨应进行防锈防腐处理；木吊杆、木龙骨和木饰面板必须进行防火处理。重型灯具、电扇及其他重型设备严禁安装在吊顶工程的龙骨上。

暗龙平吊顶和明龙骨吊顶工程安装的允许偏差和检验方法应符合表 4-10、表 4-11 的规定。

暗龙骨吊顶工程安装的允许偏差和检验方法　表 4-10

项次	项目	允许偏差（mm）				检验方法
		纸面石膏板	金属板	矿棉板	木板、塑料板、格栅	
1	表面平整度	3	2	2	3	用 2m 靠尺和塞尺检查
2	接缝直线度	3	1.5	3	3	拉 5m 线，不足 5m 拉通线，用钢直尺检查
3	接缝高低差	1	1	1.5	1	用钢直尺和塞尺检查

4.3.4 吊顶施工

1. 施工工艺流程

弹线→划龙骨分档线→安装水电管线→安装吊杆→安装边龙骨→安装主龙骨→安装副龙骨→安装罩面板→安装压条。

明龙骨吊顶工程安装的允许偏差和检验方法　　表 4-11

项次	项目	允许偏差（mm）				检验方法
		石膏板	金属板	矿棉板	塑料板、玻璃板	
1	表面平整度	3	2	3	3	用 2m 靠尺和塞尺检查
2	接缝直线度	3	2	3	3	拉 5m 线，不足 5m 拉通线，用钢直尺检查
3	接缝高低差	1	1	2	1	用钢直尺和塞尺检查

2. 吊杆、龙骨施工

首先应根据水准线，按照吊顶平面图，在顶板弹出主龙骨位置。吊杆采用膨胀螺栓固定，不上人的吊顶，吊杆（吊索）长度小于 1000mm，宜采用 ϕ6 的吊杆（吊索），如果大于 1000mm，宜采用 ϕ8 的吊杆（吊索），如果吊杆（吊索）长度大于 1500mm，还应在吊杆（吊索）上设置反向支撑。上人的吊顶，吊杆（吊索）长度小于等于 1000mm，可以采用 ϕ8 的吊杆（吊索），如果大于 1000mm，则宜采用 ϕ10 的吊杆（吊索），如果吊杆（吊索）长度大于 1500mm，同样应在吊杆（吊索）上设置反向支撑。吊杆距主龙骨端部距离不得大于 300mm，当大于 300mm 时应增加吊杆；当吊杆与设备相遇时，应调整并增设吊杆。

按顺序安装边龙骨、主龙骨、边龙骨。主龙骨安装时间距≤ 1200mm，主龙骨宜平行房间长向安装，同时应适应起拱；跨度大于 15m 以上时，应在主龙骨上每隔 15m 加一道大龙骨，并垂直主龙骨焊接牢固。次龙骨应紧贴主龙骨安装。次龙骨间距 300～600mm。

3. 罩面板施工

（1）石膏罩面板施工：选材时应考虑牢固可靠，装饰效果好，便于施工和维修，也要考虑重量轻、防火、吸声、隔热、保温要求。安装时，饰面板应在自由状态下固定，且应在棚顶四周封闭情况下安装固定。石膏板的长边应沿纵向次龙骨铺设，与龙骨固定时，钉距以 150～170 为宜，且与板面垂直，若安装双层石膏板时，应错缝，不得装在一根龙骨上，钉头稍埋入纸面，但不得损坏纸面，且做好防锈处理并用石膏腻子抹平。

（2）矿棉罩面板施工：规格上常采用 600mm × 600mm、600mm×1200mm，将面板直接搁于龙骨上。安装时，注意板背面的箭头方向和白线方向一致，保证花样图案的完整性；饰面板上的灯具、烟感器、喷淋头等设备的位置应合理美观。

（3）金属罩面板施工：常用板材有铝板、铝塑板、格栅和各种扣板等。铝板、铝塑板安装时将板面直接搁于龙骨上，但应注意板背面的箭头和白线方向一致，保证花样、图案的完整性，饰面板上的设备位置也应布置合理、美观；格栅、扣板安装时，一般用卡具将饰面板卡在龙骨上。

（4）木饰面罩面板施工：常用板材有原木板和基层贴木皮，安装时应注意板背面箭头方向和白线方向一致，保证花样、图案完整，饰面板上的设备位置也应布置合理、美观，与饰面交接吻合、严密。

4.4　轻质隔墙工程

4.4.1　轻质隔墙的分类

常见的轻质隔墙有板材隔墙、骨架隔墙、活动隔墙和玻璃隔墙。板材隔墙指不需要设置隔墙龙骨，由隔墙板材自承重，将预制或现制的隔墙板材直接固定于建筑主体结构上的隔墙工程。骨架隔墙指在隔墙龙骨两侧安装墙面板以形成墙体的轻质隔墙，一般以钢龙骨、木龙骨等为骨架，以纸面石膏板、人造木板、水泥纤维板等作为墙面板。活动隔墙指推拉式活动隔墙、可拆装的活动隔墙等。玻璃隔墙指用钢化玻璃作的内隔墙、用玻璃砌筑的内隔墙等。下面重点阐述骨架隔墙施工。

4.4.2　轻质隔墙施工一般规定

轻质隔墙施工前应对人造木板的甲醛含量进行复检。骨架隔墙封板前，应对龙骨安装、预埋件或拉结筋、填充材料、骨架中设备管线等进行隐蔽工程验收，验收合格后才能封板。轻质隔墙与顶棚或其他材料墙体交界处应采取防开裂措施。

4.4.3　骨架隔墙施工

1. 施工工艺流程

弹线→安装天地龙骨→竖向龙骨分档→安装竖龙骨→机电管线安装→安装横撑龙骨→安装门洞口→安装罩面板（一侧）→安装填充材料（岩棉）→安装罩面板（另一侧）

2. 骨架施工

在沿地、沿顶龙骨与地、顶面接触处，先要铺填橡胶密封条，再按规定间距用射钉按中距 0.6～1m，将沿地、沿顶龙骨固定于混凝土地面和顶面，砖砌墙、柱体应采用金属胀铆螺栓。然后将预先切截好长度的竖向龙骨，推向沿顶、沿地龙骨内，翼缘朝罩面板方向就位，龙骨开口方向一致。竖龙骨中距最大不应超过 600mm，墙体超过 6m 高时，可采取架设钢架加固等方式。

低于 3m 的隔断墙应安装 1 道通贯龙骨，3～5m 高度的隔断墙应安装 2～3 道通贯龙骨。选用 U 形龙骨作横撑龙骨时，利用卡托、支撑卡（竖龙骨开口面）及角托（竖龙骨背面）与竖向龙骨连接固定。

龙骨允许偏差及检验方法见表 4-12。

龙骨允许偏差及检验方法　　　　　　　　表 4-12

项次	项目	允许偏差（mm）	检查方法
1	龙骨间距	≤2	用钢尺或者卷尺
2	竖骨垂直度	≤2	用线坠或带水准仪靠尺
3	整体平滑度	≤2	用 2 米靠尺检查

3. 面板安装

（1）石膏罩面板安装

安装时，宜沿竖向铺设，长边接缝应落在竖龙骨上，若为防火墙体，纸面石膏版必须竖向铺设，曲面墙体时宜采用横向铺设；石膏板就位后，上下端与上下楼面之间分别留出 3mm 间隙，用 φ3.5x25mm 的自攻螺钉固定在龙骨上。铺钉时从板中间向板四边顺序固定，钉头埋入纸面 0.5～1mm；铺钉间距沿周边板不大于 200mm，中间部分不大于 300mm，自攻螺钉与石膏板边缘的距离应为 10～15mm。安装防火石膏板时，石膏板不得固定在沿顶、沿地龙骨上，应另设横撑龙骨加以固定。两侧罩面板的板缝不得布在同一根龙骨上。

（2）水泥纤维板罩面板安装

用水泥纤维板做内墙板时，严格要求龙骨骨架基面要平整。用手电钻在板上开孔后，用自攻螺钉固定板，电钻钻头直径比螺钉直径小 0.5～1mm，钉距一般为 200～300mm，钉子中心与板边缘 10～15mm；固定后应及时涂防锈漆。

4. 保温材料、隔声材料铺设

当设计有保温或隔声材料时，应按设计要求的材料铺设。铺放墙体内的填充材料，应固定且避免受潮，安装时尽量与另一侧石膏板同时进行，并铺满铺平。

4.5 幕 墙 工 程

4.5.1 预埋件的加工与施工

预埋件是幕墙系统与主体结构连接件之一，预埋件制作、安装的质量好坏直接影响着幕墙与主体结构的连接功能，其安装的精确程度也直接影响着幕墙施工的精度及外观质量的好坏。

1. 预埋件的加工

根据幕墙施工深化图，画出幕墙埋件加工图，由专业厂家根据加工图加工制造后，运至施工现场。预埋件需抽样送到专门的检测机构进行试验，合格后方可使用。

2. 预埋件安装施工

以土建单位提供的水平线标高、轴向基准点、垂直预留孔确定每层控制点，并以此采用经纬仪、水准仪确定每块预埋件的中心位置及标高。将预埋件埋至各自的位置，在定位准确后，对预埋件进行点焊固定，复核无误后，对预埋件条用拉、撑、焊接等措施进行加固，以防混凝土浇捣时发生移位。在混凝土模板拆除后，幕墙施工工作之前，应对预埋件进行校核和修正，对不符合要求的预埋件进行处理，以确保幕墙龙骨位置准确无误。

4.5.2 玻璃幕墙

1. 玻璃幕墙的分类及构造

玻璃幕墙按支承形式可分为框支承玻璃幕墙、点支承玻璃幕墙和全玻幕墙。框支承玻璃幕墙按幕墙形式可分为明框玻璃幕墙、全隐框玻璃幕墙、半隐框玻璃幕墙；按幕墙安装施工方法可分单元式玻璃幕墙、构件式玻璃幕墙。

2. 玻璃幕墙施工一般规定

（1）进场安装的玻璃幕墙构件及附件的材料品种、规格、色泽和性能，应符合设计要求。

（2）隐框和半隐框玻璃幕墙，其玻璃与铝型材的粘结必须采用中性硅酮结构密封胶；全玻幕墙和点支承幕墙采用镀膜玻璃时，不应采用酸性硅酮结构密封胶粘贴。

（3）硅酮结构密封胶使用前，应经国家认可的检测机构进行与其相接触材料的相容性和剥离性试验，并应对邵氏硬度、标准状态拉伸粘结性能进行复验，检验不合格的产品不得使用。

（4）玻璃幕墙的耐候密封应采用硅酮建筑密封胶；点支承幕墙和全玻幕墙使用非镀膜玻璃时，其耐候密封可采用酸性硅酮建筑密封胶。夹层玻璃板缝间的密封，宜采用中性硅酮建筑密封胶。

（5）硅酮结构密封胶和硅酮建筑密封胶必须在有效期内使用。硅酮结构密封胶不应作为硅酮建筑密封胶使用。除全玻幕墙外，不应在现场打注硅酮结构密封胶。

（6）框支承玻璃幕墙，宜采用安全玻璃；点支承玻璃幕墙的面板玻璃应采用钢化玻璃；采用玻璃肋支承的点支承玻璃幕墙，其玻璃肋应采用钢化夹层玻璃。

（7）人员流动密度大、青少年或幼儿活动的公共场所以及使用中容易受到撞击的部位，其玻璃幕墙应采用安全玻璃。

（8）玻璃幕墙与各层楼板、隔墙外沿间的缝隙，当采用岩棉或矿棉封堵时，其厚度不应小于100mm，并应填充密实；楼层间水平防烟带的岩棉或矿棉宜采用厚度不小于1.5mm的镀锌钢板承托；承托板与主体结构、幕墙结构及承托板之间的缝隙宜填充防火密封材料。

3. 构件式幕墙安装施工

（1）构件式幕墙是将车间加工完成的构件运到工地，按照施工工艺逐个将构件安装到建筑结构上，最终完成幕墙安装。

（2）构件式玻璃幕墙施工顺序：弹线定位→预埋件的检查→支座及立柱的安装→横梁安装→玻璃板块安装及调整→开启扇的安装→装饰扣盖的安装→注胶。

（3）防火、保温材料应铺设平整且可靠固定，拼接处不应留缝隙。其他通气槽孔及雨水排出口等应按设计要求施工，不得遗漏。

（4）采用现场焊接或高强螺栓紧固的构件，应在紧固后及时进行防锈处理。

（5）构件式幕墙竖向和横向构件的组装允许偏差应符合表4-13的规定。

构件式幕墙竖向和横向构件的组装允许偏差　　　表4-13

序号	项目	尺寸范围	允许偏差		检查方法
			铝构件	钢构件	
1	相邻两竖向构件间距尺寸（固定端头）	—	±2.0	±3.0	钢卷尺
2	相邻两横向构件间距尺寸	间距不大于2000mm时	±1.5	±2.5	钢卷尺
		间距大于2000mm时	±2.0	±3.0	
3	分格对角线差	对角线长不大于2000mm时	3.0	4.0	钢卷尺或伸缩尺
		对角线长大于2000mm时	3.5	5.0	

序号	项目	尺寸范围	允许偏差		检查方法
			铝构件	钢构件	
4	竖向构件垂直度	高度不大于30mm	10	15	经纬仪或铅垂仪
		高度不大于60mm	15	20	
		高度不大于90mm	20	25	
		高度不大于150mm	25	30	
		高度大于150mm	30	35	
5	相邻两横向构件的水平高差	—	1.0	2.0	钢板尺或水平仪
6	横向构件水平度	构件长不大于2000mm时	2.0	3.0	水平仪或水平尺
		构件长大于2000mm时	3.0	4.0	
7	竖向构件直线度	—	2.5	4.0	2m靠尺
8	竖向构件外平面平整度	相邻三立柱	2	3	经纬仪
		宽度不大于20m	5	7	
		宽度不大于40m	7	10	
		宽度不大于60m	9	12	
		宽度不小于60m	10	15	
9	同高度内横向构件的高度差	长度不大于35m	5	7	水平仪
		长度大于35m	7	9	

4. 单元式幕墙安装施工

(1) 单元式幕墙是由各种墙面板与支承框架在工厂制成完整的幕墙结构基本单位,直接安装在主体结构上建筑幕墙。其单板块的高度一般为楼层高度,宽度在1.2～1.8m左右,一般适用于建筑体型较规正的高层或超高层建筑。

(2) 单元式玻璃幕墙施工顺序:测量放线→预埋件校准→连接件安装→单元板块的垂直吊装安装→保温、防火、防雷等的安装→防水压盖的安装及调试→幕墙收口。

(3) 运输前单元板块应顺序编号;装卸及运输过程中,应采用有足够承载力和刚度的周转架,衬垫弹性垫,保证板块相互隔开并相对固定，不得相互挤压和串动。堆放单元板块时，不应直接叠层堆放，宜存放在周转架上，且按安装顺序先出后进的原则按编号排列放置。

（4）起吊单元板块时，吊点不应少于 2 个，应使各吊点均匀受力，起吊过程应保持单元板块平稳，保证装饰面不受磨损和挤压。单元板块就位时，应先将其挂到主体结构的挂点上，板块未固定前，吊具不得拆除。

（5）连接件安装允许偏差应符合表 4-14 的规定。

连接件安装允许偏差

表 4-14

序号	项目	允许偏差（mm）	检查方法
1	标高	±1.0 （上下可调节时±2.0）	水准仪
2	连接件两端点平行度	≤1.0	钢尺
3	距安装轴线水平距离	≤1.0	钢尺
4	垂直偏差（上、下两端点与垂线偏差）	±1.0	钢尺
5	两连接件连接点中心水平距离	±1.0	钢尺
6	两连接件上、下端对角线差	±1.0	钢尺
7	相邻三连接件（上下、左右）偏差	±1.0	钢尺

（6）单元板块就位后，应及时校正，校正完后，应及时与连接部位固定。单元式幕墙安装固定后的允许偏差应符合表 4-15 的规定。

单元式幕墙安装允许偏差

表 4-15

序号	项目		允许偏差（mm）	检查方法
1	竖缝及墙面垂直度	幕墙高度	≤10	激光经纬仪或经纬仪
		$H{\leqslant}30m$		
		$30m{<}H{\leqslant}60m$	≤15	
		$60m{<}H{\leqslant}90m$	≤20	
		$H{>}90m$	≤25	
2	幕墙平面度		≤2.5	2m靠尺、钢板尺

序号	项目		允许偏差（mm）	检查方法
3	竖缝直线度		≤2.5	2m靠尺、钢板尺
4	横缝直线度		≤2.5	2m靠尺、钢板尺
5	缝宽度（与设计值比）		±2	卡尺
6	耐候胶缝直线度	$L \leq 20m$	1	钢尺
		$20m < L \leq 60m$	3	
		$60m < L \leq 100m$	6	
		$L > 100m$	10	
7	两相邻面板之间接缝高低差		≤1.0	深度尺
8	同层单元组件标高	宽度不大于35m	≤3.0	激光经纬仪或经纬仪
		宽度大于35m	≤5.0	
9	相邻两组件面板表面高低差		≤1.0	深度尺
10	两组件对插件接缝搭接长度（与设计值比）		±1.0	卡尺
11	两组件对插件距槽底距离（与设计值比）		±1.0	卡尺

4.5.3 金属与石材幕墙

1. 金属与石材幕墙施工一般规定

（1）幕墙石材的技术要求和性能试验方法应符合国家现行标准的规定，单块石材板面面积不宜大于 1.5m²。幕墙采用的不锈钢宜采用奥氏体不锈钢材，其技术要求和性能试验方法应符合国家现行标准的规定。钢结构幕墙高度超过 40m 时，钢构件宜采用高耐候结构钢，并应在其表面涂刷防腐涂料。

（2）应采用中性硅酮耐候密封胶，其性能应符合表 4-16 的规定。

（3）同一幕墙工程应采用同一品牌的单组分或双组分的硅酮结构密封胶，并应有保质年限的质量证书。用于石材幕墙的硅酮结构密封胶还应有证明无污染的试验报告。同一幕墙工程应采用同一品牌的硅酮结构密封胶和硅酮耐候密封胶配套使用。硅酮结构密封胶和硅酮耐候密封胶应在有效期内使用。

硅酮耐候密封胶的性能 表 4-16

项目	性能	
	金属幕墙用	石材幕墙用
表干时间	1～1.5h	
流淌性	无流淌	≤1.0mm
初期固化时间(≥25℃)	3d	4d
完全固化时间 （相对湿度≥50% 温度 25±2℃）	7～14d	
邵氏硬度	20～30	15～25
极限拉伸强度	0.11～0.14MPa	≥1.79MPa
断裂延伸率	—	≥300%
撕裂强度	3.8N/mm	—
施工温度	5～48℃	
污染性	无污染	
固化后的变位承受能力	25%≤δ≤50%	δ＞50%
有效期	9～12 个月	

（4）幕墙中不同的金属材料接触处，除不锈钢外均应设置耐热的环氧树脂玻璃纤维布或尼龙 12 垫片。

（5）幕墙的保温材料可与金属板、石板结合在一起，但应与主体结构外表面有 50mm 以上的空气层。

（6）幕墙的防火层必须采用经防腐处理且厚度不小于 1.5mm 的耐热钢板，不得采用铝板；防火层的密封材料应采用防火密封胶；防火密封胶应有法定检测机构的防火检验报告。

（7）幕墙在制作前，应对建筑物的设计施工图进行核对，并应对已建的建筑物进行复测，按实测结果调整幕墙图纸中的偏差，经设计单位同意后方可加工组装。

（8）用硅酮结构密封胶黏结固定构件时，注胶应在温度 15℃以上 30℃ 以下、相对湿度 50% 以上且洁净、通风的室内进行，胶的宽度、厚度应符合设计要求。

2. 金属与石材幕墙安装施工

（1）安装金属与石材幕墙应在主体工程验收后进行。其构件和附件的材料品种、规格、色泽和性能应符合设计要求。

（2）金属、石材幕墙与主体结构连接的预埋件，应在主体结构施工时按设计要求埋设。预埋件应牢固，位置准确，预埋件的位置误差应按设计要求进行复查。当设计无明确要求时，预埋件的标高偏差不应大于 10mm，预埋件位置差不应大于 20mm。

（3）用硅酮结构密封胶黏结石材时，结构胶不应长期处于受力状态。

（4）当石材幕墙使用硅酮结构密封胶和硅酮耐候密封胶时，应待石材清洗干净并完全干燥后方可施工。

（5）金属幕墙施工顺序：弹线定位→预埋件的检查→连接件安装→立柱的安装→横梁安装→防腐处理→层间防火及保温封修→隐蔽验收→面材安装→调整→注胶→卫生清理。

（6）金属幕墙安装允许偏差应符合表 4-17 的规定。

金属幕墙安装允许偏差和检验方法　　　　表 4-17

项次	项目		允许偏差（mm）	检验方法
1	幕墙垂直度	幕墙高度≤30m	10	用经纬仪检查
		30m<幕墙高度≤60m	15	
		60m<幕墙高度≤90m	20	
		幕墙高度>90m	25	
2	幕墙水平度	层高≤3m	3	用水平仪检查
		层高>3m	5	
3	幕墙表面平整度		2	用 2m 靠尺和塞尺检查
4	板材立面垂直度		3	用垂直检测尺检查
5	板材上沿水平度		2	用 1m 水平尺和钢直尺检查
6	相邻板材板角错位		1	用钢直尺检查
7	阳角方正		2	用直角检测尺检查
8	接缝垂直度		3	拉 5m 线，不足 5m 拉通线，用钢直尺检查
9	接缝高低差		1	用钢直尺或塞尺检查
10	接缝宽度		1	用钢直尺检查

（7）石材幕墙施工顺序：弹线定位→预埋件的检查→连接件安装→立柱安装→横梁安装→挂件连接→石材板块安装→调整→注胶→卫生清理。

（8）石材幕墙立柱和横梁安装允许偏差应符合表 4-18、表 4-19 的规定。

石材幕墙立柱安装允许偏差 表 4-18

项目		允许偏差（mm）	检查方法
竖缝及墙面垂直度	幕墙高度 H(m)	≤10	激光经纬仪或经纬仪
	H≤30		
	30m＜H≤60	≤15	
	60＜H≤90	≤20	
	H＞90	≤25	
幕墙平面度		≤2.5	2m 靠尺、钢板尺
竖缝直线度		≤2.5	2m 靠尺、钢板尺

石材幕墙横梁安装允许偏差 表 4-19

项目	允许偏差（mm）	检查方法
横缝直线度	≤2.5	2m 靠尺、钢板尺
缝宽度（与设计值比较）	±2	卡尺
两相邻面板之间接缝高低差	≤1.0	深度尺

4.6 抹灰工程

4.6.1 抹灰工程的分类及灰层组成

1. 抹灰工程的分类

抹灰工程分为一般抹灰和装饰抹灰两种。

（1）一般抹灰

一般抹灰指石灰砂浆，水泥混合砂浆、水泥砂浆、聚合物水泥砂浆、膨胀珍珠岩水泥砂浆以及麻刀石灰、纸筋石灰和石膏灰等抹灰工程。按建筑物的装饰标准和质量要求，一般抹灰分为普通和高级两级，各种级别抹灰的主要工序如下：

普通抹灰：分层赶平、修整和表面压光；

高级抹灰：阴阳角找方、设置标筋、分层赶平、修整和表面压光。其表面质量比普通抹灰应颜色均匀、无抹纹，分格缝清晰美观。

一般抹灰工程质量的允许偏差和检验方法应符合表 4-20 的规定。

一般抹灰的允许偏差和检验方法　　　　表 4-20

项次	项目	允许偏差（mm）		检验方法
		普通抹灰	高级抹灰	
1	立面垂直度	4	3	用 2m 垂直检测尺检查
2	表面平整度	4	3	用 2m 靠尺和塞尺检查
3	阴阳角方正	4	3	用直角检测尺检查
4	分格条（缝）直线度	4	3	拉 5m 线，不足 5m 拉通线，用刚直尺检查
5	墙裙、勒脚上口直线度	4	3	拉 5m 线，不足 5m 拉通线，用刚直尺检查

（2）装饰抹灰

装饰抹灰指水刷石、水磨石、斩假石、假面砖、拉条灰、拉毛灰以及喷砂、喷涂、滚涂、弹涂、仿石和彩色抹灰等工程。

装饰抹灰层的厚度、颜色和图案应符合设计要求。

装饰抹灰工程质量的允许偏差和检验方法应符合表 4-21 的规定。

装饰抹灰的允许偏差和检验方法　　　　表 4-21

项次	项目	允许偏差（mm）			检验方法
		水刷石	斩假石	假面砖	
1	立面垂直度	5	4	5	用 2m 垂直检测尺检查
2	表面平整度	3	3	4	用 2m 靠尺和塞尺检查
3	阳角方正	3	3	3	用直角检测尺检查
4	分格条（缝）直线度	3	3	3	拉 5m 线，不足 5m 拉通线，用钢直尺检查
5	墙裙、勒脚上口直线度	3	3	—	拉 5m 线，不足 5m 拉通线，用钢直尺检查

2. 抹灰层的组成

抹灰层一般由多层次构成，即底层、中层和面层。各层次根据其所起作用不同，则用料和薄厚不同。施工时，对各层次的涂抹和压实要求也不相同。

底层灰的作用是增强与基层结构的结合，所用砂浆的材料性质应与基层结构的材料相适应，灰层要薄，其厚度约为 $5\sim 7$mm，以利于同基层的紧密结合。

中层灰起找平作用，一般灰层较厚约 $5\sim 12$mm，具体尺寸应视抹灰层的总厚度决定。

面层灰主要起装饰和光洁作用，灰层厚度一般为 $2\sim 5$mm。

3. 抹灰层的砂浆选用

一般抹灰所用的砂浆品种，应根据抹灰基层的种类和抹灰层所处部位和环境决定。一般按设计要求选用，如设计无具体规定时，可按下列规范要求选择砂浆品种：

（1）外墙门窗口的外侧壁、屋檐、勒脚、压檐墙抹灰，因为都有防水要求，故应选用水泥或水泥混合砂浆。

（2）湿度较大的房间、车间等，应选用水泥或水泥混合砂浆。

（3）混凝土板和墙的底层灰，应选用水泥混合砂浆、水泥砂浆或聚合物水泥砂浆。

（4）加气混凝土块或板的底层灰，应选择水泥混合砂浆或聚合物水泥砂浆。

（5）木板条、金属网顶棚或墙面的底灰层与中层灰，应满足与木板条和金属网的挂灰要求，必须选用麻刀石灰砂浆或纸筋石灰砂浆。

4.6.2 一般抹灰工程施工

1. 抹灰基层的处理

抹灰前，必须对不同材料的基层进行处理，要使基层表面洁净、湿润和粗糙，以保证抹灰层与基层的牢固结合，处理方法则因基层构成材料的不同而异。

（1）烧结砖砌体、蒸压灰砂砖、蒸压粉煤灰砖：将残存砂浆、舌头灰剔除，清理污垢、灰尘，并用水冲洗，冲掉浮砂、尘土。抹灰前，将基体充分浇水均匀润透，每天宜浇两次，水应渗入墙面 10～20mm，防止水分过快被基体吸收掉。

（2）混凝土墙基层处理：采用脱污剂清除墙面油污，晾干后涂刷胶黏性水泥浆或混凝土界面剂，凝固后可增加抹灰层与基层附着力；或者采用尖钻子均匀剔成麻面，然后浇水湿润。

（3）加气混凝土砌块基体（轻质砌体、隔墙）：先对松动及灰浆不饱满的拼缝或梁板下的顶头缝，用砂浆填塞密实，将墙面剔凿平整，整修密实、平顺，在处理到位后，喷水湿润（水应渗入墙面 10～20mm），之后涂抹墙体界面砂浆，覆盖基层墙体，厚约 2mm，收浆后进行抹灰。

（4）混凝土小型空心砌块砌体：清理干净基层表面，不得浇水。

（5）涂抹石膏抹灰砂浆时，不需要进行界面增强处理。

（6）涂抹聚合物砂浆时，清理干净基层即可，不需要进行浇水湿润。

（7）对于两种不同材料的基层结合部，应加钉金属网，防止温度变形不同而裂缝。

2. 抹灰的准备工作

（1）主体结构必须经过相关单位检验合格。

（2）抹灰前应检查墙面的平整度和垂直度，以确定抹灰层的总厚度。检查墙面平整度时，应注意门口部位与大墙面的一致。然后挂线抹出标志和标筋，作为墙面刮平的依据。

（3）抹灰前检查门窗框安装是否正确，接缝处应用 1:3 水泥砂浆或 1:1:6 水泥混合砂浆分层嵌塞密实，并用塑料贴模将门窗框加以保护。

（4）墙体脚手眼和废弃孔洞堵严，外露钢筋、铅丝头及木头剔除，窗台砖补齐，墙与楼板、梁底等交界处应用斜砖砌严补齐。

（5）加钉镀锌钢丝网部位，应涂刷一层胶黏性素水泥浆或界面剂，钢丝网与最小边搭接尺寸不应小于 100mm。

3. 抹灰的操作要求

（1）吊垂直、套方、找规矩、做灰饼：根据要求的抹灰质量以及基层表面平整垂直情况，用一面墙做基准，吊垂直、套方、找规矩，确定抹灰厚度（不小于 7mm）。

（2）做护角：墙、柱的阳角应在墙、柱面抹灰前用 M20 以上的水泥砂浆做护角，高度自地面以上不小于 2m。

（3）墙面充筋：灰饼砂浆干七八成后，可用与抹灰层相同砂浆充筋，一般充筋宽度 50mm，两筋间距不大于 1.5m，墙面高度小于 3.5m 时宜做立筋，大于 3.5m 宜做横筋。

（4）抹底灰、中层灰：充筋 2h 左右后开始抹底灰，抹时用力压实使砂浆挤入细小缝隙内；接着抹中层灰，抹时要着力搓平压实，排除砂浆内的空气，分层抹与充筋平，用木杠刮找平整，用木抹子搓毛。

（5）抹罩面灰：中层灰六七成干时开始抹罩面灰，两遍成活，每遍厚度约 2mm，依先上后下顺序施工，然后赶光。

（6）水泥砂浆抹灰 24h 后应喷水养护，养护时间不少于 7d；混合砂浆要适度喷水养护，养护时间不少于 7d。

4. 抹灰的质量控制要点

（1）冬期施工砂浆温度最低不低于 5℃，环境温度不应低于 5℃，砂浆抹灰层硬化初期不得受冻。

（2）抹灰基层处理前，必须验收合格，并填写隐蔽工程验收记录。

（3）不同材料基体交接处表面的抹灰，应采取防止开裂的加强措施，当采用加强网时，加强网与各基体的搭接宽度不应小于 100mm。

（4）施工要严格各层抹灰厚度，一般分层进行，以利于抹灰牢固、抹面平整和保证质量。

4.6.3 装饰抹灰工程施工

1. 装饰抹灰工程的分类

装饰抹灰工程可分为灰浆类饰面和石渣类饰面。常见的灰浆类饰面有：拉毛灰、甩毛灰、仿面砖、拉条、喷涂、弹涂、硅藻泥饰面等；常用的石渣类饰面有：水刷石、斩假石、水磨石等。

2. 水刷石、斩假石施工

水刷石、斩假石应做在已硬化、粗糙而平整的中层砂浆面层上，并预先洒水润湿，以确保面层同中层的良好结合。

（1）材料选择

水泥应按设计要求的颜色选用普通硅酸盐水泥或白色水泥，也可用火山灰质硅酸盐水泥和矿渣硅酸盐水泥。

石粒常用黑白石粒和由大理石加工的彩色石粒。其规格常用大八厘、中八厘、小八厘和米粒石。石粒应清洁、棱角尖锐，不得含有风化石粒。颜料应选用耐光耐碱的颜料，以免褪色。水泥、石粒和颜料的配比，应按设计要求做样板最后决定比例。宜分部位统一配料，力争饰面层颜色一致。

（2）分格弹线、稳分格条

饰面层有分格要求时，应按设计图要求放大样确定分格的精确尺寸，然后在中层砂浆表面弹出粉线，并按线粘贴分格条，分格条应保持横平竖直，大面平整和交角严密。分格条在面层完工后适时取出。

装饰面层的施工缝应留在分格缝、墙面阴角、水落管背后或利用结构的垛、檐线的自然分割边缘处。

（3）面层的施工

首先在中层灰表面涂刷素水泥浆结合层，其水灰比宜控制在0.37～0.4，以增强与面层的粘结能力。随后粉石渣浆，并进行分遍拍实赶平，石渣应分布均匀、紧密。凝结前用清水自上而下洗石子至石渣外露。

刷石处理应掌握冲刷的时间，过早易冲掉石渣，过迟则冲刷不净。冲刷的程度要控制适当，一般石渣外露1/3为宜，冲刷过深石渣粘结不牢易脱粒，冲刷过浅则石渣面不清晰、明快。尤应注意棱角的完整与方正。验收时，要求水刷石面层石粒清晰、分布均匀、紧密平整和色泽一致，不得有掉粒和接槎痕迹。

斩假石的面层处理，应在石渣浆层具备一定强度后开始斧剁。正式斩剁前应经试剁，以石渣不脱落为准。斧剁程度适宜，用力过大容易使面层松动，用力过小则质感不强，灰色浆壳残存较多，面层灰暗。剁的时间过早则墙面容易剁花，过晚则斩垛困难。墙角、柱棱处应留出镜边不剁。斩假石验收要求剁纹均匀、顺直、深浅一致，棱角不得损坏。

3. 喷涂和弹涂施工

喷涂施工机械化程度较高，工期短造价低，适用于外装饰工程。喷涂是利用压缩空气通过喷涂机具，将聚合水泥砂浆喷射到底层灰上。底灰为水泥砂浆厚 12mm。聚合水泥砂浆（掺 108 胶或白乳胶）厚 3～4mm，一般喷三遍成活。表面干燥后喷甲基硅醇钠憎水剂，以减少挂灰和污染，提高饰面层的耐久性。

弹涂是利用专门工具弹涂器将水泥色浆弹射到底灰层上，多用于外墙饰面。彩色弹涂所用的色浆由粉料和胶粘剂等调合而成。弹涂前，墙体表面应刷聚合物水泥色浆一道，然后用弹涂器分几遍将不同色彩的聚合物水泥浆弹在已涂刷的涂层上，形成 3～5mm 大小的扁圆形花点，再喷罩甲基硅树脂或聚乙烯醇缩丁醛酒精溶液，对涂层进行保护。花点必须分布均匀，否则会出现颜色深浅不匀的现象。弹涂施工应注意保持基层的湿度，严格掌握颜料掺量和喷刷憎水剂的时间，以防止弹涂层出现斑点、起粉、掉色和发白等弊病。

4.7 饰面工程

4.7.1 饰面材料的质量要求

饰面板块进场应按验收标准进行验收，板块应表面平整、边缘整齐、棱角无缺损，并应具有产品合格证。铁制锚固件和连接件应镀锌或经防锈处理。镜面和光面大理石、花岗石饰面板，应选用铜制或不锈钢的连接与锚固件。

天然大理石、花岗石饰面板，其表面不得有隐伤、风化等缺陷。预制水磨石板表面应平整，几何尺寸准确，石粒外露均匀、洁净，颜色一致，背面应平整粗糙以利粘贴。

各种饰面砖表面应平整、光洁、色泽一致，并不得有暗痕和裂纹，其吸水率不大于18％。

饰面砖安装的允许偏差和检验方法应符合表 4-22 的规定。

饰面砖安装的允许偏差和检验方法　　　　　　表 4-22

项次	项目	允许偏差		检验方法
		外墙面砖	风墙面砖	
1	立面垂直度	3	2	用 2m 垂直检验尺检查
2	表面平整度	4	3	用 2m 靠尺和塞尺检查
3	阴阳角方正	3	3	用直角检测尺检查
4	接缝干线度	3	2	拉 5m 线,不足 5m 拉通线,用钢直尺检查
5	接缝高低差	1	0.5	用钢直尺和塞尺检查
6	接缝宽度	1	1	用钢直尺检查

饰面板安装的允许偏差和检验方法应符合表 4-23 的规定。

饰面板安装的允许偏差和检验方法　　　　　　表 4-23

项次	项目	允许偏差							检验方法
		石材			瓷板	木材	塑料	金属	
		光面	剁斧石	蘑菇石					
1	立面垂直度	2	3	3	2	1.5	2	2	用 2m 垂直检测尺检查
2	表面平整度	2	3	—	1.5	1	3	3	用 2m 靠尺和塞尺检查
3	阴阳角方正	2	4	4	2	1.5	3	3	用直角检测尺检查
4	接缝直线度	2	4	4	2	1	1	1	拉 5m 线,不足 5m 拉通线,用钢直尺检查
5	墙裙、勒脚上口直线度	2	3	3	2	2	2	2	拉 5m 线,不足 5m 拉通线,用钢直尺检查
6	接缝高低差	0.5	3	—	0.5	0.5	1	1	用钢直尺和塞尺检查
7	接缝宽度	1	2	2	1	1	1	1	用钢直尺检查

4.7.2 陶瓷砖饰面

1. 釉面瓷砖饰面施工

饰面砖镶贴前应清理基层，在结构表面做水泥砂浆找平层，然后在找平层上镶贴饰面砖。待底层灰六七层干时，按照图纸要求、釉面砖规格及结合实际条件进行排砖、弹线，注意大墙面、柱子和垛子要排整砖，以及在同一面墙上的横竖排列，均不得有小于1/4的非整砖，非整砖应排在阴角处或较隐蔽的部位。

面砖镶贴前，应挑选颜色、规格一致的砖；浸泡砖时，将面砖清扫干净，放入净水中浸泡2h以上，取出待表面晾干或擦干净后使用。

粘贴面砖宜采用专用瓷砖胶粘剂铺贴，也可用1：1水泥砂浆加水重20%的界面剂胶铺贴，一般自下而上进行，整间或独立部位宜一次完成。面砖或釉面砖的接缝，室外应用水泥浆或水泥砂浆勾缝，室内则可用与釉面砖同色的石膏灰或水泥浆嵌缝，但潮湿房间不准使用石膏灰勾缝。面砖或釉面砖饰面层应粘贴密实、表面平整，不得空鼓和有明显接槎，接缝应平直且宽度一致。

2. 陶瓷锦砖饰面施工

陶瓷锦砖的镶贴，应先在找平层上弹线分格，按设计规定的接缝尺寸备好分格条。传统做法是用厚2～3mm的水泥纸筋灰粘结，最好用水泥或聚合物水泥砂浆镶贴。贴陶瓷锦砖时底灰要浇水润湿，铺贴应保证表面平整、拍平拍实，待其稳固后，将纸衬润湿、揭净。在水泥浆凝固前调整接缝拨正个别歪砖，粘贴后48h，用水泥浆嵌缝，待勾缝水泥浆硬化后清洗表面。

4.7.3 石材饰面

1. 石材饰面常用材料

室内饰面用石材主要分两大类，即天然石材和人造人材。天然石材主要包括大理石、花岗石；人造石材主要包括树脂人造石、水泥人造石及复合石材。

2. 湿贴石材饰面装饰施工

（1）湿贴石材质量控制要点：

1）室内选用的花岗岩应作放射性指标复验。

2）石材应进行防碱背涂处理。

3）冬期施工时，应做好防冻保温措施，以确保砂浆不受冻，其室外温度不得低于5℃。

（2）薄型号小规格块材，一般厚度10mm以下，边长小于40cm，可采用粘贴方法。大规格块材，边长大于40cm，镶贴高度超过1m时，可采用挂装浇筑法安装。

（3）薄型小规格块材施工

基层墙面清扫干净、浇水湿润后，刷胶界面剂素水泥浆一道，随刷随打底，底灰采用1：3水泥砂浆，厚度约12mm，分两遍操作，第一遍约5mm，第二遍约7mm，压实刮密后，将底子灰表面划毛。待底子灰凝固后根据设计图纸和实际需要弹出安装石材的位置线和分块线。随即将已湿润的块材抹上2～3mm素水泥浆，内渗水重20%的界面剂进行镶贴，用木槌轻敲，用靠尺找平。

（4）大规格块材施工

大规格的板块，均采用挂装浇筑法安装。挂钢筋网架的短钢筋应在墙体砌筑或浇筑时嵌入墙内，钢筋网架绑扎时，间距应由板块尺寸大小决定，通常为500mm或400mm。板块安装由最下行的中间或一端开始，将板块绑牢在钢筋网架上用托线板靠直靠平。板块之间和交角应平整，可用石膏临时固定封严。板块和结构层之间的空隙，花岗石板块留30～50mm，大理石或水磨石板块则为20～25mm。空隙浇筑1：2.5水泥砂浆（或细石混凝土），砂浆要分层浇筑，每层浇筑高度约150～200mm，初凝后再浇上面一层砂浆，至距上口50～100mm处停止。然后剔除临时固定用的石膏，将缝隙清理干净，进行第二行板块安装。

3. 干挂石材饰面装饰施工

按照施工现场实际尺寸进行墙面放线，放线作业完成后，进行龙骨安装。对石材开槽时，应注意槽口部位的石材净厚度不得小于6mm。在石材的开槽位置安装不锈钢挂件后，按排版顺序由下向上逐层开始将石材挂于龙骨上，调整好整体的水平度和垂直度后，在开槽位置满填云石胶，固定石材和干挂件。待云石胶凝固后，方可安装下一块石材。

干挂施工过程中应随时用线锤或者靠尺进行垂直度和平整度的控制。石材干挂不锈钢挂件中心距板边不大于 150mm，角钢上安装的挂件中心间距不宜大于 700mm，边长不大于 1m 的 20mm 厚石材可设两个挂件，边长大于 1m 时，应增设一个挂件，石材干挂开放缝位置按照设计要求进行留缝处理。

石材干挂完成后，要进行现场的成品保护。工程竣工及保洁需使用中性清洁剂，并清洗前先做小面积试验。

4.8 涂 饰 工 程

4.8.1 建筑装饰涂料的分类及性能

1. 建筑装饰涂料的分类

（1）按涂料使用部位分可分为外墙涂料、内墙涂料、地面涂料、顶面涂料、屋面涂料等。

（2）按使用功能可分为多彩涂料、弹性涂料、抗静电涂料、耐洗涂料、耐磨涂料、耐温涂料、耐酸碱涂料、防锈涂料等。

（3）按成膜物质的性质可分为有机涂料、无机涂料、有机无机复合型涂料等。

（4）按涂料溶剂可分为水溶性涂料、乳液型涂料、溶剂型涂料、粉末型涂料等。

2. 建筑装饰涂料的性能

建筑装饰涂料的性能大致分为施工性能、内墙涂料性能和外墙涂料性能。施工性能有重涂性、不流性、抗飞溅性、流平性；内墙涂料性能有易清洗性、耐擦洗性、抗磨光性、抗粘连性、防霉性、保色性、遮盖力、抗开裂性、环保性；外墙涂料性能有粉化性、耐水性、耐沾污性、抗开裂性、防霉性、抗风化性、保色性、附着力、环保性。

4.8.2 外墙涂饰施工

1. 施工工艺流程

清理墙面→修补墙面→填补腻子→打磨→贴玻纤布→满刮腻子及打磨→刷底漆→刷第一道面漆→刷第二道面漆

2. 基层处理

将墙面起皮及松动处清除干净，将残留灰渣铲、干净，然后扫净墙面。基层缺棱断角、空洞、坑洼、缝隙等缺陷用 1：3 水泥砂浆修补、找平，干燥后用砂纸将凸出处磨掉，扫净浮尘。

3. 刮腻子、打磨及贴玻纤布

将墙体不平整处用腻子找平，腻子应具备较好的强度、粘结性、耐水性和持久性，宜薄不宜厚，以批刮平整为主。该层腻子干燥后用砂纸进行打磨，打磨时先采用粗砂纸打磨，然后再用细沙纸打磨，要求打磨后基层的平整度达到在侧面光照下无明显批刮痕迹、无粗糙感，表面光滑。

打磨后立即清除表面灰尘，然后采用网眼密度均匀的玻纤布进行铺贴。铺贴完后，开始刮第二遍腻子，修半贴玻纤布引起的不平整现象，干燥后用 0 号砂纸磨平，做到表面平整、粗糙程度一致，纹理质感均匀。

4. 涂刷底漆、面漆

底漆是用于封闭水泥墙面的毛细孔，起到预防返碱、返潮及防止霉菌滋生的作用。面涂具有较好的保光性、保色性，硬度较高，附着力较强。

底漆和面漆的常见施工方法有刷涂、滚涂、喷涂和弹涂。无论使用哪种方法，其墙面应涂饰均匀、粘结牢固，不得漏涂、透底、起皮和掉粉。

4.8.3 内墙涂饰施工

1. 施工工艺流程

清理墙面→修补墙面→刮腻子→刷底漆→刷第一至四道面漆

2. 基层处理

室内有关抹灰工作全部完成后，可开始内墙涂饰施工。基层处理后应平整、清洁、表面无灰尘、无浮浆、无油迹、无锈斑、无霉点、无浮砂、无起壳、无盐类析出物、无青苔等杂物。且应干燥，混凝土及抹灰面层含水率应在 10％ 以下。

3. 刮腻子及打磨

刮腻子遍数可由墙面平整度决定，通常要刮三遍，第一遍用胶皮刮板横向满刮，干燥后将浮腻子和斑迹磨光并清当干净；第二遍用胶皮刮板竖向满刮，干燥后磨平并清扫干净；第三遍用胶皮刮板找补腻子或用钢片刮板满刮腻子，将墙面刮平刮光，干燥后磨平磨光，不得遗漏或将腻子磨穿。

4. 涂刷底漆、面漆

刷底漆时，先刷天花板后刷墙面，刷墙面时先上后下，应将基层表面清扫干净后进行刷漆。底漆使用前先加水搅拌均匀，可用滚筒或排笔涂刷。

面漆通常刷一至遍，操作要求同底漆，使用前充分搅拌均匀。刷二至三层面漆时，需待前一层漆膜干燥后，用细砂纸打磨光滑并清扫后再刷。涂刷时应连续迅速操作，并注意上下顺刷互相衔接。

室内涂饰常采用乳胶漆，其质量和检验方法应符合表 4-24 的规定。

乳胶漆质量和检验方法 表 4-24

项次	项目	普通涂饰	高级涂饰	检验方法
1	颜色	均匀一致	均匀一致	观察
2	泛碱、咬色	允许少量轻微	不允许	
3	流坠、疙瘩	允许少量轻微	不允许	
4	砂眼、刷纹	允许少量轻微砂眼、刷纹通顺	无砂眼、无刷纹	观察
5	装饰线、分色线直线度允许偏差(mm)	2	1	拉 5mm 线,不足 5mm 拉通线,用钢直尺检查

4.9 裱糊工程

4.9.1 壁纸的分类

裱糊工程主要分为壁纸裱糊和墙布裱糊，壁纸主要有普通壁纸、发泡壁纸、麻青壁纸、纺织纤维壁纸、特种壁纸等；墙布主要有玻璃纤维墙布、纯棉装饰墙布、化纤装饰墙布、无纺墙布等。

4.9.2 裱糊施工

1. 施工工艺流程

基层处理→刷封闭底胶→放线→计算用量、裁纸→刷胶→裱糊

2. 基层处理

若基层为混凝土或抹灰面，则满刮腻子一遍，再砂纸打磨，并适当增加满刮和打磨次数。基层为石膏板时，应先批对缝处及螺钉孔处，对缝批抹腻子后，用棉纸带贴缝，以防止对缝处开裂。然后用腻子满刮一道，找平大面，在批第二遍腻子时进行修补。不同基层材料相接处，应用棉纸带或穿孔纸带粘贴封口，以防止裱糊后的壁纸面层被拉裂撕开。

3. 刷封闭底胶

涂刷底胶是为了增加粘结力，防止处理好的基层受潮。底胶可涂刷，也可喷刷，施工时，室内应无灰尘，一般一遍成活，但不能漏刷、漏喷。

4. 计算用料、裁纸

按基层实际尺寸进行测量计算所需用量，按设计图纸要求进行裁切。对有图案的材料，无论是顶棚还是墙面均应从粘贴的第一张开始对花，墙面从上部开始，边裁边编顺序号，以便按顺序粘贴。

5. 刷胶

普通壁纸只在基层表面涂刷胶粘剂，塑料壁纸基背面和墙面

都要刷胶，刷胶应厚薄均匀，从刷胶到最后上墙的时间一般控制在 5～7min。

6. 壁纸裱糊

普通壁纸裱糊前要先将壁纸背面用水湿润，令其吸水充分伸胀。裱糊壁纸时，首先要垂直，后对齐花纹拼缝，再用刮板用力，抹压平整，壁纸按照背面箭头方向进行裱贴。原则上是先垂直面后水平面，先细部后大面。贴面垂直时先上后下，水平面时，先高后低。

7. 墙布裱糊

墙布裱糊时不需要预先用水湿润。除纯棉墙布应在其背面和基层同时刷胶粘剂外，玻璃纤维墙布和无纺墙布只需要在基层刷胶粘剂。胶粘剂应随用随配，当天用完。胶粘剂宜用 108 胶。

5 建筑节能和保温隔热

5.1 建筑节能工程概述

5.1.1 建筑节能工程技术与管理的规定

（1）承担建筑节能工程的施工企业应具备相应的资质，施工现场应建立相应的质量管理体系、施工质量控制和检验制度，具有相应的施工技术标准。

（2）参与工程建设各方不得任意变更建筑节能施工图设计。当确需变更时，应与设计单位洽商，办理设计变更手续。当变更可能影响建筑节能效果时，设计变更应获得原审查机构审查同意，并应获得监理或建设单位的确认。

（3）建筑节能工程采用的新技术、新设备、新材料、新工艺，应按照有关规定进行鉴定及备案。施工前应对新的或首次采用的施工工艺进行评价，并制定专门的施工技术方案。

（4）单位工程的施工组织设计应包括建筑节能工程施工内容。建筑节能工程施工前，施工单位应编制建筑节能工程施工技术方案并经监理（建设）单位审查批准。施工单位应对从事建筑节能工程施工作业的人员进行技术交底和必要的实际操作培训。

（5）建筑节能工程施工检测验收应符合《建筑节能工程施工质量验收规范》（GB 50411）的规定及现行的相关标准。

5.1.2 建筑节能工程材料与设备的规定

（1）建筑节能工程材料、构件与设备必须符合国家有关标准规定和设计要求。严禁使用国家明令禁止使用的、已淘汰的材料与设备。

（2）建筑节能工程使用材料的燃烧性能等级和阻燃处理，应符合设计要求和《建筑内部装修设计防火规范》（GB 50222）、《建筑设计防火规范》（GB 50016）等规范的规定。

（3）建筑节能工程使用的材料应符合《民用建筑室内环境污染控制规范》（GB 50325）和国家现行有关标准对材料有害物质限量的规定，不得对室内外环境造成污染。

（4）建筑节能工程进场材料和设备应按照规定的项目及合同中约定的项目进行复验，应有30%为施工现场见证取样送检。

5.2 墙体节能工程

5.2.1 外墙保温系统的种类

1. 外墙外保温系统：

通常有五种外保温系统，岩棉薄抹灰外墙外保温系统，聚苯板薄抹灰外墙外保温系统，聚苯板现浇混凝土外墙外保温系统，无机保温砂浆外墙外保温系统。

2. 外墙内保温系统：

通常有两种内保温系统，增强石膏聚苯复合保温板外墙内保温系统，增强粉刷石膏聚苯板外墙内保温系统。

5.2.2 外墙外保温系统的施工方法

1. 岩棉板薄抹灰外墙外保温系统

（1）基本构造：岩棉板薄抹灰系统由粘结层、保温层、抹面层和饰面层构成。其中，粘结层材料为胶粘剂，保温层材料岩棉板，抹面层材料为抹面胶浆，抹面胶浆中满铺玻纤网，饰面层材料可为涂料或饰面砂浆。一般构造如表5-1。

（2）施工流程：基础结构墙体面层清理检查→修补基层墙面→放线→吊垂直与水平控制点→安装固定托架→粘贴岩棉板→特殊部位处理→收边翻包网→安装锚栓→锚栓部位批抹面胶浆→批抹面胶浆（并同时压入耐碱网格布）找平→保养→外饰层→检查、修补→报验。

（3）施工要点：

基层 ①	保温系统基本构造				构造示意图
	粘结层 ②	保温层 ③	抹面层 ④	饰面层 ⑤	
混凝土墙、砌体墙(基层水泥砂浆找平处理)	胶粘剂	岩棉保温板	抹面胶浆复合双层耐碱玻纤网格布,辅以锚固件	涂料(饰面砂浆)	1 2 3 4 5

1) 弹控制线、挂基准线：从最高点排通线，每三层做一个节点，做到墙体垂直；

2) 根据建筑立面设计和外墙外保温技术要求，在墙面弹出窗水平、垂直控制线等；

3) 在建筑外墙大角（阴阳角）及其他必要处挂垂直基准线，每个楼层适当位置挂水平线以便控制岩棉板的垂直度和平整度。

4) 粘结砂浆：采用专用砂浆搅拌机，把胶粘剂和抹面胶浆粉料按配合比搅拌；

5) 基层上粘贴翻包网格布：凡在粘贴的岩棉板边缘外露处都应做标准耐碱型网格布翻包处理。

6) 涂抹粘结剂：在岩棉板表面上用点框结合法涂抹粘结剂；应保证粘结剂在岩棉板表面的有效粘结面积应控制在 50% 且必须牢固。

7) 粘贴岩棉板：已抹好粘结砂浆的岩棉板自下而上铺贴，岩棉板长边沿水平方向铺设粘贴；竖缝应逐行错缝 1/2 板长或 ≥200mm；

8）安装锚固件：粘贴岩棉板 24 小时后开始安装锚固件，根据各单体工程的岩棉板材厚度来选择相应的锚固件。

9）打磨岩棉板不平整接缝处：如果接缝处平整度偏差超过 1.5mm，则用粗砂纸打磨平整；

10）岩棉板上铺贴翻包网格布：压入抹面砂浆的翻包网格布要求完全嵌入抹面胶浆内，不得裸露。

11）底层抹面胶浆：抹面砂浆的施工在每段施工区域节点内应自上而下，从左到右进行。

12）铺设耐碱网格布：抹完第一遍底层抹面砂浆的部位，胶浆尚未干时，立即铺设加强耐碱网格布。在转角部位，网格布应该是连续的，并从每边双向绕角后包墙的宽度不小于 200mm，标准网格布重叠部分中间必须有抹面砂浆，严禁干搭接。待第一遍底层抹面胶浆表干后，抹第二遍底层胶浆，在胶浆尚未干时，立即铺设第二遍耐碱网格布，铺设时耐碱网的弯曲面应朝向墙面。

13）面层抹面胶浆：等底层第二遍抹面胶浆表干（可碰触）后再抹一道抹面胶浆，抹面胶浆的总厚度应控制在≥5.0mm。面层抹面胶浆应完全覆盖网格布，表面平整度满足涂料和拉毛涂料饰面的相关要求。

2. 聚苯板薄抹灰外墙外保温系统

（1）基本构造：聚苯板薄抹灰外墙外保温系统是以阻燃型聚苯乙烯泡沫塑料板为保温材料，用聚苯板 胶粘剂（必要时加设机械锚固件）安装于外墙外表面，用耐碱玻璃纤维网格布或者镀锌钢 丝网增强的聚合物砂浆作防护层，用涂料、饰面砂浆或饰面砖等进行表面装饰，具有保温 功能和装饰效果的构造总称。聚苯乙烯泡沫塑料板保温板包括模塑聚苯板（EPS 板）和挤塑聚苯板（XPS 板）。聚苯板薄抹灰外墙外保温系统基本构造，见表 5-2。饰面层应优先采用涂料、饰面砂浆等轻质材料。

（2）施工流程：施工准备→基层处理→测量、放线→挂基准线→配胶粘剂（XPS 板背面涂界面剂）→贴翻包网布—粘贴聚

苯板薄抹灰外墙外保温系统基本构造 表 5-2

基层墙体①	基本构造						构造示意图
	粘结层②	保温层③	抹面层			饰面层⑧	
			底层④	增强材料⑤	辅助联结件⑥	面层⑦	
现浇混凝土墙体,各种砌体墙	聚苯板胶粘剂	聚苯乙烯泡沫塑料板	抹面砂浆	耐碱玻纤网或镀锌钢丝网	机械锚固件	抹面砂浆	涂料、饰面砂浆或饰面砖	⑧⑦⑥⑤④ ③ ② ①

苯板（按设计要求安装锚固件，做装饰条）→打磨、修理、隐检→（XPS 板面 涂界面剂）抹聚合物砂浆底层→压入翻包网布和增强网布→贴压增强网布→抹聚合物砂浆面层 →（伸缩缝）—修整、验收—外饰面→检测验收。

（3）施工要点

1）外保温工程应在外墙基层的质量检验合格后，方可施工。施工前，应装好门窗框或附框、阳台栏杆和预埋件等，并将墙上的施工孔洞堵塞密实。

2）聚苯板胶粘剂和抹面砂浆应按配合比要求严格计量，机械搅拌。超过可操作时间后严禁使用。

3）粘贴聚苯板时，基面平整度＜5mm 时宜采用条粘法，≥5 时宜采用点框法；当设计饰面为涂料时，粘结面积率不小于 40％；设计饰面为面砖时粘结面积率不小于 50％；聚苯板应错缝粘贴，板缝拼严。对于 XPS 板宜采用配套界面剂涂刷后使用。

4）锚固件数量：当采用涂料饰面时，墙体高度在 20～50m 时，不宜少于 4 个/m²，50m 以上时不宜少于 6 个/m²；当采用面砖饰面时不宜小于 6 个/m²。锚固件安装应在聚苯板粘贴 24h 后进行，涂料饰面外保温系统安装时锚固件盘片压住聚苯板，面砖饰面盘片压住抹面层的增强网。

5）增强网：涂料饰面时应采用耐碱玻纤网，面砖饰面时宜采用后热镀锌钢丝网；施工时增强网应绷紧绷平，搭接长度玻纤网不少于80mm，钢丝网不少于50mm且保证两个完整网格的搭接。

6）聚苯板安装完成后应尽快抹灰封闭，抹灰分底层砂浆和面层砂浆两次完成，中间包裹增强网，抹灰时切忌不停揉搓，以免形成空鼓。

7）各种缝、装饰线条及防火构造措施的具体做法参见相关标准。

8）外墙饰面宜选用涂装饰面。当采用面砖饰面时，其相关产品要求应符合《外墙饰面砖工程施工及验收规程》（JGJ 126）、《外墙外保温工程技术规程》（JGJ 144）和《膨胀聚苯板薄抹灰外墙外保温系统》（JG149）等相关现行标准的规定。外饰面应在抹面层达到施工要求后方可进行施工。选择面砖饰面时应在样板件检测合格、抹面砂浆施工7d后，按《外墙饰面砖工程施工及验收规程》（JGJ 126）的要求进行。

3．聚苯板现浇混凝土外墙外保温系统

（1）基本构造：采用内表面带有齿槽的聚苯板作为现浇混凝土外墙的外保温材料，聚苯板内外表面喷涂界面剂，安装于墙体钢筋之外，用尼龙锚栓将聚苯板与墙体钢筋绑扎，安装内外大模板，浇筑混凝土墙体并拆模后，聚苯板与混凝土墙体联结成一体，在聚苯板表面薄抹抹面抗裂砂浆，同时铺设玻纤网格布，再做涂料饰面层，见表5-3。

聚苯板现浇混凝土外墙外保温系统基本构造　　表5-3

基层墙体①	系统的基本构造				构造示意图
	保温层②	联结件③	抹面层④	饰面层⑤	
现浇混凝土墙体或砌体墙	EPS板或XPS板	锚栓	抗裂砂浆薄抹面层	涂料	

（2）施工流程：聚苯板分块→聚苯板安装→模板安装→混凝土浇筑→模板拆除→涂刮抹面层浆→压入玻纤网布→饰面→检测验收。

（3）施工要点：

1）垫块绑扎：外墙围护结构钢筋验收合格后，应绑扎按混凝土保护层厚度要求制作的水泥砂浆垫块，同时在外墙钢筋外侧绑扎砂浆垫块（不得采用塑料垫卡），每 $1m^2$ 板内不少于 3 块，用以保证保护层厚度并确保保护层厚度均匀一致。

2）聚苯板安装：当采用 XPS 保温板时，内外表面及钢丝网均应涂刷界面砂浆，采用 EPS 保温板时，外表面应涂刷界面砂浆。

3）模板安装：宜采用钢质大模板，按保温板厚度确定模板配制尺寸、数量。

4）浇筑混凝土：现浇用混凝土的坍落度应不小于 180mm，分层浇筑，每次浇筑高度不大于 500mm，捣实，注意门窗洞口两侧对称浇筑。

5）模板拆除后穿墙套管的孔洞应以干硬性砂浆捻塞，保温板部位孔洞用保温浆料堵塞。聚苯板表面凹进或破损、偏差过大的部位，应用胶粉聚苯颗粒保温浆料填补找平。

6）抹面层：用聚合物水泥砂浆抹灰。标准层总厚度 3～5mm，首层加强层 5～7mm。玻纤网搭接长度不小于 80mm。

4. 无机保温砂浆外墙外保温系统

（1）基本构造：无机保温砂浆外墙外保温系统是以陶砂、玻化微珠保温砂浆为保温材料，与护面层和饰面层构成的一种高强度的抹灰型墙体保温产品，具有保温、隔热、不燃、透气、强度高、构造简单、施工方便、耐久性好等特点。构造见表 5-4。

（2）施工流程：混凝土墙或砌体墙基层处理→水泥砂浆找平层→配制界面剂→喷刷界面剂→吊垂直线、弹控制线→配制无机保温砂浆→做灰饼冲筋、作口→抹无机保温砂浆（分二遍）→第一道抹灰泥铺设耐碱玻纤网格布→抹第二道抗裂砂浆→弹性腻子→涂料。

饰面材料	系统构造层次				构造示意图
	界面层①	保温层②	护面层③	饰面层④	
涂料	界面砂浆或专用界面剂	无机保温砂浆	抹面砂浆＋增强网布	弹性腻子＋涂料	

（3）施工要点

1）批保温专用界面剂：将保温专用界面剂按比例加水搅拌均匀，用铁板在基层面上满批，混凝土墙面所批表面应拉成锯齿状（建议用锯齿铁板拉锯齿槽），厚度约为2mm。待其表面稍干后（一般隔5～10min），即用无机保温砂浆（按产品要求现场自行调配）进行保温层施工。

2）抹无机保温砂浆：界面剂基本干燥后即可进行保温砂浆的施工，无机保温砂浆按照水灰比用灰将搅拌机搅拌成浆体，搅拌应充分均匀，然后按一般抹灰施工操作规范进行保温砂浆粉刷。

3）保温砂浆面层抹灰厚度要抹至与标准贴饼平。

5.2.3 外墙内保温系统施工方法

1. 增强石膏聚苯复合保温板外墙内保温系统

（1）基本构造：增强石膏聚苯复合保温板外墙内保温施工方法是采用工厂预制的以聚苯乙烯泡沫塑料板同中碱玻纤涂塑网格布、建筑石膏等复合而成的增强石膏聚苯复合保温板，在外墙内面用石膏胶粘剂进行粘贴，然后在板面铺设中碱玻纤涂塑网格布并满刮腻子，最后在表面做饰面施工。其基本构造，见表5-5。

增强石膏苯符合保温板外墙内保温基本构造　　　表 5-5

外墙①	保温系统构造			构造示意
	空气层②	保温层③	面层④	
钢筋混凝土、混凝土砌块、多孔砖、其他非黏土砖等外墙	如设计无特殊要求，则一般为20mm厚	增强石膏聚苯复合保温板	接缝处贴50mm宽玻纤布条，整个墙面粘贴中碱玻纤涂塑网格布，满刮腻子	① ② ③ ④

（2）施工流程：基层处理→分档、弹线→配板→抹冲筋点→安装接线盒、管卡、埋件→粘贴防水保温 踢脚板→粘贴、安装保温板→板缝处理、粘贴玻纤网格布→保温墙面刮腻子→饰面→检测验收。

（3）施工要点：

1）施工前基层墙面应进行处理，特别是结构墙体表面凸出的混凝土或砂浆要剔平，表面应清理干净，预埋件要留出位置或埋设完。

2）根据开间或进深尺寸及保温板实际规格，预排保温板。

3）抹冲筋点。用1:3水泥砂浆做冲筋点，厚度20mm左右（空气层厚度），在需设置埋件处做出 200mm×200mm 的灰饼。

4）粘贴防水保温踢脚板。在踢脚板内侧，上下各按 200～300mm 的间距布设粘结点，同时在踢脚板底面及侧面满刮胶粘剂。按线粘贴踢脚板。

5）粘贴、安装保温板。将接线盒、管卡、埋件的位置准确地翻样到板面，并开出洞口。在冲筋点、相邻板侧面和上端满刮胶粘剂，并且在板中间抹梅花状粘结石膏点，数量应大于板面面积的10%，按弹线位置直接与墙体粘牢。粘贴后的保温板整体墙面必须垂直平整，板缝及接线盒、管卡、埋件与保温板开口处的缝隙，应用胶粘剂嵌塞密实。

6）保温墙上贴玻纤网布。板拼缝处应粘贴50mm宽玻纤网格布一层，门窗口角加贴玻纤网格布，粘贴时要压实、粘牢、刮平。

7）待玻纤布粘贴层干燥后，墙面满刮2～3mm石膏腻子，分2～3遍刮平，与玻纤布一起组成保温墙的面层，最后按设计规定做内饰面层。

2. 增强粉刷石膏聚苯板外墙内保温系统

（1）基本构造：增强粉刷石膏聚苯板外墙内保温系统，是由石膏粘贴聚苯板保温层、粉刷石膏抗裂防护层和饰面层构成的外墙内保温构造。其基本构造，见表5-6。

增强粉刷石膏聚苯板外墙内保温系统基本构造　　表5-6

基层墙体①	系统的基本构造				构造示意图
	胶结层②	保温层③	抗裂防护层④	饰面层⑤	
钢筋混凝土墙、砌体墙、框架填充墙等	用10mm厚粘结石膏粘结	聚苯板（厚度按设计要求）	抹粉刷石膏8～10mm横向压入A型玻璃纤维网络布，再用建筑胶粘一层B型玻璃纤维网络布	耐水腻子＋涂料或壁材	①②③④⑤

（2）施工流程：基层处理→吊垂直、套方、弹线控制→配制粘贴石膏→粘贴聚苯板→抹灰，压入A型玻纤网格布→做门窗洞口护角及踢脚→粘B型玻纤网格布→刮柔性耐水腻子→涂刷饰面→检测验收。

（3）施工要点

1）基层处理。去除墙面影响附着的物质，凸出的混凝土或砂浆应剔平。

2）弹线、贴灰饼。根据空气层与聚苯板的厚度以及墙面平整度，在与墙体内表面相邻的墙面、顶棚和地面上弹出聚苯板粘贴控制线，门窗洞口控制线；如对空气层厚度有严格要求，可根据聚苯板粘贴控制线，做出 50mm×50mm 灰饼，按 2m×2m 的间距布置在基层墙面上。

3）粘贴聚苯板。墙面聚苯板应错缝排列，拼缝处不得留在门窗口四角处。粘贴聚苯板可用点框法和条粘法。点框法适用于平整度较差的墙面，应保证粘贴面积不少于 30%。聚苯板的粘结要确保垂直度和平整度，粘贴 2h 内不得触碰、扰动。

4）抹灰、挂网格布。用粉刷石膏砂浆在聚苯板面上按常规抹灰做法做出标准灰饼，抹灰平均厚度 8～10mm，待灰饼硬化后即可大面积抹灰。在抹灰层初凝之前，横向绷紧 A 型网格布，用抹子压入到抹灰层内，网格布要尽量靠近表面。网格布接槎处搭接不小于 100mm。待粉刷石膏抹灰层基本干燥后，再在抹灰层表面绷紧粘贴 B 型网格布，网格布接槎处搭接不小于 150mm。

5）刮腻子。待网格布胶粘剂凝固硬化后，宜在网格布上直接刮内墙柔性腻子，腻子层控制在 1～2mm，不宜在保温墙再抹灰找平。

6）门窗洞口护角、厨厕间、踢脚板的处理。门窗洞口、立柱、墙阳角部位宜用粉刷石膏抹灰找好垂直后压入金属护角。水泥踢脚应先在聚苯板上满刮一层建筑界面剂，拉毛后再用聚合物水泥砂浆抹灰；预制踢脚板应采用瓷砖胶粘剂满贴。厨房、卫生间墙体宜采用聚合物水泥胶粘剂和聚合物水泥罩面砂浆，防水层的施工宜在保温施工后进行。

5.2.4 外墙保温质量验收

1. 一般规定

（1）应用本系统产品的墙体节能工程质量验收应符合《建筑工程施工质量验收统一标准》（GB 50300）、《建筑装饰装修工程质量验收规范》（GB 50210）、《外墙外保温技术规程》（JGJ 144）、《建筑节能工程施工质量验收规范》（GB 50411）、《建筑节能工程施工质量验收规程》（DJG 08—113）的相关要求。

（2）墙体节能保温工程的质量验收应包括施工过程中的质量检查、隐蔽工程验收和检验批验收。施工完成后应进行墙体节能保温分项工程的验收。

（3）本工程外墙外保温与内侧组合保温采用材料相同、工艺和施工方法也相同，所以外墙外侧面按照立面划分检验批，外墙内侧面按照单元划分检验批。

（4）本工程外墙节能隐蔽的内容为：保温层附着的基层（包括水泥砂浆找平层）及其处理、界面砂浆的施工、保温层的厚度、网格布的铺设与搭接、各加强部位以及门窗洞口和穿墙管线部位的处理。隐蔽应有详细的文字记录和必要的影像资料。

（5）应有保温材料防潮、防水、防挤压等保护措施的文件。

（6）本系统保温节能工程的竣工验收应提供下列资料，并纳入竣工技术档案：

1）建筑节能保温工程设计文件、图纸会审纪要、设计变更文件和技术核定手续；

2）建筑节能保温工程设计文件审查通过文件；

3）通过审批的节能保温工程的施工组织设计和专项施工方案；

4）建筑节能保温工程使用材料、成品、半成品、设备及配件产品合格证、检验报告和进场复验报告；

5）节能保温工程的隐蔽工程验收记录；

6）检验批、分项工程验收记录；

7）监理单位过程质量控制资料集建筑节能专项质量评估报告；

8）其他必要的资料：包括样板墙或样板间的工程技术档案资料。

2. 主控项目

（1）墙体节能保温工程施工前应根据设计和施工方案的要求对基层墙体进行处理，处理后的基层应符合施工方案的要求。

（2）系统各组成材料的品种、规格、性能应符合设计要求和规范要求；

（3）保温材料导热系数、抗压强度、体积积水率以及网格布的断裂强度及保留率、界面砂浆和抗裂砂浆的原强度和耐水强度，应在进场时进行见证取样送检。

（4）保温材料现场施工时，应采用施工过程中的材料进行干密度、导热系数、抗压强度以及体积吸水率的试样制作，制作好的试样应在标准试验条件下养护至规定龄期后由监理人员送至相关检测机构检测。

（5）墙体节能保温工程的构造做法应符合设计及规程对系统的构造要求。门窗外侧洞口周边墙面应按照规程采取保温措施。

（6）现场检验保温层平均厚度应符合设计要求，最小厚度不应小于设计的 90%。

5.3 幕墙节能工程

5.3.1 玻璃幕墙的新型节能形式

1. 双层通风玻璃幕墙

双层通风玻璃幕墙又称为热通道幕墙、呼吸式幕墙、通风式幕墙等，国外也有称作主动式幕墙，由内、外两道幕墙组成：外幕墙有点支式玻璃幕墙和有框玻璃幕墙；内层采用有框玻璃幕墙，常常开有门、窗。热空气由内、外幕墙之间的空间，通过下部的进风口进入，从上部排风口排出，热量可以在这空间自由流动。

双层通风玻璃幕墙有封闭式内通风玻璃幕墙和开敞式外通风玻璃幕墙两类。

与传统的单层玻璃幕墙相比，双层通风玻璃幕墙能耗在采暖时节省 40%～50%；在制冷时节省 40%～60%。其隔声的效果也十分显著。

2. 智能玻璃幕墙

智能玻璃幕墙是指幕墙和自动监测系统、自动控制系统相结合，根据外界条件的变化（如光、热、烟等条件变化），自动调节幕墙的一些功能部件，实现遮光、进风、排风、室内温度调节、火灾排烟等建筑功能。

智能玻璃幕墙一般包括以下几个部分：热通道幕墙、通风系统、遮阳系统、空调系统、环境监测系统、智能化控制系统等。智能玻璃幕墙与建筑物内的空调、通风、遮阳、灯光、数字控制系统相连，根据外界条件变化进行自动调节，高效地利用能源。据国外对某个已建成的智能玻璃幕墙进行测算，其能耗只相当于传统建筑能耗的30%。

智能玻璃幕墙节能的关键在于智能化控制系统。这种智能化控制系统是从功能要求到控制模式，从信息采集到执行指令传动机构的全过程的控制系统。它通过对气候、温度、湿度，空气新鲜度、照度的监测，自动控制取暖、通风、空调、遮阳等多方面因素，调节室内的热舒适性和视觉舒适性等。

5.3.2 节能幕墙的面板材料

1. 幕墙用自洁玻璃

通过在玻璃内植入电热夹层，防止冷凝现象。玻璃表面敷加不粘涂层，防止积灰。玻璃上覆盖反应涂层，在紫外线作用下可以把有机污物分解。目前国外已经在玻璃上被覆特殊的涂层，达到自行清洁的功能。涂层材料的颗粒小到纳米，也称之为纳米材料玻璃或纳米玻璃。

2. 幕墙用自动变性玻璃

将溶胶夹在两层玻璃之间制成幕墙玻璃和窗玻璃，溶胶能随温度的变化而自动从透明渐变为不透明。当温度低时溶胶是透彻的，能透过90%的阳光。当温度高时溶胶从透明状态变为不透明的白色，可阻挡90%的阳光透过。它具有自动调光和调节室内温度的作用。

在两层玻璃之间加入两层很薄的氧化钨和氧化钒电解液，通电后，玻璃之间的化学成分产生电脉冲，使玻璃随阳光强弱改变颜色。阳光强时，玻璃呈蓝色，95%的阳光被反射出去；阳光弱时，玻璃无色透明，大部分阳光可进入室内。

3. 幕墙用热玻璃

（1）电热玻璃：电热玻璃是由两块浇铸玻璃型料之间铺设极细的电热丝热压制成，吸光量在 $1\%\sim5\%$ 之间。用在幕墙工程中，这种玻璃面上不会发生结露和冰花等现象，可减少采暖能耗。

（2）低辐射玻璃（Low-E 玻璃）：低辐射玻璃是对近红外线具有较高的透射比，它能使太阳光中的近红外线透过玻璃进入室内；而被太阳光加热的室内物体所辐射出的 $3\mu IB$ 以上的远红外线则几乎不能透过玻璃向室外散失，因而具有良好的太阳光取暖效果。低辐射玻璃对可见光具有很高的透射比（$75\%\sim90\%$），具有良好的自然采光效果。低辐射玻璃特别适用于严寒、寒冷地区的建筑物等。

5.3.3 幕墙节能工程施工安装要点

1. 幕墙玻璃安装要点

（1）玻璃安装前应进行表面清洁。除设计另有要求外，应将单片阳光控制镀膜玻璃的镀膜面朝向室内，非镀膜面朝向室外。

（2）按规定型号选用玻璃四周的密封材料，并应符合现行有关标准的规定：

1）橡胶条，其长度宜比边框内槽口长 2%；橡胶条斜面断开后应拼成预定的设计角度，并应采用胶粘剂粘结牢固，镶嵌平整。

2）硅酮建筑密封胶不宜在夜晚、雨天打胶，打胶温度、湿度应符合设计要求和产品要求，打胶前应使打胶面清洁、干燥。

3）铝合金装饰压板的安装，应表面平整、色彩一致，接缝均匀严密。

4）密封胶在接缝内应与缝隙的两侧面粘结，与缝隙的底面或嵌填的泡沫材料不粘结。密封胶注胶应严密平顺，粘结牢固，不渗漏、不污染相邻的表面。

2. 附着于主体结构上的隔热隔汽层施工要点

当幕墙的隔汽层和保温层附着在建筑主体的实体墙上时，保温材料和隔汽层需要在实体墙的墙面质量满足要求后才能进行施工作业。

保温材料性能及填塞、厚度应符合设计要求，填塞饱满、铺设平整、固定牢固，拼接处不留缝隙。在安装过程中应采取防潮、防水等保护措施。在采暖地区，保温棉板的隔汽铝箔面应朝向室内，无隔汽铝箔面时应在室内侧有内衬隔汽板。

隔汽层（或防水层）、凝结水收集和排放构造必须符合设计要求。

凝结水管排出管及其附件应与水平构件预留孔连接严密，与内衬板出水孔连接处应设橡胶密封圈密封。

3. 隔热构造施工要点

（1）铝合金隔热型材，既有足够的强度，又有较小的导热系数，应满足设计要求和有 关标准规定。用穿条工艺生产的隔热型材，其隔热材料应使用尼龙（聚酰胺＋玻璃纤维）材料，不得使用 PVC 材料；用浇注工艺生产的隔热型材，其隔热材料应使用 PUR（聚氨基甲酸乙酯）材料。连接部位的抗剪强度必须满足设计要求。

（2）当幕墙节能工程采用隔热型材时，隔热型材生产企业应提供型材隔热材料的力学性能、隔热性能和耐老化性能试验报告。

4. 幕墙其他部位安装施工要点

（1）幕墙周边与墙体缝隙的密封，幕墙周边与墙体缝隙处、幕墙的构造缝、沉降缝、热桥部位、断热节点等部位，必须按设计要求处理好。

（2）其他通气槽孔及雨水排出口等应按设计要求施工，不得遗漏。

（3）单元式幕墙板块间的接缝构造及单元式幕墙板块间缝隙的密封非常重要，应做好防空气渗漏和雨水渗漏的措施。

（4）封品应按设计要求进行封闭处理。

（5）幕墙的通风换气装置，必须按设计要求安装。

5.4 门窗节能工程

5.4.1 节能门窗的类型及特点

1. 按门窗框种类分

节能保温门窗种类较多,目前采用较为普遍的有断桥铝合金门窗、涂色镀锌钢板门窗、铝塑门窗和铝镁门窗等。

(1)断桥铝合金门窗:是利用 PA66 尼龙将室内外两层铝合金既隔开又紧密连接成一个整体,构成一种新的隔热型的铝型材,按其连接方式不同可分为穿条式和注胶式。门窗两面为铝材,中间用 PA66 尼龙做断热材料,兼顾尼龙与铝合金两种材料的优势,同时满足装饰效果和门窗强度及耐老性能的多种要求。断桥铝型材可实现门窗的三道密封结构,合理分离水气腔,成功实现气水等压平衡,显著提高门窗的水密性和气密性。

(2)涂色镀锌钢板门窗:涂色镀锌钢板门窗,又称"彩板钢门窗"、"镀彩板门窗",是钢门窗的一种。涂色镀锌钢板门窗是以涂色镀锌钢板和 4mm 厚平板玻璃或双层中空玻璃为主要材料,经过机械加工制成。其门窗四角用插接件插接,玻璃与门窗交接处以及门窗框与扇之间的缝隙,全部用橡皮密封条和密封胶密封。

(3)铝塑门窗:铝塑门窗是将铝型材与塑料异型材复合在一起的,即外部铝合金框,内部塑料异型材框。组装时通过各自的角码用加工断桥铝的组角机连接。

(4)铝镁门窗:铝镁合金门窗一般采用推拉门。因为材质较轻常用于厨、卫推位门,目前较少用于外门窗。

2. 按玻璃构造分类

(1)中空玻璃窗:中空玻璃是由两层或多层平板玻璃构成,四周用高强度气密性好的复合胶粘剂将两片或多片玻璃与铝合金框、橡皮条或玻璃条粘结、密封,密封玻璃之间留出空间,充入干燥气体或惰性气体,框内充以干燥剂,以保证玻璃片间空气的干燥度，以获取优良的隔热隔声性能。由于玻璃间封存的空气或气体传热性能差，因而产生优越的隔声隔热效果。中空玻璃采用的玻璃厚度有 4mm、5mm、6mm，空气层厚度有 6mm、9mm、12mm。根据要求可选用各种不同性能的玻璃原片，如无色透明浮法玻璃、压花玻璃、吸热玻璃、热反射玻璃、夹丝玻璃、钢化玻璃等与边框（铝框架或玻璃条等），经胶结、焊接或熔接而制成。中空玻璃是采用密封胶来实现系统的密封和结构稳定性，中空玻璃在使用期间始终面临着外来的水汽渗透和温度变化的影响以及来自外界的温差、气压、风荷载等外力的影响，因此，要求密封胶不仅能防止外来的水汽进入中空玻璃的空气层内，而且还要保证系统的结构稳定，保证中空玻璃空气层的密封和保持中空玻璃系统的结构稳定性是同样重要的。中空玻璃系统采用双道密封，第一道密封胶防止水汽的进犯，第二道密封胶保持结构的稳定性。在两层玻璃中间除封入干燥空气之外，还在外侧玻璃中间空气层内侧，涂上一层热性能好的特殊金属膜，它可以截止由太阳射到室内的相当的能量，起到更大的隔热效果。

（2）双玻窗：双玻窗是一个窗扇上装两层玻璃，两层玻璃之间有空气层的窗。双层玻璃有利于隔热、隔声。提高双玻窗保温隔热效果的主要手段之一是增加玻璃与窗扇之间的密封，确保双层玻璃之间空气层为不流动空气。普通双玻窗构造及安装工艺简单，没有分子筛、干燥剂和密封，只是简单地用隔条将两层玻璃隔开，因此，保温隔热性能不如中空玻璃窗，易生雾、结露、凝霜，适用于中低档住宅的隔热保温。节能性能：①相对于单玻窗，提高了保温隔热性能；②性价比比较合适。

（3）多层窗：多层窗是由两道或以上窗框和两层或以上的多层中空玻璃组成的保温节能窗。多层窗集双玻窗及中空玻璃窗的性能优点，其结构特点决定了多层窗保温节能效果优于双玻窗和中空玻璃窗，适用于严寒地区和大型公建、高档公寓、高级饭店及特殊要求的建筑物。

5.4.2 节能门窗施工安装要点

1. 门窗框、副框和扇的安装要点

（1）门窗框、副框和扇的安装必须牢固。固定片或膨胀螺栓的数量与位置应正确，连接方式应符合设计要求，安装实施中，不应影响门窗的气密性能、保温性能。固定点应距窗角、中横框、中竖框 150～200mm，固定点间距应不大于 600mm，并做好隐蔽验收记录。

（2）塑料门窗拼樘料内衬增强型钢的规格、壁厚必须符合设计要求，型钢应与型材内腔紧密吻合，其两端必须与洞口固定牢固。窗框必须与拼樘料连接紧密，固定点间距应不大于 600mm。

2. 窗及窗框与墙体间缝隙保温密封处理要点

窗框与墙体间缝隙应采用高效保温材料填堵，表面采用弹性密封胶密封；外窗（门）洞口室外部分的侧墙面应做保温处理。并做好隐蔽验收记录。

5.5 屋面节能工程

5.5.1 主控项目

保温隔热材料包括松散材料、现浇材料、喷涂材料、板材和块材以及绝热反射膜、绝热反射涂料等应符合设计要求和国家现行产品标准的质量要求。严禁使用国家明令禁止的材料和严格执行限用材料的使用范围。

1. 保温隔热材料

用于屋面节能工程的保温隔热材料的品种、规格，按进场批次，每批随机抽取 3 个试样进行检查，并对质量证明文件按照其出厂检验批进行核查，应符合设计要求和相关标准的规定。

保温隔热材料的导热系数、密度、抗压强度或压缩强度、燃烧性能，全数核查质量证明文件及进场复验报告，应符合设计要求。

保温隔热材料，进场时应对其导热系数、密度、抗压强度或

压缩强度、燃烧性能进行复验。复验应为见证取样送检，核查复验报告，应符合设计要求。

同项目、同施工单位且同时施工的多个单位工程（群体建筑）可合并计算屋面抽检面积。

2. 屋面保温隔热层

屋面保温隔热层的敷设方式、厚度、缝隙填充质量及屋面热桥部位的保温隔热做法，每100m² 抽查一处，每处 10m²，整个屋面抽查不得少于 3 处，进行观察、尺量检查，应符合设计要求和有关标准的规定。

3. 屋面的通风隔热架空层

屋面的通风隔热架空层的架空高度、安装方式、通风口位置及尺寸，每100m² 抽查一处，每处 10m²，整个屋面抽查不得少于 3 处，进行观察和尺量检查，应符合设计及有关标准要求。架空层内不得有杂物。架空面层应完整，不得有断裂和露筋等缺陷。

4. 采光屋面

采光屋面的传热系数、遮阳系数、可见光透射比、气密性、全数观察检查并核查质量证明文件，应符合设计要求。节点的构造做法应符合设计和相关标准的要求，采光屋面的可开启部分按外门窗节能工程的相关要求验收。采光屋面的安装质量，全数检查，应牢固、坡度正确、封闭严密，嵌缝处不得渗漏。

5.5.2 一般项目

1. 屋面保温隔热层

松散材料应分层敷设，按要求压实，表面平整，坡向正确。

现场采用喷、浇、抹等工艺施工的保温层，其配合比应计量准确，搅拌均匀、分层连续施工，表面平整，坡向正确。

板材应粘贴牢固、缝隙严密、平整。

2. 金属板保温夹芯屋面

金属板保温夹芯屋面应铺装牢固、接口严密、表面洁净、坡向正确。

3. 坡屋面、内架空屋面

坡屋面、内架空屋面当采用敷设于屋面内侧的保温材料做保温隔热层时，保温隔热层应有防潮措施，其表面应有保护层，保护层的做法应符合设计要求。

5.6 地面节能工程

楼、地面的保温隔热技术一般分两种，普通的楼、地面在楼板的下方粘贴膨胀聚苯板或其他高效保温材料后吊顶；另一种采用地板辐射采暖的楼、地面，在楼、地面基层完成后，在该基层上先铺保温材料，再将交联聚乙烯、聚丁烯、无规共聚聚丙烯、嵌段共聚聚丙烯、耐热聚乙烯或铝塑复合等材料制成的管道，按一定的间距，双向循环的盘曲方式固定在保温材料上，然后回填豆石混凝土，经平整振实，最后在其上铺设地面材料。地板辐射采暖地面工程，应符合《地面辐射采暖技术规程》（JGJ 142）的规定。

5.6.1 主控项目

1. 用于地面节能工程的材料的质量

地面节能工程使用的保温材料品种和规格，按进场批次，每批随机抽取 3 个试样进行观察、尺量或称重检查，质量证明文件按其出厂检验批进行核查，应符合设计要求和相关标准的规定。

地面节能工程使用的保温材料导热系数、密度、抗压强度或压缩强度、燃烧性能全数核查质量证明文件和复验报告，应符合设计要求。

地面节能工程采用的保温材料，进场时应对其导热系数、密度、抗压强度或压缩强度、燃烧性能进行复验，复验应为见证取样送检。核查复验报告，应符合设计要求。

同项目、同施工单位且同时施工的多个单位工程（群体建筑）可合并计算地面抽检面积。

2. 地面节能工程施工

地面节能工程施工前，应对基层进行处理，全数对照设计和施工方案观察检查，使其达到设计和施工方案的要求。

地面保温层、隔离层、保护层等各层的设置和构造做法以及保温层的厚度全数对照设计和施工方案观察检查和尺量检查，应符合设计要求，并应按施工方案施工。

5.6.2 一般项目

采用地面辐射供暖的工程，其地面节能做法全数观察检查，应符合设计要求，并应符合《地面辐射供暖技术规程》（JGJ 142）的规定。

6 绿色施工

6.1 绿色施工管理

绿色施工管理主要包括组织管理、规划管理、实施管理、评价管理和人员安全与健康管理五个方面。

6.1.1 组织管理

(1) 建立绿色施工管理体系，并制定相应的管理制度与目标。

(2) 项目经理为绿色施工第一责任人，负责绿色施工的组织实施及目标实现，并指定绿色施工管理人员和监督人员。

6.1.2 规划管理

(1) 编制绿色施工方案。该方案应在施工组织设计中独立成章，并按有关规定进行审批。

(2) 绿色施工方案应包括以下"四节一环保"内容：

1) 环境保护措施，制定环境管理计划及应急救援预案，采取有效措施，降低环境负荷，保护地下设施和文物等资源。

2) 节材措施，在保证工程安全与质量的前提下，制定节材措施。如进行施工方案的节材优化，建筑垃圾减量化，尽量利用可循环材料等。

3) 节水措施，根据工程所在地的水资源状况，制定节水措施。

4) 节能措施，进行施工节能策划，确定目标，制定节能措施。

5) 节地与施工用地保护措施，制定临时用地指标、施工总平面布置规划及临时用地节地措施等。

6.1.3 实施管理

(1)绿色施工应对整个施工过程实施动态管理,加强对施工策划、施工准备、材料采购、现场施工、工程验收等各阶段的管理和监督。

(2)应结合工程项目的特点,有针对性地对绿色施工作相应的宣传,通过宣传营造绿色施工的氛围。

(3)定期对职工进行绿色施工知识培训,增强职工绿色施工意识。

6.1.4 评价管理

(1)对照绿色施工导则的指标体系,结合工程特点,对绿色施工的效果及采用的新技术、新设备、新材料与新工艺,进行自评估。

(2)成立专家评估小组,对绿色施工方案、实施过程至项目竣工,进行综合评估。

6.1.5 人员安全与健康管理

(1)制订施工防尘、防毒、防辐射等职业危害的措施,保障施工人员的长期职业健康。

(2)合理布置施工场地,保护生活及办公区不受施工活动的有害影响。施工现场建立卫生急救、保健防疫制度,在安全事故和疾病疫情出现时提供及时救助。

(3)提供卫生、健康的工作与生活环境,加强对施工人员的住宿、膳食、饮用水等生活与环境卫生等管理,明显改善施工人员的生活条件。

6.2 环境保护技术要点

6.2.1 环境保护技术要点

1. 扬尘控制

(1)运送土方、垃圾、设备及建筑材料等,不污损场外道路。运输容易散落、飞扬、流漏的物料的车辆,必须采取措施封闭严密，保证车辆清洁。施工现场出口应设置洗车槽。

（2）土方作业阶段，采取洒水、覆盖等措施，达到作业区目测扬尘高度小于 1.5m，不扩散到场区外。

（3）结构施工、安装装饰装修阶段，作业区目测扬尘高度小于 0.5m。对易产生扬尘的堆放材料应采取覆盖措施；对粉末状材料应封闭存放；场区内可能引起扬尘的材料及建筑垃圾搬运应有降尘措施，如覆盖、洒水等；浇筑混凝土前清理灰尘和垃圾时尽量使用吸尘器，避免使用吹风器等易产生扬尘的设备；机械剔凿作业时可用局部遮挡、掩盖、水淋等防护措施；高层或多层建筑清理垃圾应搭设封闭性临时专用道或采用容器吊运。

（4）施工现场非作业区达到目测无扬尘的要求。对现场易飞扬物质采取有效措施，如洒水、地面硬化、围挡、密网覆盖、封闭等，防止扬尘产生。

（5）构筑物机械拆除前，做好扬尘控制计划。可采取清理积尘、拆除体洒水、设置隔挡等措施。

（6）构筑物爆破拆除前，做好扬尘控制计划。可采用清理积尘、淋湿地面、预湿墙体、屋面敷水袋、楼面蓄水、建筑外设高压喷雾状水系统、搭设防尘排栅和直升机投水弹等综合降尘。选择风力小的天气进行爆破作业。

（7）在场界四周隔挡高度位置测得的大气总悬浮颗粒物（TSP）月平均浓度与城市背景值的差值不大于 $0.08\text{mg}/\text{m}^3$。

2. 噪声与振动控制

（1）现场噪声排放不得超过国家标准《建筑施工场界噪声限值》（GB 12523）的规定。

（2）在施工场界对噪声进行实时监测与控制。监测方法执行国家标准《建筑施工场界噪声测量方法》（GB 12524）。

（3）使用低噪声、低振动的机具，采取隔声与隔振措施，避免或减少施工噪声和振动。

3. 光污染控制

（1）尽量避免或减少施工过程中的光污染。夜间室外照明灯加设灯罩，透光方向集中在施工范围。

（2）电焊作业采取遮挡措施，避免电焊弧光外泄。

4. 水污染控制

（1）施工现场污水排放应达到国家标准《污水综合排放标准》（GB 8978—1996）的要求。

（2）在施工现场应针对不同的污水，设置相应的处理设施，如沉淀池、隔油池、化粪池等。

（3）污水排放应委托有资质的单位进行废水水质检测，提供相应的污水检测报告。

（4）保护地下水环境。采用隔水性能好的边坡支护技术。在缺水地区或地下水位持续下降的地区，基坑降水尽可能少地抽取地下水；当基坑开挖抽水量大于 50 万 m^3 时，应进行地下水回灌，并避免地下水被污染。

（5）对于化学品等有毒材料、油料的储存地，应有严格的隔水层设计，做好渗漏液收集和处理。

5. 土壤保护

（1）保护地表环境，防止土壤侵蚀、流失。因施工造成的裸土，及时覆盖砂石或种植速生草种，以减少土壤侵蚀；因施工造成容易发生地表径流土壤流失的情况，应采取设置地表排水系统、稳定斜坡、植被覆盖等措施，减少土壤流失。

（2）沉淀池、隔油池、化粪池等不发生堵塞、渗漏、溢出等现象。及时清掏各类池内沉淀物，并委托有资质的单位清运。

（3）对于有毒有害废弃物如电池、墨盒、油漆、涂料等应回收后交有资质的单位处理，不能作为建筑垃圾外运，避免污染土壤和地下水。

（4）施工后应恢复施工活动破坏的植被（一般指临时占地内）。与当地园林、环保部门或当地植物研究机构进行合作，在先前开发地区种植当地或其他合适的植物，以恢复剩余空地地貌或科学绿化，补救施工活动中人为破坏植被和地貌造成的土壤侵蚀。

6. 建筑垃圾控制

（1）制定建筑垃圾减量化计划，如住宅建筑，每万平方米的建筑垃圾不宜超过 400 吨。

（2）加强建筑垃圾的回收再利用，力争建筑垃圾的再利用和回收率达到 30%，建筑物拆除产生的废弃物的再利用和回收率大于 40%。对于碎石类、土石方类建筑垃圾，可采用地基填埋、铺路等方式提高再利用率，力争再利用率大于 50%。

（3）施工现场生活区设置封闭式垃圾容器，施工场地生活垃圾实行袋装化，及时清运。对建筑垃圾进行分类，并收集到现场封闭式垃圾站，集中运出。

6.2.2 节材与材料资源利用技术要点

1. 节材措施

（1）图纸会审时，应审核节材与材料资源利用的相关内容，达到材料损耗率比定额损耗率降低 30%。

（2）根据施工进度、库存情况等合理安排材料的采购、进场时间和批次，减少库存。

（3）现场材料堆放有序。储存环境适宜，措施得当。保管制度健全，责任落实。

（4）材料运输工具适宜，装卸方法得当，防止损坏和遗洒。根据现场平面布置情况就近卸载，避免和减少二次搬运。

（5）采取技术和管理措施提高模板、脚手架等的周转次数。

（6）优化安装工程的预留、预埋、管线路径等方案。

（7）应就地取材，施工现场 500 公里以内生产的建筑材料用量占建筑材料总重量的 70% 以上。

2. 结构材料

（1）推广使用预拌混凝土和商品砂浆。准确计算采购数量、供应频率、施工速度等，在施工过程中动态控制。结构工程使用散装水泥。

（2）推广使用高强钢筋和高性能混凝土，减少资源消耗。

（3）推广钢筋专业化加工和配送。

（4）优化钢筋配料和钢构件下料方案。钢筋及钢结构制作前应对下料单及样品进行复核，无误后方可批量下料。

（5）优化钢结构制作和安装方法。大型钢结构宜采用工厂制作，现场拼装；宜采用分段吊装、整体提升、滑移、顶升等安装方法，减少方案的措施用材量。

（6）采取数字化技术，对大体积混凝土、大跨度结构等专项施工方案进行优化。

3. 围护材料

（1）门窗、屋面、外墙等围护结构选用耐候性及耐久性良好的材料，施工确保密封性、防水性和保温隔热性。

（2）门窗采用密封性、保温隔热性能、隔音性能良好的型材和玻璃等材料。

（3）屋面材料、外墙材料具有良好的防水性能和保温隔热性能。

（4）当屋面或墙体等部位采用基层加设保温隔热系统的方式施工时，应选择高效节能、耐久性好的保温隔热材料，以减小保温隔热层的厚度及材料用量。

（5）屋面或墙体等部位的保温隔热系统采用专用的配套材料，以加强各层次之间的粘结或连接强度，确保系统的安全性和耐久性。

（6）根据建筑物的实际特点，优选屋面或外墙的保温隔热材料系统和施工方式，例如保温板粘贴、保温板干挂、聚氨酯硬泡喷涂、保温浆料涂抹等，以保证保温隔热效果，并减少材料浪费。

（7）加强保温隔热系统与围护结构的节点处理，尽量降低热桥效应。针对建筑物的不同部位保温隔热特点，选用不同的保温隔热材料及系统，以做到经济适用。

4. 装饰装修材料

（1）贴面类材料在施工前，应进行总体排版策划，减少非整块材的数量。

（2）采用非木质的新材料或人造板材代替木质板材。

（3）防水卷材、壁纸、油漆及各类涂料基层必须符合要求，避免起皮、脱落。各类油漆及胶粘剂应随用随开启，不用时及时封闭。

（4）幕墙及各类预留预埋应与结构施工同步。

（5）木制品及木装饰用料、玻璃等各类板材等宜在工厂采购或定制。

（6）采用自粘类片材，减少现场液态胶粘剂的使用量。

5. 周转材料

（1）应选用耐用、维护与拆卸方便的周转材料和机具。

（2）优先选用制作、安装、拆除一体化的专业队伍进行模板工程施工。

（3）模板应以节约自然资源为原则，推广使用定型钢模、钢框竹模、竹胶板。

（4）施工前应对模板工程的方案进行优化。多层、高层建筑使用可重复利用的模板体系，模板支撑宜采用工具式支撑。

（5）优化高层建筑的外脚手架方案，采用整体提升、分段悬挑等方案。

（6）推广采用外墙保温板替代混凝土施工模板的技术。

（7）现场办公和生活用房采用周转式活动房。现场围挡应最大限度地利用已有围墙，或采用装配式可重复使用围挡封闭。力争工地临房、临时围挡材料的可重复使用率达到 70%。

6.2.3 节水与水资源利用的技术要点

1. 提高用水效率

（1）施工中采用先进的节水施工工艺。

（2）施工现场喷洒路面、绿化浇灌不宜使用市政自来水。现场搅拌用水、养护用水应采取有效的节水措施，严禁无措施浇水养护混凝土。

（3）施工现场供水管网应根据用水量设计布置，管径合理、管路简捷，采取有效措施减少管网和用水器具的漏损。

（4）现场机具、设备、车辆冲洗用水必须设立循环用水装置。施工现场办公区、生活区的生活用水采用节水系统和节水器具，提高节水器具配置比率。项目临时用水应使用节水型产品，安装计量装置，采取针对性的节水措施。

（5）施工现场建立可再利用水的收集处理系统，使水资源得到梯级循环利用。

（6）施工现场分别对生活用水与工程用水确定用水定额指标，并分别计量管理。

（7）大型工程的不同单项工程、不同标段、不同分包生活区，凡具备条件的应分别计量用水量。在签订不同标段分包或劳务合同时，将节水定额指标纳入合同条款，进行计量考核。

（8）对混凝土搅拌站点等用水集中的区域和工艺点进行专项计量考核。施工现场建立雨水、中水或可再利用水的搜集利用系统。

2. 非传统水源利用

（1）优先采用中水搅拌、中水养护，有条件的地区和工程应收集雨水养护。

（2）处于基坑降水阶段的工地，宜优先采用地下水作为混凝土搅拌用水、养护用水、冲洗用水和部分生活用水。

（3）现场机具、设备、车辆冲洗、喷洒路面、绿化浇灌等用水，优先采用非传统水源，尽量不使用市政自来水。

（4）大型施工现场，尤其是雨量充沛地区的大型施工现场建立雨水收集利用系统，充分收集自然降水用于施工和生活中适宜的部位。

（5）力争施工中非传统水源和循环水的再利用量大于30％。

6.2.4 节能与能源利用的技术要点

1. 节能措施

（1）制订合理施工能耗指标，提高施工能源利用率。

（2）优先使用国家、行业推荐的节能、高效、环保的施工设备和机具，如选用变频技术的节能施工设备等。

（3）施工现场分别设定生产、生活、办公和施工设备的用电控制指标，定期进行计量、核算、对比分析，并有预防与纠正措施。

（4）在施工组织设计中，合理安排施工顺序、工作面，以减少作业区域的机具数量，相邻作业区充分利用共有的机具资源。安排施工工艺时，应优先考虑耗用电能的或其他能耗较少的施工工艺。避免设备额定功率远大于使用功率或超负荷使用设备的现象。

（5）根据当地气候和自然资源条件，充分利用太阳能、地热等可再生能源。

2. 机械设备与机具

（1）建立施工机械设备管理制度，开展用电、用油计量，完善设备档案，及时做好维修保养工作，使机械设备保持低耗、高效的状态。

（2）选择功率与负载相匹配的施工机械设备，避免大功率施工机械设备低负载长时间运行。机电安装可采用节电型机械设备，如逆变式电焊机和能耗低、效率高的手持电动工具等，以利节电。机械设备宜使用节能型油料添加剂，在可能的情况下，考虑回收利用，节约油量。

（3）合理安排工序，提高各种机械的使用率和满载率，降低各种设备的单位耗能。

3. 生产、生活及办公临时设施

（1）利用场地自然条件，合理设计生产、生活及办公临时设施的体形、朝向、间距和窗墙面积比，使其获得良好的日照、通风和采光。南方地区可根据需要在其外墙窗设遮阳设施。

（2）临时设施宜采用节能材料，墙体、屋面使用隔热性能好的材料，减少夏天空调、冬天取暖设备的使用时间及耗能量。

（3）合理配置采暖、空调、风扇数量，规定使用时间，实行分段分时使用，节约用电。

4. 施工用电及照明

（1）临时用电优先选用节能电线和节能灯具，临电线路合理设计、布置，临电设备宜采用自动控制装置。采用声控、光控等节能照明灯具。

（2）照明设计以满足最低照度为原则，照度不应超过最低照度的20%。

6.2.5 节地与施工用地保护的技术要点

1. 临时用地指标

（1）根据施工规模及现场条件等因素合理确定临时设施，如临时加工厂、现场作业棚及材料堆场、办公生活设施等的占地指标。临时设施的占地面积应按用地指标所需的最低面积设计。

（2）要求平面布置合理、紧凑，在满足环境、职业健康与安全及文明施工要求的前提下尽可能减少废弃地和死角，临时设施占地面积有效利用率大于90%。

2. 临时用地保护

（1）应对深基坑施工方案进行优化，减少土方开挖和回填量，最大限度地减少对土地的扰动，保护周边自然生态环境。

（2）红线外临时占地应尽量使用荒地、废地，少占用农田和耕地。工程完工后，及时对红线外占地恢复原地形、地貌，使施工活动对周边环境的影响降至最低。

（3）利用和保护施工用地范围内原有绿色植被。对于施工周期较长的现场，可按建筑永久绿化的要求，安排场地新建绿化。

3. 施工总平面布置

（1）施工总平面布置应做到科学、合理，充分利用原有建筑物、构筑物、道路、管线为施工服务。

（2）施工现场搅拌站、仓库、加工厂、作业棚、材料堆场等布置应尽量靠近已有交通线路或即将修建的正式或临时交通线路，缩短运输距离。

（3）临时办公和生活用房应采用经济、美观、占地面积小、对周边地貌环境影响较小，且适合于施工平面布置动态调整的多层轻钢活动板房、钢骨架水泥活动板房等标准化装配式结构。生活区与生产区应分开布置，并设置标准的分隔设施。

（4）施工现场围墙可采用连续封闭的轻钢结构预制装配式活动围挡，减少建筑垃圾，保护土地。

（5）施工现场道路按照永久道路和临时道路相结合的原则布置。施工现场内形成环形通路，减少道路占用土地。

（6）临时设施布置应注意远近结合（本期工程与下期工程），努力减少和避免大量临时建筑拆迁和场地搬迁。

6.3　评价框架体系

（1）评价阶段宜按地基与基础工程、结构工程、装饰装修与机电安装工程进行。

（2）建筑工程绿色施工应根据环境保护、节材与材料资源利用、节水与水资源利用、节能与能源利用和节地与土地资源保护五个要素进行评价。

（3）评价要素应由控制项、一般项、优选项三类评价指标组成。

（4）评价等级应分为不合格、合格和优良。

（5）绿色施工评价框架体系由评价阶段、评价要素、评价指标、评价等级构成。